丛书总主编　陈宜瑜

丛书副总主编　于贵瑞　何洪林

中国生态系统定位观测与研究数据集

湖泊湿地海湾生态系统卷

山东胶州湾站

（2007—2015）

孙晓霞　孙　松　赵永芳　张光涛　主编

中国农业出版社

北　京

图书在版编目（CIP）数据

中国生态系统定位观测与研究数据集．湖泊湿地海湾生态系统卷．山东胶州湾站：2007-2015 / 陈宜瑜总主编；孙晓霞等主编．—北京：中国农业出版社，2022.12

ISBN 978-7-109-30321-8

Ⅰ．①中…　Ⅱ．①陈…　②孙…　Ⅲ．①生态系－统计数据－中国②沼泽化地－生态系统－统计数据－青岛－2007-2015　Ⅳ．①Q147②P942.523.078

中国国家版本馆 CIP 数据核字（2023）第 006251 号

ZHONGGUO SHENGTAI XITONG DINGWEI GUANCE YU YANJIU SHUJUJI

中国农业出版社出版
地址：北京市朝阳区麦子店街 18 号楼
邮编：100125
责任编辑：李昕昱　　文字编辑：常　静
版式设计：李　文　　责任校对：周丽芳
印刷：中农印务有限公司
版次：2022 年 12 月第 1 版
印次：2022 年 12 月北京第 1 次印刷
发行：新华书店北京发行所
开本：889mm×1194mm　1/16
印张：21.25
字数：625 千字
定价：158.00 元

中国生态系统定位观测与研究数据集

中国生态系统定位观测与研究数据集
湖泊湿地海湾生态系统卷·山东胶州湾站

编 委 会

主　　编　孙晓霞　孙　松　赵永芳　张光涛

编写人员　（按姓氏笔画排列）

万艾勇　王世伟　王珍岩　朱明亮
刘梦坛　杜　娟　李超伦　李新正
杨红生　肖　天　周　毅　郑　珊
赵增霞　胡仔园　徐志强　郭术津
梁俊华

PREFACE 1

序 一

进入20世纪80年代以来，生态系统对全球变化的反馈与响应、可持续发展成为生态系统生态学研究的热点，通过观测、分析、模拟生态系统的生态学过程，可为实现生态系统可持续发展提供管理与决策依据。长期监测数据的获取与开放共享已成为生态系统研究网络的长期性、基础性工作。

国际上，美国长期生态系统研究网络（US LTER）于2004年启动了Eco Trends项目，依托US LTER站点积累的观测数据，发表了生态系统（跨站点）长期变化趋势及其对全球变化响应的科学研究报告。英国环境变化网络（UK ECN）于2016年在*Ecological Indicators*发表专辑，系统报道了UK ECN的20年长期联网监测数据推动了生态系统稳定性和恢复力研究，并发表和出版了系列的数据集和数据论文。长期生态监测数据的开放共享、出版和挖掘越来越重要。

在国内，国家生态系统观测研究网络（National Ecosystem Research Network of China，简称CNERN）及中国生态系统研究网络（Chinese Ecosystem Research Network，简称CERN）的各野外站在长期的科学观测研究中积累了丰富的科学数据，这些数据是生态系统生态学研究领域的重要资产，特别是CNERN/CERN长达20年的生态系统长期联网监测数据不仅反映了中国各类生态站水分、土壤、大气、生物要素的长期变化趋势，同时也能为生态系统过程和功能动态研究提供数据支撑，为生态学模型的验证和发展、遥感产品地面真实性检验提供数据支撑。通过集成分析这些数据，CNERN/CERN 内外的科研人员发表了很多重要科研成果，支撑了国家生态文明建设的重大需求。

近年来，数据出版已成为国内外数据发布和共享，实现“可发现、可访问、可理解、可重用”（即 FAIR）目标的重要手段和渠道。CNERN/CERN 继 2011 年出版“中国生态系统定位观测与研究数据集”丛书后再次出版新一期数据集丛书，旨在以出版方式提升数据质量、明确数据知识产权，推动融合专业理论或知识的更高层级的数据产品的开发挖掘，促进 CNERN/CERN 开放共享由数据服务向知识服务转变。

该丛书包括农田生态系统、草地与荒漠生态系统、森林生态系统以及湖泊湿地海湾生态系统共 4 卷（51 册）以及森林生态系统图集 1 册，各册收集了野外台站的观测样地与观测设施信息，水分、土壤、大气和生物联网观测数据以及特色研究数据。本次数据出版工作必将促进 CNERN/CERN 数据的长期保存、开放共享，充分发挥生态长期监测数据的价值，支撑长期生态学以及生态系统生态学的科学研究工作，为国家生态文明建设提供支撑。

孙鸿烈

2021 年 7 月

PREFACE 2

序 二

科学数据是科学发现和知识创新的重要依据与基石。大数据时代，科技创新越来越依赖于科学数据综合分析。2018 年 3 月，国家颁布了《科学数据管理办法》，提出要进一步加强和规范科学数据管理，保障科学数据安全，提高开放共享水平，更好地为国家科技创新、经济社会发展提供支撑，标志着我国正式在国家层面加强和规范科学数据管理工作。

随着全球变化、区域可持续发展等生态问题的日趋严重以及物联网、大数据和云计算技术的发展，生态学进入“大科学、大数据”时代，生态数据开放共享已经成为推动生态学科发展创新的重要动力。

国家生态系统观测研究网络（National Ecosystem Research Network of China，简称 CNERN）是一个数据密集型的野外科技平台，各野外台站在长期的科学研究中，积累了丰富的科学数据。2011 年，CNERN 组织出版了“中国生态系统定位观测与研究数据集”丛书。该丛书共 4 卷、51 册，系统收集整理了 2008 年以前的各野外台站元数据，观测样地信息与水分、土壤、大气和生物监测以及相关研究成果的数据。该丛书的出版，拓展了 CNERN 生态数据资源共享模式，为我国生态系统研究、资源环境的保护利用与治理以及农、林、牧、渔业相关生产活动提供了重要的数据支撑。

2009 年以来，CNERN 又积累了 10 年的观测与研究数据，同时国家生态科学数据中心于 2019 年正式成立。中心以 CNERN 野外台站为基础，生态系统观测研究数据为核心，拓展部门台站、专项观测网络、科技计划项目、科研团队等数据来源渠道，推进生态科学数据开放共享、产品加工和分析应用。为了开发特色数据资源产品、整合与挖掘生态数据，国家生态科学数据中心立足国家野外生态观测台站长期监测数据，组织开展了新一版的观测与研究数据集的出版工作。

本次出版的数据集主要围绕“生态系统服务功能评估”“生态系统过程与变化”等主题进行了指标筛选，规范了数据的质控、处理方法，并参考数据论文的体例进行编写，以翔实地展现数据产生过程，拓展数据的应用范围。

该丛书包括农田生态系统、草地与荒漠生态系统、森林生态系统以及湖泊湿地海湾生态系统共4卷（51册）以及图集1本，各册收集了野外台站的观测样地与观测设施信息，水分、土壤、大气和生物联网观测数据以及特色研究数据。该套丛书的再一次出版，必将更好地发挥野外台站长期观测数据的价值，推动我国生态科学数据的开放共享和科研范式的转变，为国家生态文明建设提供支撑。

2021年8月

FOREWORD 前言

海洋是地球表面面积最大的组成部分，具有稳定气候、维持物种生命等功能。健康海洋与可持续发展既是联合国可持续发展目标的核心内容，也是我国实现生态文明和美丽中国建设的重要战略。实现健康海洋与可持续发展目标的首要任务是加深对海洋生态系统演变规律的研究，了解海洋生态系统的过去与现在，并预测未来发展趋势。选择代表性海域，开展长期、系统、综合的观测是海洋生态系统长期变化研究的核心问题。

山东胶州湾海洋生态系统国家野外科学观测研究站（简称“胶州湾站”）成立于1981年，针对胶州湾及邻近海域生态系统开展了长期观测与科学研究工作。胶州湾受自然变化和多种人类活动的影响，其生态环境演变过程是我国东部沿海地区发展的一个缩影，在我国近海海洋生态环境可持续发展研究中，是温带海洋生态系统的典型代表。胶州湾站长期重视野外观测数据的共享工作，于2010年和2011年分别出版了胶州湾数据集和长期变化图集。为进一步地推动数据共享，胶州湾站依据国家生态系统观测研究网络（CNERN）综合中心编写的《中国生态系统定位观测与研究数据集编写指南》，对2007—2015年胶州湾生态系统综合观测数据进行了整理加工和质量控制，编撰成本数据集。本书内容涵盖胶州湾站介绍、采样站点与观测设施、2007—2015年承担国家生态系统观测研究网络项目、中国生态系统研究网络（CERN）监测任务所获取的数据（含气象、水文、水化学、生物、底质等）。本书旨在向全社会发布该数据集，共享这些来之不易的现场观测资料，让其最大限度地发挥作用。

本数据集可供海洋科学、生态科学、环境科学以及相关研究领域的科技人员、管理人员及其他有关人员参考和引用。引用本数据集中的数据需要表明出处。使用者必须在使用本数据集所形成的成果的显著位置写明：数据提供者山东胶州湾海洋生态系统国家野外科学观测研究站及CNERN数据版权所有。用户在数据使用过程中若需要咨询，请直接联系胶州湾站。

在本数据集汇编完成之际，要特别感谢那些长期（或曾经）坚守在科研一线完成监测任务的科研人员，感谢从不同学科方向长期支持胶州湾站发展的研究团队。他们是致力于胶州湾站野外观测、样品分析和数据管理的全体成员：孙松研究员团队、杨红生研究员团队、李超伦研究员团队、李新正研究员团队、肖天研究员团队、宋金明研究员团队、王珍岩副研究员等。感谢“创新”号科考船全体成员的航次保障工作。感谢科技部、中国科学院、中国科学院海洋研究所在不同层面对胶州湾国家野外站运行发展的长期支持。

我们对观测数据已经进行了仔细整理、质量控制和审核校对，力求准确无误，然而由于海洋观测的复杂性，书中错误之处在所难免，敬请读者批评指正。本数据集的出版得到了国家生态系统观测研究网络（CNERN）项目、中国生态系统研究网络（CERN）、地球大数据科学工程子课题（XDA19060204）的支持。

编　者

2020年9月于青岛

CONTENTS

目录

第1章 胶州湾生态站介绍

1.1 概述

山东胶州湾海洋生态系统国家野外科学观测研究站（以下简称“胶州湾站”）始建于1981年，原名为黄岛海水养殖试验场，1986年改名为黄岛养殖实验站。中国生态系统研究网络（CERN）组建后，本站1991年成为CERN 29个长期野外定位观测站之一，更名为“胶州湾生态系统定位研究站”，是我国温带海域唯一的集监测、研究与示范为一体的综合性生态系统研究站。2005年，本站被科学技术部批准成为国家生态系统野外科学观测研究站，正式命名为“山东胶州湾海洋生态系统国家野外科学观测研究站”。胶州湾站于2005年被评为CERN优秀生态站，2019年被科学技术部评为优秀国家野外站。

建站之初，胶州湾站主要从事鱼、虾、贝工厂化育苗和高产养殖关键技术的研究、示范工作，出色地完成了“胶州湾海洋环境及资源调查和鱼虾种苗放流增殖实验”等一系列重大项目。我国海洋水产养殖中的3个“浪潮”（海带养殖、对虾养殖和扇贝养殖）的兴起都始于胶州湾。20世纪90年代以后，胶州湾站针对日渐突出的环境问题，开始对生态系统的结构与功能进行综合调查和长期监测，积累了超过30年的长期时间序列、综合观测数据。进入21世纪以来，胶州湾站开始从全球变化和人类活动影响的高度全面研究生态系统的动态变化，探讨人与自然和谐发展的途径与关键性技术。胶州湾站将进一步提升科学观测和试验研究水平，提高科技资源质量、开放共享服务水平，成为具有国际影响力的海洋科学观测、研究、示范与服务的科技创新基地，为国家、地方的科技需求提供一流的科研成果，为科学家和公众提供一流的科研服务。

1.1.1 胶州湾自然概况

胶州湾位于35°58′N～36°18′N，120°4′E～120°23′E，总面积约370 km²，南北宽32 km，东西宽28 km，海岸线长30多公里，滩涂面积37.3 km²，浅海面积近580 km²。胶州湾是一个半封闭型海湾，总体呈扇形，湾口最狭处团岛南端至薛家岛北端只有3 000 m。平均水深6～7 m，大部分水域不超过5 m，其中潮间带滩涂面积约125 km²。

胶州湾属暖温带季风型气候，年平均气温12.3 ℃，降水量为725～1 100 mm，潮汐为典型的半日潮。注入胶州湾的河流皆为季节性河流，汛期集中在“7月、8月、9月”这3个月（李乃胜等，2006），以大沽河为最大，包括大沽河、漕汶河、岛耳河、洋河、胶莱河、洪江河、石桥河、墨水河、白沙河、李村河、桃源河等11条河流。目前，许多河流已基本无自身径流，中下游成为接纳工业废水、生活污水等的混排口，成为陆源污染物的主要来源。经过滩涂围垦养殖、开发港口、建设公路和临港工程等几次填海高潮，胶州湾水域面积呈线性下降，自然岸线减少，纳潮量减小，物理自净能力降低。1988年比1971年水域总面积缩小了62 km²，2006年比1988年总水域面积缩小了36 km²，2018年比2000年海域面积缩小了24.9 km²（吴永森等，2008；李乃胜等，2006；李鹏等，2020）。

2005年比1863年胶州湾纳潮量减小了19%（周春艳等，2010）。

2006—2009年，连接黄岛与青岛市区的青岛胶州湾隧道建成，2006—2010年连接黄岛、红岛及青岛市区的跨海大桥“胶州湾大桥”建成。

1.1.2 社会经济状况

胶州湾与青岛所辖7区（市南、市北、李沧、崂山、城阳、即墨、青岛西海岸新区）和胶州市相邻，其资源的开发利用推动了周边经济的发展。胶州湾湾口小，湾内水域深阔，湾底平坦，具有良好的避风条件，是天然的优良港湾。主要的港口有青岛港、青岛小港、黄岛港等，周围交通发达建有滨海大道、环湾高速、海底隧道、跨海大桥等交通网。

胶州湾站所在的山东省青岛市城镇化水平高，根据2018年青岛市统计公报[①]，全市2018年城镇化人口率达到73.67%，生产总值12 001.5亿元，以第三产业为主，三次产业的比例为：第一产业：第二产业：第三产业＝3.2：40.4：56.4。青岛市在周边海域有效开展海洋养殖、海洋运输、滨海旅游等涉海产业，2018年实现海洋生产总值3 327亿元，同比增长15.6%，占全市同年GDP比重的27.7%。青岛市2018年海水、淡水养殖面积3.5万hm^2，全年水产品产量（不包括远洋捕捞）103.5万t，为全国贡献了1.56%的水产品。青岛市海洋运输业平稳发展，年运送人员215万人，港口吞吐量5.4亿t，外贸吞吐量3.9亿t。旅游业快速发展，拥有A级旅游景区122处，其中，4A级及以上旅游景区27处，2018年接待国内外游客1.0亿人次。

1.1.3 代表区域与生态系统

在自然环境分异规律方面，胶州湾是我国温带近海生态系统的典型代表，具有高生产力、高生物量和生物多样性的特征。胶州湾集全球气候变化、城市建设、工农业发展等于一身，是我国东部沿海发展的一个缩影。胶州湾同时也是我国开展海洋生态研究最早、最多、相对最透彻的海湾，是我国在海洋生态系统研究中数据最全、资料最丰富和监测时间最长的区域；对于人们认识在全球气候变化和各种人类活动影响下海洋生态系统演变及相关生态现象，研究生态系统基本理论和实践都是一个非常难得的区域。通过对胶州湾生态系统开展长期变化研究与系统研究，能够凝练出很多科学规律和实践经验，加深人们对近海生态系统演变的了解，从而建立基于海洋生态系统的管理体系。

胶州湾既具有半封闭系统的特点，又具有开放系统的内涵，是多学科交叉综合研究以及人类活动影响下的海洋生态系统动态变化研究的理想海域。因此，选择胶州湾及其邻近海域为主要研究区域，以海洋生态系统动态变化为主要研究对象，围绕多重胁迫下胶州湾生物群落结构现状、演变机制、优势种的替代及其对生态系统结构与功能的影响，围绕胶州湾生源要素的分布格局、变动规律及其对海洋生物生产力的影响，围绕滤食性贝类在胶州湾生态系统中的地位与作用、数量变动规律及其生态学效应等关键科学问题开展多学科综合研究，揭示胶州湾生态系统能否可持续发展、如何维持可持续发展，可为我国近海生态系统的可持续发展、海洋环境管理与整治等提供科学依据。在胶州湾开展长期生态系统研究对解决我国近海海洋可持续发展过程中出现的资源和环境问题具有重要意义。

1.2 定位与目标

1.2.1 定位

胶州湾站定位于一个能够代表我国海湾生态监测与研究水平的海洋生态系统长久性科学观测与研究基地，维持海洋生态系统持续、健康发展的先进技术示范和推广基地，优秀海洋科学人才的培养基

① 2018年青岛市国民经济和社会发展统计公报，青岛市统计局、国家统计局青岛调查队，2019年3月19日。

地，高度开放的国内、国际学术交流基地，具有中国特色海洋生态系统研究科学成果的展示基地。胶州湾站为生态学研究、全球变化研究提供长期、系统的科学数据，为我国海洋生态与环境保护、资源合理利用、海岸带综合管理等提供科学的决策依据和科技支撑。

1.2.2　建设发展目标

围绕近海生态系统可持续发展的科技前沿与国家需求，进一步提升胶州湾站的科学观测和试验研究水平，促进原创性重大科技成果产出，切实提高胶州湾站科技资源质量、开放共享服务水平。经过不懈努力，将胶州湾站建设成为具有国际影响力的海洋科学观测、研究、示范与服务的科技创新基地，为国家、地方的科技需求提供一流的科研成果，为科学家和公众提供一流的科研服务。

1.3　研究方向与研究内容

1.3.1　主要研究方向

胶州湾作为我国温带近海生态系统的典型代表，既受到来自海洋环境和气候变化的影响，也受到人类活动的多重压力的影响，是我国近海生态系统的一个缩影。对胶州湾生态系统的剖析，能够加深人们对中国近海生态系统演变的了解，对海洋生态系统健康、海洋生物资源可持续利用、环境安全和建立基于生态系统的管理等起了重要的支撑作用。胶州湾站主要研究方向为：

①胶州湾及其邻近海域生态系统结构与功能的动态变化及其驱动因子；

②陆源物质排放的生态效应、生态安全和水产品安全；

③维持海湾生态系统健康发展的理论基础与技术、方法的系统集成。

1.3.2　主要研究内容

系统揭示在自然与人类活动双重作用下海湾生态系统的结构、功能、演变规律、过程与机制，探索通过生态系统调控达到资源与环境、人与自然和谐发展的途径与关键技术，为海洋生态系统健康可持续发展和资源可持续利用提供科学依据和关键技术。

（1）全球气候变化下近海生态系统长期演变与区域响应

受全球气候变化与高强度人类活动的多重影响，近海生态系统处于动荡的状态之中。近几十年来，水体富营养化、有害藻华频发、水母和大型底栖动物（如海星）暴发、渔业资源衰退等都表明近海生态系统结构和功能发生了改变。通过开展对胶州湾及邻近海域的生态、环境和资源基本要素的长期、定时、定点的动态监测，以积累连续的时间序列基础资料，对胶州湾及邻近海域生态系统的演变机制开展深入研究，揭示胶州湾及邻近海域生态系统的响应特征与长期变化趋势，为近海生态环境问题的决策提供科学依据。

（2）近海生态系统承载力研究

在气候变化和人类活动影响下，我国近海生态系统能否可持续发展是国内外关注的核心问题。通过对胶州湾及邻近海域生态系统结构与功能进行深入的研究，揭示多重压力下近海生态系统的能流、物流变动规律；着重开展近海生产力动态变化研究，探讨生物生产过程机理，寻求提高近海生态系统承载力、促进资源可持续利用的调控措施；发展近海生态系统承载力模型，进行海洋牧场提质增效试验研究，提供优化示范模式，为近海生物资源可持续发展提供科技支撑和示范。

（3）近海生态灾害与新型生态风险

面向健康海洋与可持续发展的国家重大战略需求和国际前沿，聚焦有害藻华和水母暴发、潜在致灾生物增多、微塑料污染等近海生态灾害和生态风险问题，解析灾害生物的致灾机制及其调控因素，构建由实时预警、源头控制和资源化利用相结合的近海生态灾害综合防控技术体系；评估近海微塑料污染等新型生态风险，开展风险评估研究，形成配套风险防控技术，提升我国近海生态灾害和生态风险的应对能力及预警能力，为维护我国近海生态系统健康提供科技支撑。

（4）近海生态系统健康评估

基于国家“一带一路”倡议框架下的“保护海洋生态系统健康，推动区域海洋环境保护”的理念、十九大建设“美丽中国”的国家目标，重点开展近海生态系统健康现状及变化趋势的研究和评估工作。通过对海洋水文、生物、化学、沉积物环境、毒理学等各体系指标进行筛选、量化和评价，形成统一、规范的评估标准和评估方法，建立适合我国海洋生态系统健康状况的本土化评估模式，生成近海典型生态系统健康评估报告；积极参加中、大尺度的区域性、全球性生态环境问题的研究，为国家宏观决策做出贡献，为联合国可持续发展目标（海洋方面）做出贡献。

1.4 研究成果

长期以来，胶州湾站始终坚持长期监测、系统研究、示范服务的宗旨，面向国家海洋生态文明建设、“一带一路”倡议等国家重大需求，面向海洋生态学领域的学科前沿，面向国民经济的主战场，取得了一系列创新性科研成果，为我国近海生态系统的健康与可持续发展提供了重要的科技支撑。近5年来，以胶州湾站为研究平台，支撑了一系列重大科技项目，包括战略性先导科技专项、“973”计划、国家重点研发计划、国家自然科学基金重点项目、科学技术部对外合作重点项目等100余项。获省部级奖项 9 项，发表研究论文 373 篇，申请和授权专利 31 项，出版专著 10 部，在国内外产生了重要影响。胶州湾站的长期观测与系统研究在未来海洋生态系统健康与可持续发展中将发挥更大作用，为服务国家战略提供更加重要的科技支撑。

1.5 能力建设

胶州湾站在胶州湾及邻近海域设立长期综合观测站点 14 个，在团岛和“海鸥”船码头设有自动气象辐射观测场。14 个长期综合观测站位分别具有不同代表性，可以开展受不同人类活动影响的近海生态系统演替规律的对比研究。中国科学院海洋研究所配备专门的近海科学考察船“创新号”，配有两部越野车，用于胶州湾及邻近海域的逐月多学科全面考察。

胶州湾站建有 800 m^2 的专用实验室，中国科学院海洋研究所的海洋生物标本馆，收集存放着胶州湾 60 年来的生物标本与资料，对长期演变趋势研究具有不可替代的作用。胶州湾站目前拥有价值超过 10 万元的在用设备近 50 台（套），总价值 2 000 余万元，可以开展水文学、化学、生物学等各项要素分析鉴定，能够满足海洋生态系统与环境动态变化的长期监测。

为开展野外受控试验，胶州湾站建有海上试验区和野外受控围隔装置，可以开展生态模拟、环境修复模拟实验研究。建有首个大型水母水族系统实验平台，建立了浮游生物图像观测与分析系统、海洋生物多样性研究平台、近海生态灾害研究平台等，保障胶州湾站实现室内受控—野外受控—野外观测一体化的现代化、国际化野外台站观测与研究模式。

第2章

采样站点与观测设施

2.1 概述

20世纪60年代中国科学院海洋研究所已开始对胶州湾基本环境指标进行航次调查，随着我国海洋水产养殖的兴起，20世纪80年代陆续进行了一系列以养殖为背景的调查，20世纪90年代以后，针对日渐突出的环境问题结合历史调查情况，胶州湾站于1998年开始对胶州湾及邻近海域进行连续的综合环境调查监测，设定固定站位10个，执行季度航次。在2003年大断面调查后，于2004年新增JZB11、JZB12、JZB13、JZB14这4个长期定位观测站，确定14个长期定位观测站，覆盖胶州湾不同的生态区域。胶州湾站现有综合气象观测场2处，分别位于团岛和小港码头，团岛处观测场用于长期气象观测，小港码头处有现场试验配套设施（表2-1）。

表2-1　胶州湾定位站编码

观测站序号	观测站编码	观测站名称
1	JZB01	胶州湾站1号观测站
2	JZB02	胶州湾站2号观测站
3	JZB03	胶州湾站3号观测站
4	JZB04	胶州湾站4号观测站
5	JZB05	胶州湾站5号观测站
6	JZB06	胶州湾站6号观测站
7	JZB07	胶州湾站7号观测站
8	JZB08	胶州湾站8号观测站
9	JZB09	胶州湾站9号观测站
10	JZB10	胶州湾站10号观测站
11	JZB11	胶州湾站11号观测站
12	JZB12	胶州湾站12号观测站
13	JZB13	胶州湾站13号观测站
14	JZB14	胶州湾站14号观测站
15	JZBQX01	胶州湾站气象观测场
16	JZBQX02	胶州湾站海鸥号气象观测场

2.2 监测指标与频率

胶州湾站对胶州湾及邻近海域开展的长期生态环境综合调查包含海水物理要素、海水化学要素、海洋生物要素以及底质物理化学要素，涉及100多个指标（表2-2）。气象观测遵照中国生态系统研究网络（CERN）气象观测指标，包含气温、气压、地温、辐射等27项。

表2-2 监测指标

类型	监测项	监测频率（次/年）	备注
海水物理监测6项	水深、水温、盐度、透明度、水色、悬浮体	4	
海水化学监测13项	pH、硝酸盐、亚硝酸盐、活性硅酸盐、活性磷酸盐、氨及部分氨基酸、溶解有机碳、化学需氧量、总氮、总磷、颗粒有机碳、颗粒有机氮、溶解氧浓度	4	
浮游植物监测16项	隐藻、甲藻、金藻、黄藻、硅藻、褐藻、红藻、裸藻、绿藻、轮藻、蓝细菌、浮游植物其他藻类、浮游植物总量、浮游植物优势种、叶绿素浓度、水柱生产力	4	
浮游动物监测17项	夜光虫丰度、夜光虫生物量、桡足类丰度、桡足类生物量、枝角类丰度、枝角类生物量、毛颚类丰度、毛颚类生物量、被囊类丰度、被囊类生物量、水母类丰度、水母类生物量、浮游动物其他类丰度、浮游动物其他类生物量、浮游动物总丰度、浮游动物生物量、浮游动物优势种	4	
海洋微生物监测4项	水样含菌数、异养菌数（水样）、蓝细菌数（水样）、大肠菌群数（水样）	4	
底栖动物监测25项	苔藓生物量、苔藓密度、海绵生物量、海绵密度、腔肠生物量、腔肠密度、缢虫生物量、缢虫密度、多毛生物量、多毛密度、软体生物量、软体密度、甲壳生物量、甲壳密度、棘皮生物量、棘皮密度、鱼类生物量、鱼类密度、底栖其他生物量、底栖其他密度、底栖总生物量、底栖总密度、底栖平均生物量、底栖平均密度、种数	4	
底质物理化学监测12项	含水率、全磷、全氮、含碳率、有机物含量、砾石百分比、沙土百分比、粉沙土百分比、黏土百分比、平均粒径、中值粒径、底质名称	2	
气象监测27项	温度、露点温度、降水、风速、风向、相对湿度、大气压强、水气压、地表温度、5 m地温、10 m地温、15 m地温、20 m地温、40 m地温、60 m地温、100 m地温、总辐射、反辐射、净辐射、光合有效辐射、紫外辐射、人工气温、人工气压、人工蒸发量、人工降水量、人工天气、人工下垫面		

2.3 采样站位介绍

胶州湾长期定位监测站设有14个站，其中湾内10个站，湾口1个站，湾外3个站，覆盖整个海湾，对海湾各种生态环境区具有很好的代表性，各站位经纬度如表2-3所示。

表 2-3 胶州湾定位站点经纬度

观测站编码	经纬度	位置
JZB01	120°11′12.0″E，36°08′0.0″N	湾西区
JZB02	120°15′0.0″E，36°09′30.0″N	红岛西大洋
JZB03	120°19′48.0″E，36°09′18.0″N	沧口水道
JZB04	120°10′36.9″E，36°06′16.4″N	龙湾崖海区
JZB05	120°15′0.0″E，36°06′0.0″N	湾中区
JZB06	120°17′30.0″E，36°06′0.0″N	海泊河口
JZB07	120°14′0.0″E，36°04′0.0″N	黄岛油码头
JZB08	120°14′0.0″E，36°02′12.0″N	黄岛湾
JZB09	120°17′12.0″E，36°01′48.0″N	胶州湾湾口
JZB10	120°25′30.0″E，35°59′0.0″N	大公岛海区
JZB11	120°09′24.0″E，36°09′12.0″N	大沽河口
JZB12	120°21′16.0″E，36°00′9.0″N	外锚地
JZB13	120°22′48.0″E，36°02′1.0″N	浮山湾
JZB14	120°20′12.0″E，36°11′19.0″N	双埠海区

2.3.1 胶州湾海域01号观测站

本观测站CERN统一编码为JZB01，位于胶州湾最大河流——大沽河影响区，是主要贝类、藻类养殖区，自20世纪70年代海洋农牧化开始就是典型站位。20世纪70年代初开展筏架贝藻养殖，中后期为贝藻混养区；21世纪初筏架养殖萎缩，2014年《青岛市胶州湾保护条例》发布后，筏架全部清除。20世纪60年代，湾北部开展滩涂养殖（滩涂养护，自然繁育种苗）；20世纪80年代扩至西部；20世纪90年代滩涂养殖向潮下带发展，开始底播投放，发展迅速；21世纪初约有1万$hm^2$①。

2.3.2 胶州湾海域02号观测站

本观测站CERN统一编码为JZB02，位于湾北浅水近岸区，是主要贝类养殖区。此站主要了解胶州湾浅水区的物质交换和养殖对环境的影响。20世纪70年代随着筏架养殖的发展，本海域开展贻贝养殖；20世纪80年代初最盛，后期变为栉孔贝为主导品种；20世纪90年代后期逐渐被海湾扇贝替代②。2014年《青岛市胶州湾保护条例》发布后，2016年年中筏架基本清除。20世纪60年代北部滩涂养殖贝类140 hm^2，90年代向潮下带发展，变为底播方式并迅速发展③。

2.3.3 胶州湾海域03号观测站

本观测站CERN统一编码为JZB03，是工业排水污染区，富营养化重点监测区，赤潮多发区。本区大面积贝藻混养，周边多为季节性河流，多数成为排污河道。本海区在20世纪50年代南侧的孤山就开始裙带菜投放养殖；20世纪60年代开始筏架海带养殖；20世纪70年代最盛，养殖可达2 500亩④；20世纪70年代末开展贝藻混养；20世纪80年代海带养殖萎缩，逐渐被贻贝取代。筏架贻贝

①②③ 杨红生．胶州湾资源与环境（内部资料）[M]．北京：海洋出版社，2012. 养殖描述部分参考，以下站位相同。

④ 亩为非法定计量单位，1亩=1/15 hm^2。——编者注

养殖在20世纪80年代初最盛，中期改养栉孔贝，后期及20世纪90年代初期栉孔贝为主导品种，在20世纪90年代中后期被海湾扇贝取代[①]。站位北侧为李村河口，南侧为海泊河入海口，均是城市生活污水和工业废水的排污通道。周围四方区自19世纪初城市雏形期沿胶济铁路便开始了工业发展，经历了2次快速工业发展和由轻纺向机械、化工等产业的转变，从1992年开始工业老区逐渐衰落，开始向城阳、黄岛经济开发区等地转移[②]。目前市北仍有19家重点监控企业和3个污水处理厂，从2013年起均实现在线浓度和排量监控[③]。

2.3.4 胶州湾海域04号观测站

本观测站CERN统一编码为JZB04，是藻类和贝类养殖区，沙底环境，水交换峰面区。监测炼油工业对湾内影响。20世纪70年代随着筏架养殖的发展，本海域开展贻贝养殖，20世纪80年代初最盛，后期变为栉孔贝为主导品种，20世纪90年代后期逐渐被海湾扇贝替代[④]。2014年《青岛市胶州湾保护条例》发布后，2016年年中筏架基本清除。20世纪80年代滩涂养殖扩至海湾西部，20世纪90年代滩涂养殖向潮下带发展，开始底播投放，发展迅速，本站也在底播范围内[⑤]。1978年规划设立黄岛区经济技术开发区，从20世纪90年代开始逐渐有工厂建立，炼油厂也于21世纪初建成投入使用[⑥]。

2.3.5 胶州湾海域05号观测站

本观测站CERN统一编码为JZB05，是青岛港内锚地，水交换峰面区。

2.3.6 胶州湾海域06号观测站

本观测站CERN统一编码为JZB06，是大面积贝藻混养区，湾内深水区，对整个胶州湾水动力和物质交换很重要。20世纪50年代开展裙带菜投放养殖，20世纪60年代末减少，20世纪70年代初开展浮动筏式紫菜养殖，同期移植贻贝苗，之后面积逐渐扩大，开展藻贝混养，1976年达210亩，之后由于经济效益不高，紫菜养殖萎缩至停产[⑦]。周边从19世纪初就进行了港口建设，20世纪70年代开始大力发展港口建设，在2000年时基本修建完成。

2.3.7 胶州湾海域07号观测站

本观测站CERN统一编码为JZB07，是活化石文昌鱼出产区，地处湾口内侧，对物理过程与生物过程之间的关系研究有重要意义。

2.3.8 胶州湾海域08号观测站

本观测站CERN统一编码为JZB08，是周边电厂降尘区和主要港区，对环境监测有重要代表性。随着黄岛区国家经济技术开发区规划的设立，20世纪90年代末周围油港、电厂、炼油厂等相继建成投入使用。目前形成多个石化、港口、造船、电子等工业集群。

2.3.9 胶州湾海域09号观测站

本观测站CERN统一编码为JZB09，是湾口深水主航道，物理生物变化剧烈，对湾内和湾外比较研究很重要。胶州湾海底隧道2011年6月30日正式通车，工程开建于2007年8月，总长7.8 km。

---

①④⑤⑥ 杨红生．胶州湾资源与环境（内部资料）［M］．北京：海洋出版社，2012.

②⑦ 孟婧．青岛工业发展对城市空间形态的影响研究［D］．青岛：青岛理工大学，2019.

③ 青岛市生态环境局，官网 http：//mbee.qingdao.gov.cn/。

2.3.10 胶州湾海域 10 号观测站

本观测站 CERN 统一编码为 JZB10，是湾外黄海近海区，可代表外海及其邻近海域情况。东南侧为大公岛海洋自然保护区，是 2001 年 12 月 24 日经山东省政府批准建立的省级自然保护区。大公岛周围水域鱼类资源极为丰富，是青岛近海渔场，主要鱼类有鲈鱼、鲅鱼、比目鱼、真鲷等。海珍品有海参、鲍鱼等，还有多种贝类生长。

2.3.11 胶州湾海域 11 号观测站

本观测站 CERN 统一编码为 JZB11，是大沽河入海口，淡水、海水混合盐度变化。较 JZB01 号站更靠近大沽河口，水浅不适合筏架养殖。20 世纪 60 年代，湾北部开展滩涂养殖（滩涂养护，自然繁育种苗），20 世纪 80 年代扩至西部，20 世纪 90 年代滩涂养殖向潮下带发展，开始底播投放，21 世纪初约有 1 万 hm^2 ①。

2.3.12 胶州湾海域 12 号观测站

本观测站 CERN 统一编码为 JZB12，是 2004 年建立的市级文昌鱼保护地，2018 年划归为省级海洋自然保护区，监测生态环境。

2.3.13 胶州湾海域 13 号观测站

本观测站 CERN 统一编码为 JZB13，是湾口外一站，文昌鱼采集地。位于浮山湾外，奥帆基地西南侧。周围随 1992 年青岛市行政中心东迁逐渐发展起来，奥帆基地所在区域原为北海船厂所在地，获得奥帆赛举办权后，船厂及附近工厂附近海产养殖一并进行搬迁，于 2006 年完成奥帆基地建设。

2.3.14 胶州湾海域 14 号观测站

本观测站 CERN 统一编码为 JZB14，是墨水河娄山河入海口，化工厂排污口，监测养殖区生态状况与重污染。20 世纪 50 年代末女姑口建养鱼池 526 亩，60 年代建养虾池 2.6 亩，均以粗养为主。20 世纪 80 年代开始发展对虾养殖，虾池逐渐建立。到 20 世纪 80 年代末达 10 万余亩，20 世纪 90 年代初由于病害，逐渐改为生态混养（鱼、贝、蟹、藻等），随着养殖技术的发展，工厂化养殖和精细化养殖逐渐成为主要的养殖方式。早在 19 世纪初期，沧口就是工业发展区，20 世纪末工业老区逐渐衰落，向城阳、黄岛经济开发区等转移，周边逐渐发展为民居、交通枢纽等。

2.4 气象观测场地介绍

胶州湾站在团岛（JZBQX01）和“海鸥”船码头（JZBQX02）均设有自动气象辐射观测场，团岛气象观测场按照 CERN 气象观测场标准建设，2006 年 7 月自动气象站和人工气象站均更新为芬兰 Visila 公司的自动气象站（MiLOS 520）。“海鸥”船码头观测场为受控试验提供背景数据。本书气象部分数据均来自团岛气象观测场（图 2-1、图 2-2、图 2-3）。

① 杨红生．胶州湾资源与环境（内部资料）[M]．北京：海洋出版社，2012.

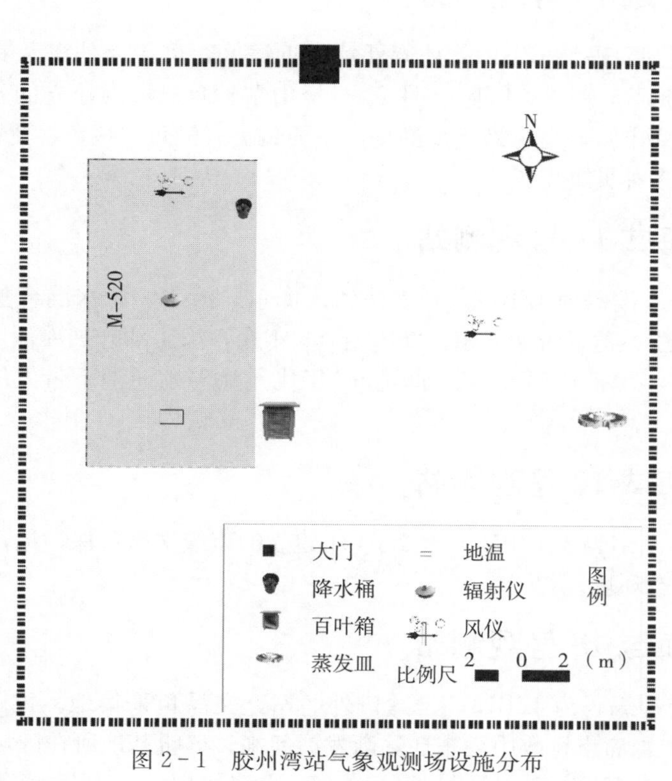

图 2-1 胶州湾站气象观测场设施分布

图 2-2 胶州湾站气象观测场实景

图2-3　胶州湾站E601蒸发器

第3章

气象长期监测数据

3.1 自动站气温数据集

3.1.1 概述

气温是反映地区热量资源的最主要的指标，也是气象站观测的基本指标之一。自动站气温数据集选取胶州湾站2007—2015年自动观测站采集的数据，经过质量检查、缺失值插补以及月度统计形成。数据集可以代表胶州湾及周围地区热量资源情况，数据项包括年份、月份、月平均气温、月极大值、月极小值以及数据有效天数，共计108条数据，以表格的形式列在3.1.5节。

3.1.2 数据采集和处理方法

数据采集自芬兰Visila公司的自动气象站（MiLOS 520），用HMP45 D温湿度传感器观测，为铂电阻温度计。每10 s采测1个温度值，每分钟采测6个温度值，去除1个最大值和1个最小值后取平均值，作为每分钟的温度值存储。正点时采测0 min的温度值作为正点数据存储。温度传感器每两年矫正1次，依据中国气象探测中心标准进行。

原始观测数据通过初级错误检查后，采用CERN大气分中心研发的“生态气象工作站”自动进行界限值检查、变化幅度检查、内部一致性检查、时间一致性检查及空间一致性检查（胡波等，2012）。

自动站气温数据集在之前检验的基础上选取小时数据，通过稳健回归拟合标记出离群点[（R语言stl（）函数，weights<0.8）]，人工核查离群点在局部变化情况，突变数据作为异常值剔除。进行日平均值、日最小值、日最大值统计（日缺失6 h以上的作为缺失处理），对统计的日平均值进行均一性检验（RHtestsV4）（Wang，2008a；Wang，2008b），气温日最大值、日平均值、日最小序列均通过检验。后续对统计的日值数据进行月平均气温、月极大值、月极小值及数据有效天数统计，每月有效天数小于23 d的作为缺失值处理，本时间段除2012年9月外，其他月份缺失天数均小于5 d。缺失值采用现有数据与中国气象局青岛气象站（CHM00054857）数据建立的一元回归方程进行插补并进行下划线标注。具体数据处理流程见图3-1。

3.1.3 数据质量控制和评估

台站气象数据的采集与管理分别由气象监测支撑岗和数据库管理岗负责，监测人员需对观测仪器进行常规维护和检查，获取原始观测数据。气象监测人员与数据库管理人员共同对数据进行初级质量控制处理，提交CERN大气科学分中心进行二级质量控制（如空间一致性检查），返回后气象监测人员再次确认后作为最终数据提交CERN综合中心以及台站数据库。台站对气象观测纸质资料、原始数据及最终数据均存有备份。

气温月度数据的缺失率见表3-1，除2012年9月外，其他月份缺失率均小于等于13%，即每月

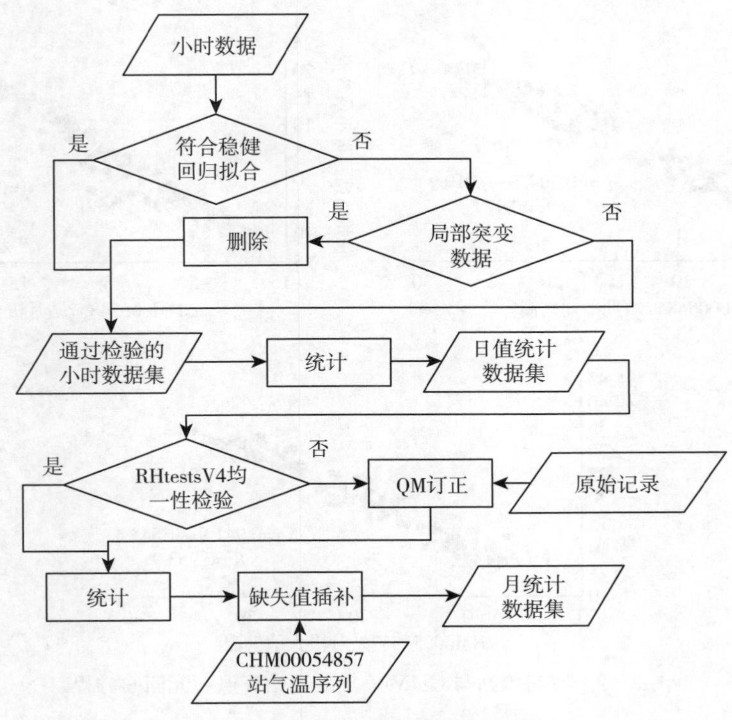

图 3－1　胶州湾站气温数据集处理流程

缺失小于 5 d。参考站选择中国气象局青岛气象站（CHM00054857）相关数据，时间范围为 1999—2015 年。通过建立参考站月气温数据指标与胶州湾站数据完整性好的相关气温序列的回归方程，完成气温数据的插补，所有插补方程拟合程度较高，三项气温指标 R^2 均为 0.95 以上，具体方程见图 3－2。

表 3－1　气温月度数据缺失率

单位：%

年份	1月	2月	3月	4月	5月	6月	7月	8月	9月	10月	11月	12月	年缺失率
2007	0	0	3	7	10	13	0	0	0	0	0	10	4
2008	0	0	0	0	0	0	0	0	0	0	0	0	0
2009	0	0	0	0	0	0	0	0	0	0	0	0	0
2010	0	0	0	0	0	0	3	3	0	0	0	0	1
2011	0	0	0	0	0	0	0	0	0	0	13	6	2
2012	0	0	0	0	0	0	0	0	23	0	0	0	2
2013	0	0	0	0	0	0	0	0	0	0	0	0	0
2014	3	0	0	0	0	0	0	0	0	0	0	0	0
2015	3	0	0	0	0	0	0	10	0	0	0	0	1

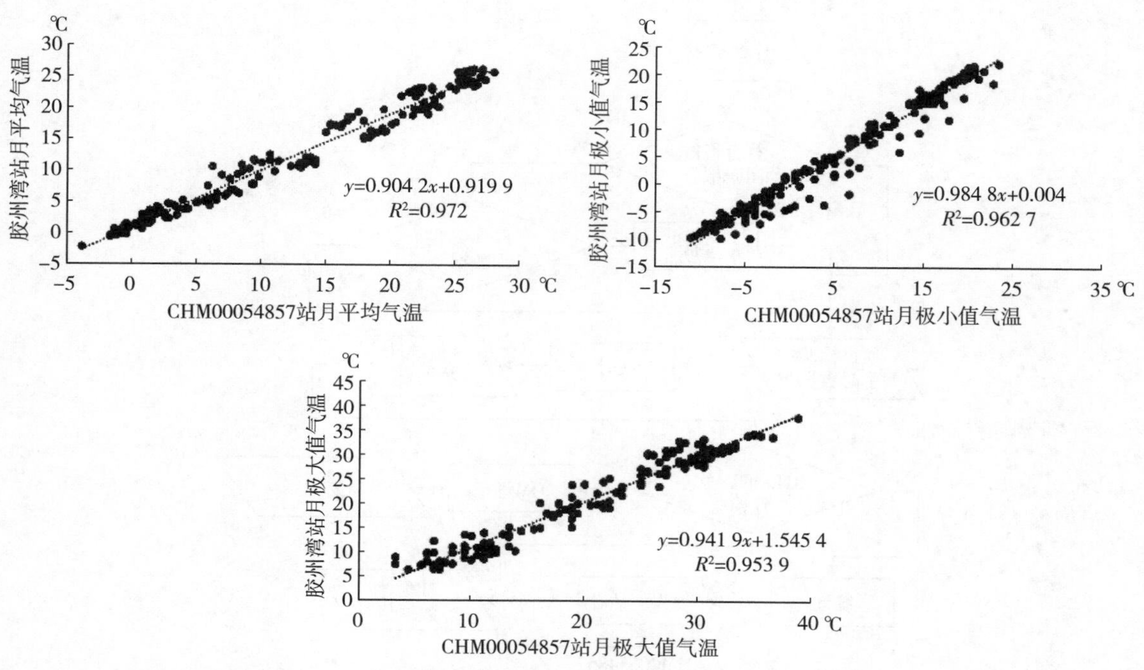

图 3－2　胶州湾站与 CHM00054857 站气温一元回归方程

3.1.4　数据价值与数据获取方式

这些数据可以作为胶州湾环境、生态、灾害等研究的背景，也可以为本地区相关部门的农业生产及生态环境保护工作提供数据支持。本部分只包括月尺度数据，如果想获得日尺度数据，可以登录网址：http：//jzb. cern. ac. cn/下载申请表申请。

3.1.5　数据

数据包括图形数据和表格数据，图形数据如图 3－3 所示，表格数据如表 3－2 所示。

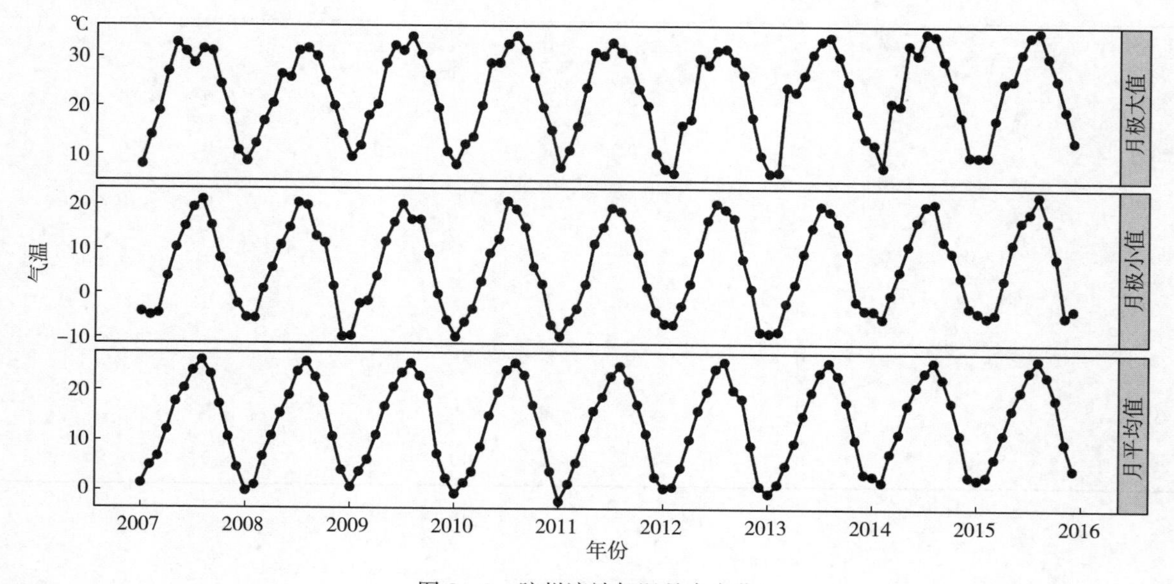

图 3－3　胶州湾站气温月度变化

表 3-2　气温月度数据表

年份	月份	月平均气温（℃）	月极大值（℃）	月极小值（℃）	数据有效天数（d）
2007	1	1.4	8.1	−4.3	31
2007	2	5.0	14.0	−5.1	28
2007	3	6.8	18.9	−4.6	30
2007	4	12.1	27.0	3.7	28
2007	5	17.7	32.8	10.2	28
2007	6	20.4	31.0	15.0	26
2007	7	23.9	28.7	19.3	31
2007	8	26.0	31.5	21.1	31
2007	9	23.2	31.1	15.2	30
2007	10	17.2	24.5	7.8	31
2007	11	10.7	18.9	2.7	30
2007	12	4.6	10.9	−2.5	28
2008	1	−0.1	8.7	−5.6	31
2008	2	1.1	12.3	−5.7	29
2008	3	6.8	16.9	0.9	31
2008	4	10.9	20.6	5.7	30
2008	5	15.4	26.5	10.8	31
2008	6	19.0	25.9	14.7	30
2008	7	23.7	31.2	20.4	31
2008	8	25.7	31.7	19.8	31
2008	9	22.6	30.1	12.8	30
2008	10	18.5	25.2	11.3	31
2008	11	10.8	20.1	1.5	30
2008	12	4.1	14.3	−9.8	31
2009	1	0.7	9.6	−9.6	31
2009	2	3.8	11.9	−2.4	28
2009	3	6.2	18.1	−1.8	31
2009	4	11.1	20.4	3.8	30
2009	5	16.8	28.7	11.6	31
2009	6	20.7	32.3	16.0	30
2009	7	23.5	31.3	20.1	31
2009	8	25.4	34.1	16.6	31
2009	9	22.9	30.5	16.6	30

（续）

年份	月份	月平均气温（℃）	月极大值（℃）	月极小值（℃）	数据有效天数（d）
2009	10	19.3	26.4	8.9	31
2009	11	7.4	19.7	−0.2	30
2009	12	2.5	10.7	−6.1	31
2010	1	−0.6	8.1	−9.8	31
2010	2	1.6	12.2	−6.5	28
2010	3	3.8	13.7	−3.6	31
2010	4	8.8	20.2	2.6	30
2010	5	15.0	28.8	9.0	31
2010	6	19.7	28.9	12.2	30
2010	7	24.1	32.6	20.8	30
2010	8	25.5	34.3	19.0	30
2010	9	23.1	31.4	14.9	30
2010	10	17.1	25.9	6.0	31
2010	11	11.6	19.8	2.1	30
2010	12	3.9	15.1	−7.1	31
2011	1	−2.1	7.5	−9.7	31
2011	2	1.4	11.0	−6.2	28
2011	3	5.6	15.9	−3.5	31
2011	4	10.6	23.9	2.0	30
2011	5	16.0	31.0	11.2	31
2011	6	18.8	30.3	14.9	30
2011	7	22.9	32.9	19.3	31
2011	8	24.9	31.0	18.5	31
2011	9	21.9	29.5	14.7	30
2011	10	17.3	23.6	8.8	31
2011	11	11.5	20.2	1.4	26
2011	12	2.9	10.4	−4.2	29
2012	1	0.6	7.3	−6.8	31
2012	2	0.9	6.4	−7.0	29
2012	3	4.7	16.2	−2.8	31
2012	4	10.4	17.4	2.2	30
2012	5	16.1	29.8	9.2	31
2012	6	19.9	28.5	16.5	30
2012	7	24.4	31.4	20.3	31

（续）

年份	月份	月平均气温（℃）	月极大值（℃）	月极小值（℃）	数据有效天数（d）
2012	8	25.8	31.7	19.0	31
2012	9	20.2	29.3	17.0	23
2012	10	18.5	26.6	7.8	31
2012	11	9.2	17.8	1.1	30
2012	12	1.1	10.0	−8.6	31
2013	1	−0.4	6.4	−8.9	31
2013	2	1.5	6.6	−8.5	28
2013	3	5.2	24.0	−2.2	31
2013	4	9.7	23.1	2.1	30
2013	5	15.2	26.5	9.1	31
2013	6	19.8	30.7	14.9	30
2013	7	23.7	33.3	19.8	31
2013	8	25.7	34.1	18.6	31
2013	9	23.2	30.2	16.0	30
2013	10	17.9	25.3	9.5	31
2013	11	10.4	18.8	−1.7	30
2013	12	3.6	13.5	−3.7	31
2014	1	3.2	12.2	−3.8	30
2014	2	2.0	7.6	−5.6	28
2014	3	7.7	20.9	−0.2	31
2014	4	11.6	20.3	5.1	30
2014	5	17.3	32.5	10.8	31
2014	6	20.9	30.6	16.3	30
2014	7	23.8	34.9	19.9	31
2014	8	25.8	34.4	20.4	31
2014	9	22.5	29.4	11.9	30
2014	10	17.8	24.5	9.3	31
2014	11	11.4	18.0	3.9	30
2014	12	3.1	9.9	−3.1	31
2015	1	2.5	9.8	−4.2	30
2015	2	3.1	9.8	−5.3	28
2015	3	6.7	17.4	−4.5	31
2015	4	11.5	25.0	3.2	30
2015	5	16.4	25.5	11.3	31

（续）

年份	月份	月平均气温（℃）	月极大值（℃）	月极小值（℃）	数据有效天数（d）
2015	6	20.1	30.9	16.3	30
2015	7	24.0	34.3	18.3	31
2015	8	26.2	35.2	22.1	28
2015	9	23.1	30.1	16.3	30
2015	10	18.5	25.6	8.1	31
2015	11	9.8	19.3	−5.1	30
2015	12	4.5	12.9	−3.6	31

注：下划线标注数据为插补数据。

3.2 自动站气压数据集

3.2.1 概述

气压是大气压强的简称，等于单位面积上从测量高度向空中延伸到大气上界的垂直空气柱的重量。气压的变化与风、雨等天气的状况关系密切，也是气象站观测的主要基本指标之一。本数据集选取胶州湾站 2007—2015 年自动观测站采集的数据，经过质量检查、缺失值插补以及月度统计形成。数据集可以代表胶州湾及周围地区气压变化情况，数据项包括年份、月份、月平均气压、月极大值、月极小值以及数据有效天数，共计 108 条数据，以表格的形式列在 3.2.5 节部分。

3.2.2 数据采集和处理方法

自动站气压数据采集自芬兰 Visila 公司的自动气象站（MiLOS 520），采用 DPA501 型空盒气压表进行观测。每 10 s 采测 1 个气压值，每分钟采测 6 个气压值，去除 1 个最大值和 1 个最小值后取平均值，作为每分钟的气压值存储。正点时采测 0 min 的气压值作为正点数据存储。气压表校准采用标准气压传感器比对法，即将待标气压表与标准气压传感器共同接通在 1 个气路中，通过改变气路中的气压进行高低值比对（胡波等，2012）。人工气压观测采用 DYM3 型空盒气压表，每天 3 次（8 时、14 时、20 时）定时记录读数。

原始观测数据通过初级错误检查后，采用 CERN 大气分中心研发的“生态气象工作站”自动进行界限值检查、变化幅度检查、内部一致性检查、时间一致性检查及空间一致性检查（胡波等，2012）。

自动站气压数据集在之前检验的基础上选取小时数据，通过稳健回归拟合标记出离群点［R 语言 stl（）函数，weights＜0.8］，人工核查离群点在局部的变化情况，突变数据作为异常值剔除。进行日平均值、日最小值、日最大值统计（日缺失 6 h 以上的作为缺失处理），对统计的日值进行均一性检验（RHtestsV4）（Wang，2008a；Wang，2008b），气压日统计值序列在 2007 年 6 月 8 日存在 Type-1 型显著断点（图 3-4），采用断点的分位数匹配方法（QM）进行订正。后续对订正后的日值数据进行月平均值、月极大值、月极小值及数据有效天数统计，每月有效天数小于 23 d 的作为缺失值处理，本时间段除 2007 年 7 月和 2012 年 9 月外，其他月份缺失天数均小于 5 d。缺失值采用现有数据与同期人工观测站每日 14 时观测数据建立的一元回归方程进行插补并进行下划线标注。具体数据处理流程见图 3-5。

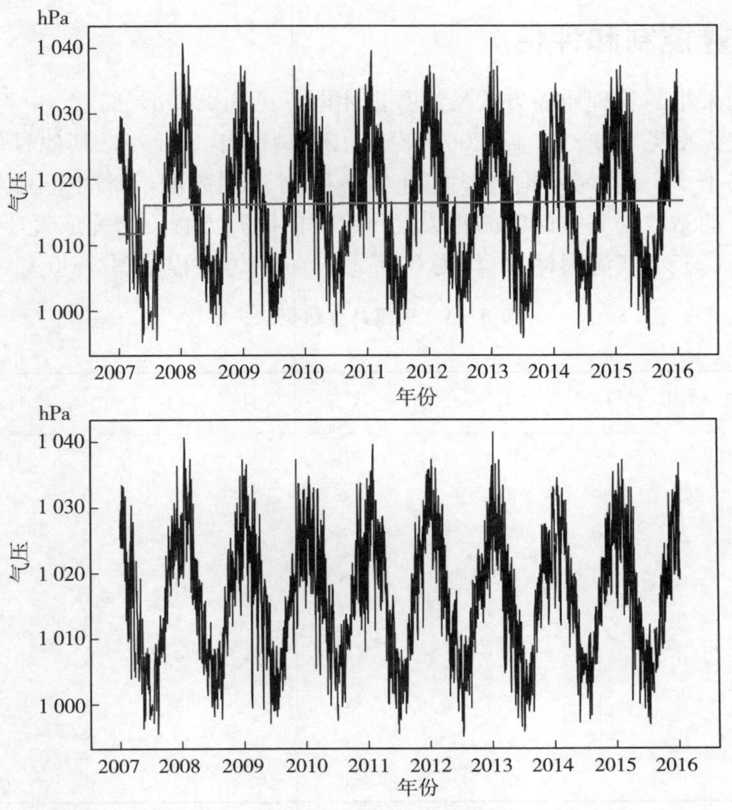

图 3-4　胶州湾站气压日均值时间序列

（上：原始序列与回归拟合。下：QM 矫正后的序列。）

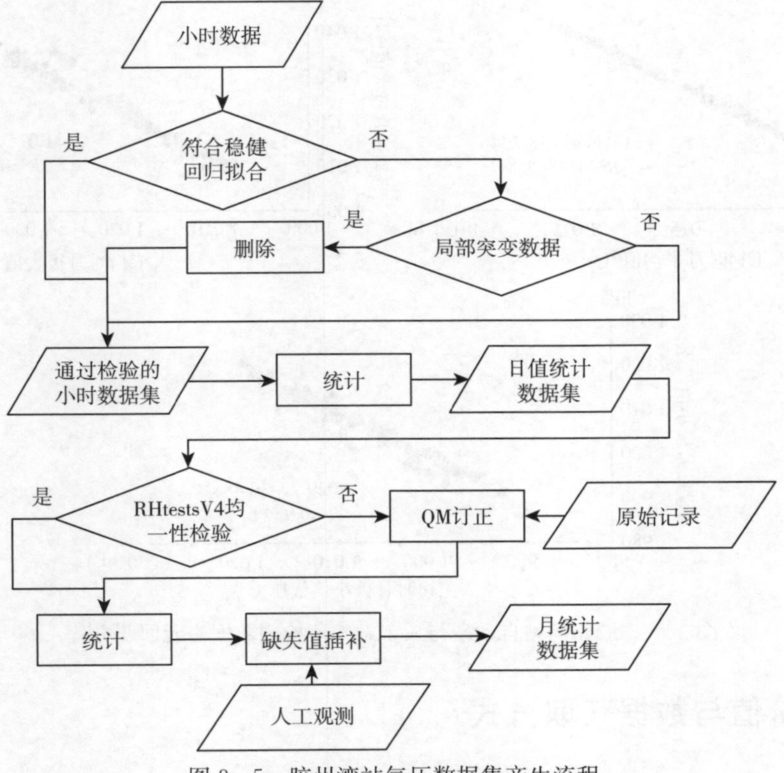

图 3-5　胶州湾站气压数据集产生流程

3.2.3 数据质量控制和评估

台站气象数据的采集与管理质控方式气温数据相同，见 3.1.3 部分。

本数据的日值缺失率见表 3-3，除 2007 年 7 月和 2012 年 9 月外，其他月份缺失率均小于等于 13%，即每月缺失小于 5 d。参考数据选择同期人工 14 时观测数据，时间范围为 2007—2015 年。通过建立参考数据与自动站数据完整性好的相关气压序列的回归方程，来完成气压数据的插补，所有插补方程拟合程度较高，三项气温指标 R^2 均为 0.95 以上，具体方程见图 3-6。

表 3-3 气压月度数据缺失率

单位：%

年份	1月	2月	3月	4月	5月	6月	7月	8月	9月	10月	11月	12月	年缺失率
2007	0	0	3	7	10	13	42	0	0	0	0	10	7
2008	0	0	0	0	0	0	0	0	0	0	0	0	0
2009	0	0	0	0	0	0	0	0	0	0	0	0	0
2010	0	0	0	0	0	0	3	3	0	0	0	0	1
2011	0	0	0	0	0	0	0	0	0	0	13	6	2
2012	0	0	0	0	0	0	0	0	23	0	0	0	2
2013	0	0	0	0	0	0	0	0	0	0	0	0	0
2014	3	0	0	0	0	0	0	0	0	0	0	0	0
2015	3	0	0	0	0	0	0	10	0	0	0	0	1

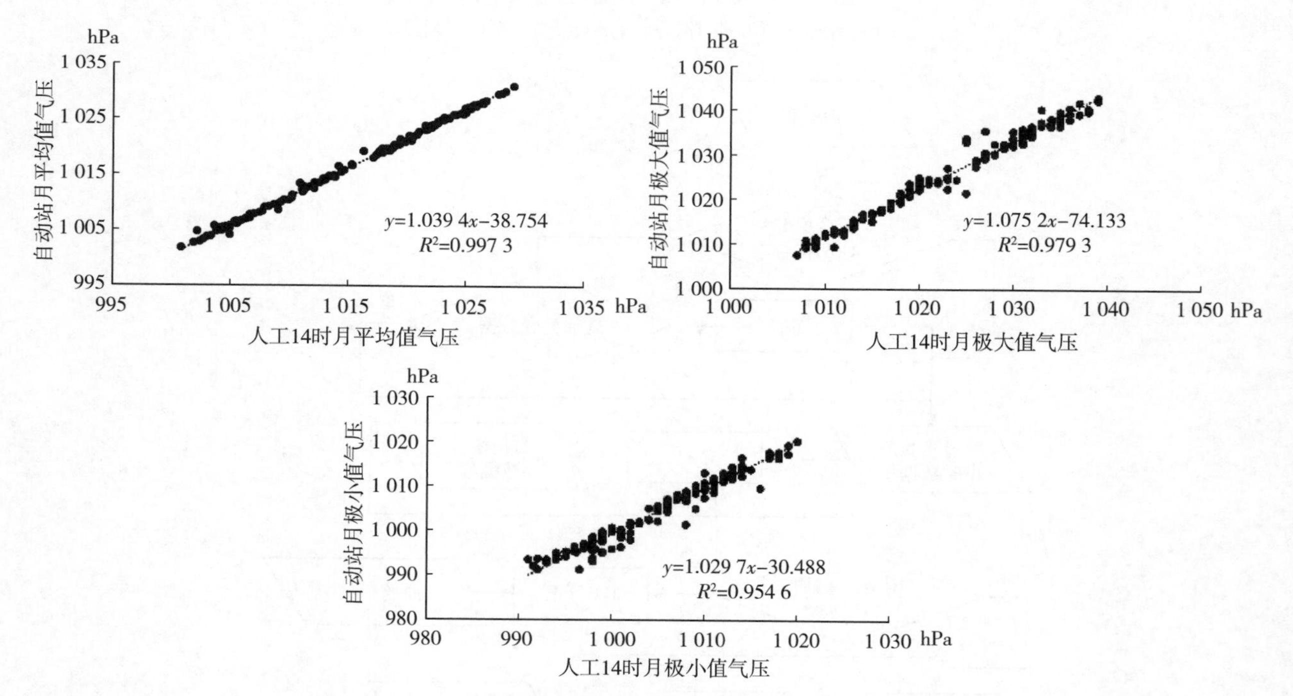

图 3-6 胶州湾站自动站与人工站气压检测数据一元回归方程

3.2.4 数据价值与数据获取方式

与 3.1.4 相同。

3.2.5　数据

数据包括图形数据和表格数据，图形数据见图3-7，表格数据见表3-4。

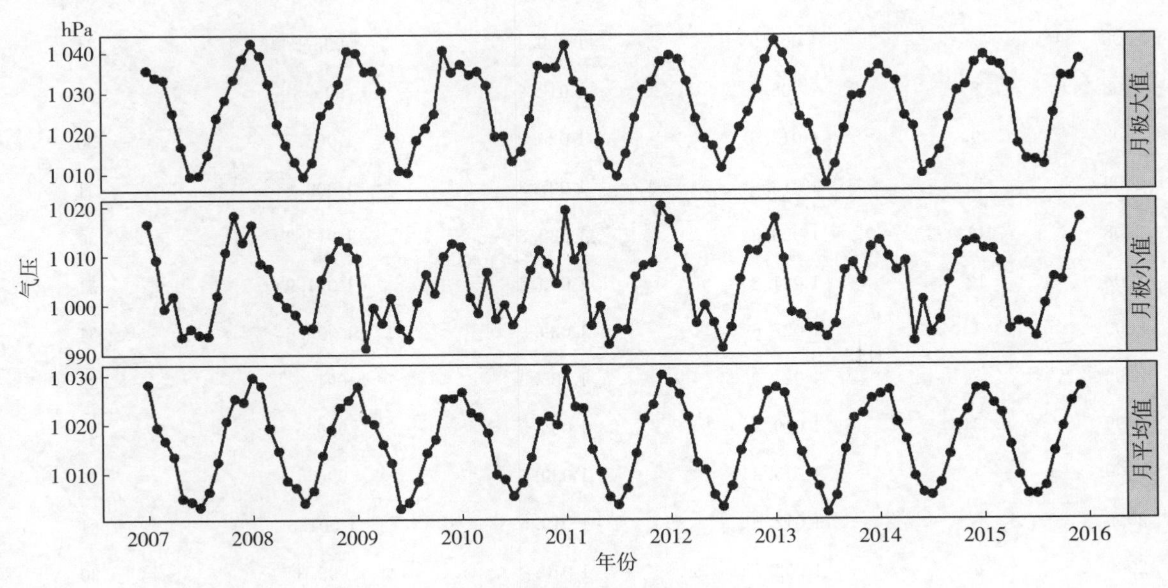

图3-7　胶州湾站气压月度变化

表3-4　气压月度数据表

年份	月份	月平均气压（hPa）	月极大值（hPa）	月极小值（hPa）	数据有效天数（d）
2007	1	1 028.1	1 035.7	1 016.6	31
2007	2	1 019.3	1 033.9	1 009.3	28
2007	3	1 016.6	1 033.3	999.4	30
2007	4	1 013.4	1 025.1	1 001.9	28
2007	5	1 004.8	1 016.8	993.6	28
2007	6	1 004.2	1 009.5	995.3	26
2007	7	1 003.1	1 009.7	994.1	18
2007	8	1 006.2	1 014.8	993.8	31
2007	9	1 012.3	1 023.9	1 002.1	30
2007	10	1 020.6	1 028.4	1 010.9	31
2007	11	1 025.2	1 033.4	1 018.3	30
2007	12	1 024.5	1 038.5	1 012.9	28
2008	1	1 029.5	1 042.3	1 016.4	31
2008	2	1 027.8	1 039.3	1 008.6	29
2008	3	1 019.2	1 032.4	1 007.6	31
2008	4	1 014.5	1 022.5	1 002.0	30
2008	5	1 008.4	1 017.2	999.8	31

（续）

年份	月份	月平均气压（hPa）	月极大值（hPa）	月极小值（hPa）	数据有效天数（d）
2008	6	1 007.0	1 013.1	998.2	30
2008	7	1 003.9	1 009.4	995.2	31
2008	8	1 006.4	1 012.9	995.5	31
2008	9	1 013.6	1 024.5	1 005.3	30
2008	10	1 018.8	1 027.3	1 009.6	31
2008	11	1 023.3	1 032.3	1 013.2	30
2008	12	1 024.8	1 040.4	1 011.9	31
2009	1	1 027.6	1 039.9	1 009.6	31
2009	2	1 021.0	1 035.3	991.3	28
2009	3	1 019.9	1 035.5	999.5	31
2009	4	1 015.8	1 030.6	996.4	30
2009	5	1 012.0	1 019.5	1 001.5	31
2009	6	1 002.7	1 010.8	995.3	30
2009	7	1 003.9	1 010.3	993.1	31
2009	8	1 008.2	1 018.3	1 000.6	31
2009	9	1 014.0	1 021.3	1 006.3	30
2009	10	1 016.8	1 024.8	1 002.4	31
2009	11	1 025.1	1 040.5	1 009.9	30
2009	12	1 025.1	1 035.1	1 012.5	31
2010	1	1 026.4	1 037.0	1 011.9	31
2010	2	1 022.2	1 034.5	1 001.6	28
2010	3	1 021.3	1 035.3	998.4	31
2010	4	1 018.1	1 031.8	1 006.7	30
2010	5	1 009.6	1 019.2	997.2	31
2010	6	1 008.6	1 019.3	1 000.1	30
2010	7	1 005.2	1 013.1	996.0	30
2010	8	1 007.9	1 015.5	999.3	30
2010	9	1 013.1	1 023.7	1 007.1	30
2010	10	1 020.4	1 036.7	1 011.1	31
2010	11	1 021.4	1 036.1	1 008.4	30
2010	12	1 019.7	1 036.3	1 004.4	31
2011	1	1 030.9	1 041.8	1 019.3	31
2011	2	1 023.4	1 033.0	1 009.2	28

（续）

年份	月份	月平均气压（hPa）	月极大值（hPa）	月极小值（hPa）	数据有效天数（d）
2011	3	1 023.1	1 030.4	1 011.8	31
2011	4	1 014.7	1 028.6	995.9	30
2011	5	1 010.1	1 017.9	999.8	31
2011	6	1 005.0	1 012.1	992.0	30
2011	7	1 003.4	1 009.4	995.2	31
2011	8	1 006.8	1 015.0	995.0	31
2011	9	1 013.9	1 023.9	1 005.8	30
2011	10	1 021.0	1 030.8	1 008.1	31
2011	11	1 023.8	1 032.6	1 008.6	26
2011	12	1 029.9	1 037.8	1 020.2	29
2012	1	1 028.3	1 039.3	1 017.4	31
2012	2	1 025.9	1 038.3	1 011.6	29
2012	3	1 021.3	1 032.9	1 007.4	31
2012	4	1 011.9	1 023.7	996.4	30
2012	5	1 010.5	1 018.8	1 000.0	31
2012	6	1 005.4	1 016.9	996.5	30
2012	7	1 003.0	1 011.5	991.3	31
2012	8	1 007.2	1 015.9	995.5	31
2012	9	1 014.5	1 021.5	1 005.4	23
2012	10	1 018.6	1 025.3	1 011.1	31
2012	11	1 020.5	1 030.8	1 011.0	30
2012	12	1 026.5	1 038.2	1 013.7	31
2013	1	1 027.3	1 042.9	1 017.7	31
2013	2	1 026.1	1 039.7	1 009.5	28
2013	3	1 019.1	1 035.3	998.6	31
2013	4	1 014.1	1 024.1	998.0	30
2013	5	1 009.8	1 022.2	995.4	31
2013	6	1 007.1	1 015.3	995.4	30
2013	7	1 001.9	1 007.7	993.5	31
2013	8	1 005.2	1 012.4	996.2	31
2013	9	1 014.7	1 021.1	1 007.1	30
2013	10	1 021.0	1 029.1	1 008.6	31
2013	11	1 022.0	1 029.5	1 005.0	30

（续）

年份	月份	月平均气压（hPa）	月极大值（hPa）	月极小值（hPa）	数据有效天数（d）
2013	12	1 025.0	1 034.6	1 011.8	31
2014	1	1 025.9	1 036.8	1 013.1	30
2014	2	1 026.8	1 034.4	1 009.9	28
2014	3	1 020.2	1 032.9	1 007.1	31
2014	4	1 016.7	1 024.3	1 008.9	30
2014	5	1 009.1	1 021.7	992.7	31
2014	6	1 005.8	1 010.1	1 001.1	30
2014	7	1 005.3	1 012.2	994.4	31
2014	8	1 007.8	1 015.8	997.0	31
2014	9	1 013.6	1 023.8	1 005.0	30
2014	10	1 019.7	1 030.5	1 010.2	31
2014	11	1 022.7	1 031.9	1 012.7	30
2014	12	1 027.0	1 037.4	1 013.1	31
2015	1	1 027.1	1 039.3	1 011.4	30
2015	2	1 024.0	1 037.4	1 011.3	28
2015	3	1 022.0	1 036.7	1 008.8	31
2015	4	1 015.5	1 032.2	995.0	30
2015	5	1 009.3	1 017.3	996.5	31
2015	6	1 005.5	1 013.5	996.0	30
2015	7	1 005.4	1 013.3	993.5	31
2015	8	1 007.1	1 012.2	1 000.2	28
2015	9	1 014.2	1 024.8	1 005.6	30
2015	10	1 019.2	1 034.0	1 005.0	31
2015	11	1 024.4	1 033.9	1 013.1	30
2015	12	1 027.3	1 038.1	1 017.7	31

注：下划线标注数据为插补数据。

3.3 降水数据集

3.3.1 概述

降水量用来表征从空中降落到地面上的水汽凝结物的量，降水是地表淡水的主要来源，是气候学研究的主要参数之一。降水与经济、人民生活有着非常密切的关系，在农业生产中具有重要的意义。本书选取胶州湾站 2007—2015 年自动观测站采集的小时降水数据，经过质量检查、缺失值插补以及月度统计形成。数据可以代表胶州湾及周围地区降水的变化情况，数据项包括年份、月份、月降水合计量、月最大日降水量、人工数据插补天数，共计 108 条数据，以表格的形式列在 3.3.5 节部分。

3.3.2　数据采集和处理方法

数据采集系统采用芬兰 Visila 公司的自动气象站（MiLOS 520），降水量采用 RG13 H 型翻斗式雨量计，每分钟采集 1 min 降水量，正点时存储 1 h 的累计降水量。人工观测是利用 SM1－A 型雨量器每天 8 时和 20 时观测前 12 h 的累计降水量，以前一日 8 时至本日 8 时降水量之和作为前一日日降水量。相关气象场信息见 2.3 节部分。

原始观测数据通过初级错误检查后，采用 CERN 大气分中心研发的“生态气象工作站”自动进行界限值检查、变化幅度检查、内部一致性检查、时间一致性检查（胡波等，2012）。

降水数据集在之前检验的基础上选取小时数据，对观测值进行日合计和最大值统计，并对每日缺失观测的小时数进行统计，每天缺失 6 h 以上确定为日值缺失，采用当日人工观测降雨合计量进行插补。随后对插补后的日数据表进行月合计值和月最大值统计，同时统计人工观测数据插补的天数，形成最终的数据。

3.3.3　数据质量控制和评估

台站气象数据的采集与管理质控方式与气温数据相同，见 3.1.3 部分。

降水观测月度数据的日值插补率见表 3－5，除 2007 年 7 月、2008 年 5 月和 2012 年 9 月外其他月份插补率均小于等于 13%，即每月缺失天数均小于 5 d。

表 3－5　降水观测月度数据插补率

单位：%

年份	1月	2月	3月	4月	5月	6月	7月	8月	9月	10月	11月	12月	年插补率
2007	0	0	3	7	10	13	42	0	0	0	0	10	7
2008	0	0	0	3	16	0	0	0	0	3	0	0	2
2009	0	0	0	0	0	0	0	0	0	0	0	0	0
2010	0	0	0	0	0	0	3	3	0	0	0	0	1
2011	0	0	0	0	0	0	0	0	0	0	13	6	2
2012	0	0	0	0	0	0	0	0	23	0	0	0	2
2013	0	0	0	0	0	0	0	0	3	0	0	0	0
2014	3	0	0	0	0	0	0	0	0	0	0	0	0
2015	3	0	0	0	0	0	0	10	0	0	0	0	1

3.3.4　数据价值与数据获取方式

降水是地区气候变化和淡水资源评估的主要基础数据，也与人类的生产、生活息息相关，本数据集可以为气候变化、农业生产、生态环境等研究提供基础数据支撑。本部分只包括月尺度数据，如果想获得日尺度数据，可以登录 http：//jzb. cern. ac. cn/下载申请表申请。

3.3.5　数据

数据包括图形数据和表格数据，图形数据如图 3－8 所示，表格数据如表 3－6 所示。

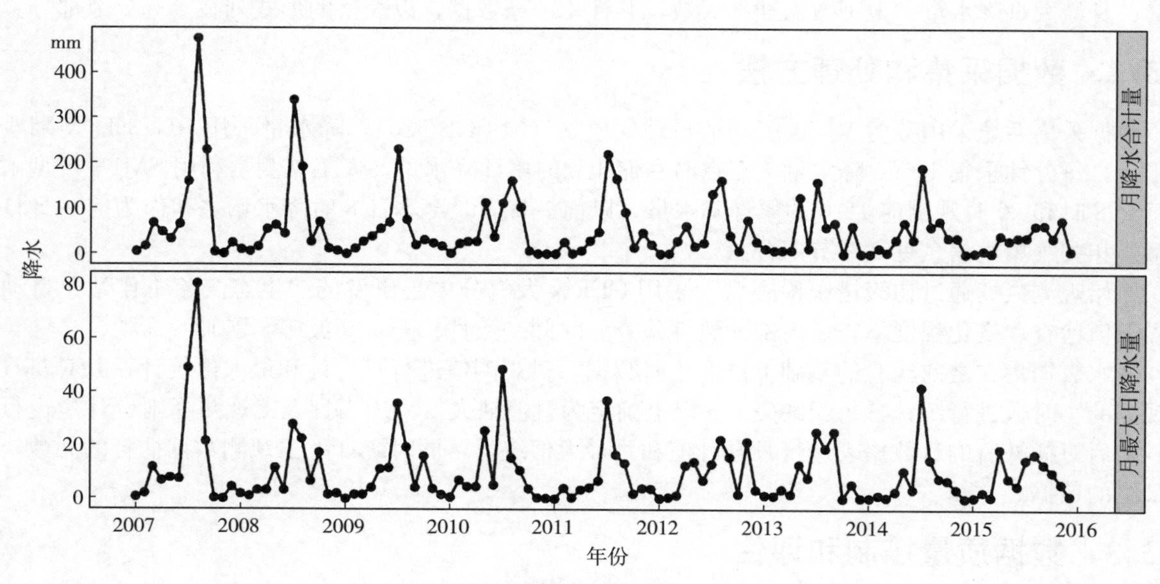

图 3-8　胶州湾站降水月度变化

表 3-6　降水月度数据表

年份	月份	月降水合计量（mm）	月最大日降水量（mm）	人工数据插补天数（d）
2007	1	4.6	0.6	0
2007	2	16.4	2.0	0
2007	3	67.4	11.8	1
2007	4	47.6	6.8	2
2007	5	32.2	7.8	3
2007	6	64.9	7.4	4
2007	7	159.1	49.0	13
2007	8	476.0	80.4	0
2007	9	228.4	21.6	0
2007	10	3.8	0.2	0
2007	11	0.0	0.0	0
2007	12	23.8	4.4	3
2008	1	9.4	1.8	0
2008	2	5.4	1.0	0
2008	3	15.6	3.2	0
2008	4	54.2	3.2	1
2008	5	63.2	11.6	5
2008	6	44.2	3.2	0
2008	7	339.6	28.0	0
2008	8	191.4	22.6	0

（续）

年份	月份	月降水合计量（mm）	月最大日降水量（mm）	人工数据插补天数（d）
2008	9	26.6	6.6	0
2008	10	70.4	17.4	1
2008	11	12.0	1.6	0
2008	12	7.2	2.0	0
2009	1	0.0	0.0	0
2009	2	12.0	1.6	0
2009	3	27.0	1.6	0
2009	4	38.6	4.2	0
2009	5	55.6	11.2	0
2009	6	69.8	11.6	0
2009	7	230.8	35.8	0
2009	8	75.4	19.4	0
2009	9	19.4	4.2	0
2009	10	31.0	16.0	0
2009	11	24.0	3.8	0
2009	12	17.2	1.6	0
2010	1	1.4	0.6	0
2010	2	22.8	7.0	0
2010	3	27.2	4.6	0
2010	4	27.4	4.6	0
2010	5	113.0	25.6	0
2010	6	37.4	5.2	0
2010	7	112.2	48.6	1
2010	8	161.2	15.4	1
2010	9	103.4	10.6	0
2010	10	6.6	3.8	0
2010	11	0.4	0.4	0
2010	12	0.2	0.2	0
2011	1	0.0	0.0	0
2011	2	25.6	4.0	0
2011	3	0.6	0.4	0
2011	4	7.0	3.4	0
2011	5	29.0	4.2	0

（续）

年份	月份	月降水合计量（mm）	月最大日降水量（mm）	人工数据插补天数（d）
2011	6	48.2	6.8	0
2011	7	219.8	37.0	0
2011	8	165.6	16.6	0
2011	9	92.0	13.4	0
2011	10	14.2	2.0	0
2011	11	47.1	4.0	4
2011	12	21.0	3.8	2
2012	1	0.4	0.2	0
2012	2	1.2	0.6	0
2012	3	29.0	1.4	0
2012	4	62.0	12.6	0
2012	5	17.0	14.0	0
2012	6	24.6	7.0	0
2012	7	133.0	13.2	0
2012	8	162.4	22.4	0
2012	9	40.9	15.8	7
2012	10	7.2	1.8	0
2012	11	75.0	21.6	0
2012	12	27.4	3.4	0
2013	1	12.1	1.4	0
2013	2	7.8	1.2	0
2013	3	8.4	3.6	0
2013	4	8.6	1.8	0
2013	5	125.6	13.0	0
2013	6	12.8	8.0	0
2013	7	159.4	25.4	0
2013	8	59.8	19.0	0
2013	9	68.6	25.4	1
2013	10	0.2	0.2	0
2013	11	62.2	5.6	0
2013	12	0.6	0.4	0
2014	1	0.8	0.4	1
2014	2	13.2	1.4	0

（续）

年份	月份	月降水合计量（mm）	月最大日降水量（mm）	人工数据插补天数（d）
2014	3	3.8	0.6	0
2014	4	31.8	2.8	0
2014	5	69.0	10.6	0
2014	6	31.8	3.6	0
2014	7	190.6	42.0	0
2014	8	60.8	14.8	0
2014	9	73.0	7.8	0
2014	10	36.4	7.0	0
2014	11	36.0	3.6	0
2014	12	0.6	0.2	0
2015	1	2.4	0.6	1
2015	2	7.6	2.6	0
2015	3	2.2	0.8	0
2015	4	41.0	18.8	0
2015	5	30.2	7.8	0
2015	6	36.8	5.0	0
2015	7	37.2	14.8	0
2015	8	63.1	17.0	3
2015	9	64.4	13.2	0
2015	10	36.0	10.2	0
2015	11	74.8	5.8	0
2015	12	6.8	1.4	0

3.4　相对湿度数据集

3.4.1　概述

相对湿度，指空气中水汽压与相同温度下饱和水汽压的百分比。相对湿度的变化影响空气中颗粒粉尘的数量、流感病毒及细菌的滋生和传播，也与人类的身体健康和环境适宜性相关（张淑平等，2016；王敏珍等，2016）。相对湿度是气象站观测的主要基础指标之一。相对湿度数据集选取胶州湾站 2007—2015 年自动观测站采集的数据，经过质量检查、缺失值插补以及月度统计形成。数据可以代表胶州湾及周围地区相对湿度变化情况，数据项包括年份、月份、月平均相对湿度、月极大值、月极小值，以及数据有效天数，共计 108 条数据，以表格的形式列在 3.4.5 节部分。

3.4.2　数据采集和处理方法

数据采集自芬兰 Visila 公司的自动气象站（MiLOS 520），用 HMP45 D 温湿度传感器观测。每

10 s 采测 1 个相对湿度值，每分钟采测 6 个相对湿度值，去除 1 个最大值和 1 个最小值后取平均值，作为每分钟的相对湿度值存储。正点时采测 0 min 的相对湿度值作为正点数据存储。温湿度传感器每两年矫正 1 次，依据中国气象探测中心标准进行。人工湿度观测数据在非结冰期采用干球温度和湿球温度的温度差值查《湿度查算表》获得。

数据的处理流程与气压相似，具体参见 3.2.2 节及图 3-5。相对湿度日平均值、日最小值序列均通过检验，日最大值序列存在 2 个 Type-1 型显著断点，结合原始观测记录、相对湿度数据的特性和其他两个日值统计序列的均一性，不对序列进行订正。后续对统计的日值数据进行月平均值、月极大值、月极小值及数据有效天数统计，每月有效天数小于 23 d 的作为缺失值处理。缺失值采用现有数据与同期人工观测站每日 14 时观测数据建立的一元回归方程进行插补并进行下划线标注。

3.4.3 数据质量控制和评估

台站气象数据的采集与管理质控方式与气温数据相同，见 3.1.3 部分。

本数据的日值缺失率见表 3-7，除 2007 年 7 月、2012 年 7 月、2012 年 9 月、2013 年 8 月外，其他月份缺失率均小于等于 13%，即每月缺失小于 5 d。参考数据选择同期人工 14 时观测数据，时间范围为 2007—2015 年。通过建立参考数据与自动站数据完整性好的相对湿度数据序列的回归方程，完成相对湿度数据的插补，月平均值插补方程拟合程度较高，R^2 达到 0.93，具体方程见图 3-9。最大值采用 8 时、14 时、20 时统计月最大值进行插补，最小值采用 8 时、14 时、20 时统计月最小值进行插补。

表 3-7 相对湿度月度数据缺失率

单位：%

年份	1月	2月	3月	4月	5月	6月	7月	8月	9月	10月	11月	12月	年缺失率
2007	0	0	3	7	10	13	42	0	0	0	0	10	7
2008	0	0	0	0	0	0	0	3	0	0	0	0	0
2009	0	0	0	0	0	0	0	0	0	0	0	0	0
2010	0	0	0	0	0	0	3	3	0	0	0	0	1
2011	0	0	0	0	0	0	0	0	0	0	13	6	2
2012	0	0	0	3	0	10	32	0	23	0	0	0	6
2013	0	0	0	0	0	0	0	29	0	0	0	0	2
2014	3	0	0	0	0	0	0	0	0	0	0	0	0
2015	3	0	0	0	0	7	0	10	0	0	0	0	2

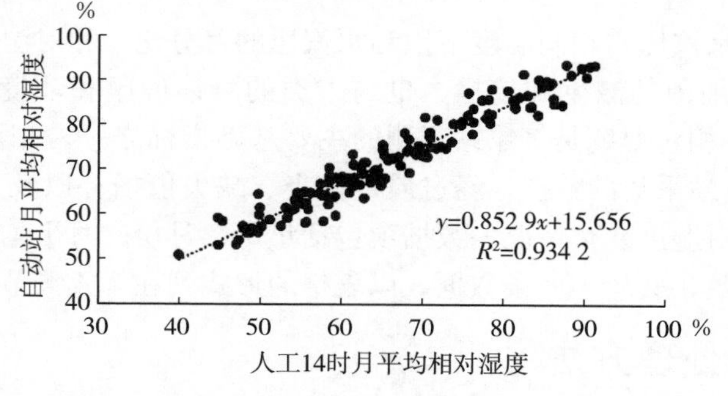

图 3-9 胶州湾站自动站与人工站相对湿度一元回归方程

3.4.4 数据价值与数据获取方式

相对湿度可以表征空气中水蒸气的含量，水蒸气是大气中最重要的能量载体，也是最重要的温室气体，因此它的时空分布可以对天气和气候造成相当大的影响，从而影响动植物的生长环境，通过影响气溶胶的光学特性，从而对太阳增温率具有系统影响，对能见度也有一定的影响（卢爱刚，2013）。本数据集可以为环境变化研究和病毒细菌流行等人类健康研究提供基础数据支撑。本部分只包括月尺度数据，如果想获得日尺度数据，可以登录 http：//jzb. cern. ac. cn/下载申请表申请。

3.4.5 数据

数据包括图形数据和表格数据，图形数据如图 3－10 所示，表格数据如表 3－8 所示。

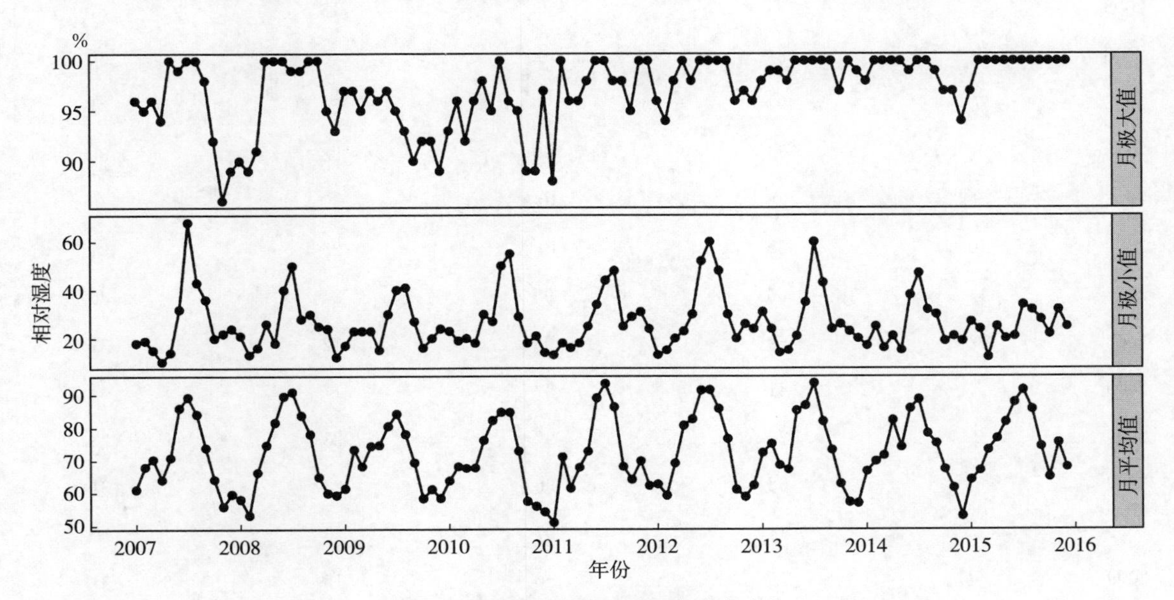

图 3－10　胶州湾站相对湿度月度变化

表 3－8　气压月度数据表

年份	月份	月平均相对湿度（%）	月极大值（%）	月极小值（%）	数据有效天数（d）
2007	1	61	96	18	31
2007	2	68	95	19	28
2007	3	70	96	15	30
2007	4	64	94	10	28
2007	5	71	100	14	28
2007	6	86	99	32	26
2007	7	89	100	68	18
2007	8	84	100	43	31
2007	9	74	98	36	30
2007	10	64	92	20	31

（续）

年份	月份	月平均相对湿度（%）	月极大值（%）	月极小值（%）	数据有效天数（d）
2007	11	56	86	22	30
2007	12	60	89	24	28
2008	1	58	90	21	31
2008	2	53	89	13	29
2008	3	66	91	16	31
2008	4	75	100	26	30
2008	5	81	100	18	31
2008	6	89	100	40	30
2008	7	91	99	50	31
2008	8	84	99	28	30
2008	9	78	100	30	30
2008	10	65	100	25	31
2008	11	60	95	24	30
2008	12	59	93	12	31
2009	1	61	97	17	31
2009	2	73	97	23	28
2009	3	68	95	23	31
2009	4	74	97	23	30
2009	5	75	96	15	31
2009	6	80	97	30	30
2009	7	84	95	40	31
2009	8	78	93	41	31
2009	9	69	90	27	30
2009	10	58	92	16	31
2009	11	61	92	20	30
2009	12	58	89	24	31
2010	1	64	93	23	31
2010	2	68	96	19	28
2010	3	68	92	20	31
2010	4	68	96	18	30
2010	5	76	98	30	31
2010	6	82	95	27	30
2010	7	85	100	50	30

（续）

年份	月份	月平均相对湿度（%）	月极大值（%）	月极小值（%）	数据有效天数（d）
2010	8	84	96	55	30
2010	9	73	95	29	30
2010	10	57	89	18	31
2010	11	56	89	21	30
2010	12	54	97	14	31
2011	1	51	88	13	31
2011	2	71	100	18	28
2011	3	61	96	16	31
2011	4	68	96	18	30
2011	5	73	98	25	31
2011	6	89	100	34	30
2011	7	93	100	44	31
2011	8	86	98	48	31
2011	9	68	98	25	30
2011	10	64	95	29	31
2011	11	70	100	31	26
2011	12	62	100	24	29
2012	1	63	96	13	31
2012	2	59	94	15	29
2012	3	69	98	20	31
2012	4	81	100	23	29
2012	5	82	98	30	31
2012	6	91	100	52	27
2012	7	91	100	60	21
2012	8	86	100	48	31
2012	9	77	100	30	23
2012	10	61	96	20	31
2012	11	59	97	26	30
2012	12	62	96	24	31
2013	1	72	98	31	31
2013	2	75	99	24	28
2013	3	68	99	14	31
2013	4	67	98	15	30

（续）

年份	月份	月平均相对湿度（%）	月极大值（%）	月极小值（%）	数据有效天数（d）
2013	5	85	100	21	31
2013	6	87	100	35	30
2013	7	93	100	60	31
2013	8	82	100	43	22
2013	9	73	100	24	30
2013	10	63	97	26	31
2013	11	57	100	23	30
2013	12	57	99	20	31
2014	1	67	98	17	30
2014	2	70	100	25	28
2014	3	71	100	16	31
2014	4	82	100	21	30
2014	5	74	100	15	31
2014	6	86	99	38	30
2014	7	88	100	47	31
2014	8	78	100	32	31
2014	9	75	99	30	30
2014	10	67	97	19	31
2014	11	61	97	21	30
2014	12	53	94	19	31
2015	1	64	97	27	30
2015	2	67	100	24	28
2015	3	73	100	12	31
2015	4	77	100	25	30
2015	5	82	100	20	31
2015	6	88	100	21	28
2015	7	91	100	34	31
2015	8	85	100	32	28
2015	9	74	100	28	30
2015	10	65	100	22	31
2015	11	75	100	32	30
2015	12	68	100	25	31

注：如89，下划线为插补数据。

3.5 10 min 风速和风向数据集

3.5.1 概述

风速，是指风相对于地球某一固定地点的运动速率，是气候学研究的主要参数之一。风向，是指风来的方向，在人们的生活、交通等方面有指导意义。两者都是气象站观测的主要基本指标之一，10 min风速和风向数据集选取胶州湾站 2007—2015 年自动观测站采集的 10 min 风速风向数据，经过质量检查、缺失值插补以及月度统计形成。本数据集可以代表胶州湾及周围地区风的变化情况，数据项包括年份、月份、10 min 月平均风速、月最多风向、10 min 平均风月最大风速、10 min 最大风月极大风速、数据有效天数，共计 108 条数据，以表格的形式列在 3.5.5 节部分。

3.5.2 数据采集和处理方法

数据采集系统采用芬兰 Visila 公司的自动气象站（MiLOS 520），风速风向采用 WAV151 风速风向仪进行观测，采用 10 m 风杆。每 10 s 采测 1 个数值，每分钟采测 6 个数据值，去除一个最大值和一个最小值后取平均值，作为每分钟的数值。正点时采测 0 min 的数值作为正点数据存储。每 2 年对风仪器的核心关键部件转动轴承进行更换。相关气象场信息见 2.3 节部分。

原始观测数据通过初级错误检查后，采用 CERN 大气分中心研发的“生态气象工作站”自动进行界限值检查、变化幅度检查、内部一致性检查、时间一致性检查（胡波等，2012），自动统计形成 10 min 最大风速、10 min 平均风向、10 min 平均风速小时数据表、日数据表及月数据表。

本数据集选取 10 min 平均风月度报表和 10 min 最大风月度报表，并对缺失观测的小时和天数进行了统计，每天缺失 6 h 以上确定为日值缺失，每月有效天数小于 23 d 的作为缺失值处理。10 min 月平均风速采用对月缺失值的序列使用 R 语言基础包中 imputation 函数（method = “linearInterpol. bisector”，lowerBound= “min”，upperBound= “max”）进行插补，缺失值进行下划线标注。其他统计项仍保留统计值，供使用者参考。

3.5.3 数据质量控制和评估

台站气象数据的采集与管理质控方式同气温数据，见 3.1.3 部分。

本数据的日值缺失率如表 3-9 所示，除 2007 年 7 月、2012 年 9 月和 2013 年 9 月 10 月外其他月份缺失率均小于等于 13%，即每月缺失天数均小于 5 天。

表 3-9 风速风向观测月度数据缺失率

单位：%

年份	1月	2月	3月	4月	5月	6月	7月	8月	9月	10月	11月	12月	年缺失率
2007	0	0	3	7	10	13	42	0	0	0	0	10	7
2008	0	0	0	0	0	0	0	0	0	0	0	0	0
2009	0	0	0	0	0	0	0	0	0	0	0	0	0
2010	0	0	0	0	0	0	3	3	0	0	0	0	1
2011	0	0	0	0	0	0	0	0	0	0	13	6	2
2012	0	0	0	0	0	0	0	0	23	0	0	0	2
2013	0	0	0	0	0	0	0	0	23	45	0	0	6
2014	3	0	0	0	0	0	0	0	0	0	0	0	0
2015	3	0	0	0	0	0	0	10	0	0	0	0	1

3.5.4 数据价值与数据获取方式

风速风向是地区气候变化和风力资源评估的主要基础数据，也与人类的生产、生活息息相关，本数据集可以为气候变化、农业生产、生态环境等研究提供基础数据支撑。本部分只包括月尺度数据，如果想获得日尺度数据，可以登录 http：//jzb. cern. ac. cn/下载申请表申请。

3.5.5 数据

数据包括图形数据和表格数据，图形数据如图 3－11 所示，表格数据如表 3－10 所示。

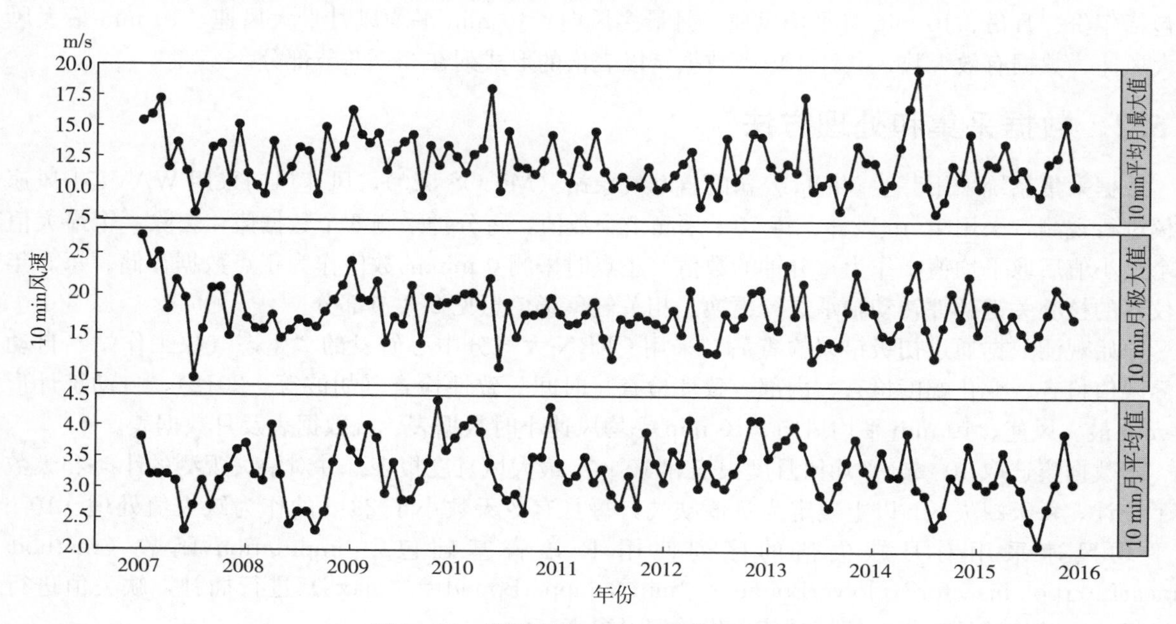

图 3－11　胶州湾站 10 min 风速月度变化

表 3－10　风速风向月度数据表

年份	月份	10 min 月平均风速（m/s）	月最多风向	10 min 平均风月最大风速（m/s）	10 min 最大风月极大风速（m/s）	数据有效天数（d）
2007	1	3.8	NE	15.4	27.2	31
2007	2	3.2	NE	15.9	23.6	28
2007	3	3.2	NE	17.2	25.1	30
2007	4	3.2	NE	11.6	18.1	28
2007	5	3.1	NE	13.6	21.7	28
2007	6	2.3	NE	11.3	19.5	26
2007	7	2.7	NE	7.9	9.6	18
2007	8	3.1	NE	10.2	15.6	31
2007	9	2.7	NE	13.2	20.7	30
2007	10	3.1	NE	13.5	20.8	31
2007	11	3.3	NE	10.3	14.8	30

（续）

年份	月份	10 min 月平均风速（m/s）	月最多风向	10 min 平均风月最大风速（m/s）	10 min 最大风月极大风速（m/s）	数据有效天数（d）
2007	12	3.6	NE	15.1	21.8	28
2008	1	3.7	NNW	11.1	17	31
2008	2	3.2	NW	10.1	15.7	29
2008	3	3.1	ESE	9.4	15.6	31
2008	4	4	ESE	13.7	17.4	30
2008	5	3.2	ESE	10.4	14.5	31
2008	6	2.4	C	11.6	15.5	30
2008	7	2.6	E	13.2	16.8	31
2008	8	2.6	E	12.9	16.4	31
2008	9	2.3	SE	9.4	15.9	30
2008	10	2.6	C	14.9	17.8	31
2008	11	3.4	NNW	12.4	19.3	30
2008	12	4	NW	13.4	21.1	31
2009	1	3.6	NW	16.3	24.1	31
2009	2	3.4	N	14.3	19.5	28
2009	3	4	ESE	13.6	19.2	31
2009	4	3.8	ESE	14.4	21.6	30
2009	5	2.9	ESE	11.4	14	31
2009	6	3.4	ESE	12.9	17.2	30
2009	7	2.8	ESE	13.7	16.3	31
2009	8	2.8	SE	14.3	21.1	31
2009	9	3.1	SSE	9.3	13.9	30
2009	10	3.4	N	13.4	19.7	31
2009	11	4.4	NW	11.8	18.7	30
2009	12	3.6	NW	13.4	19	31
2010	1	3.8	NNW	12.5	19.4	31
2010	2	4	NNW	11.2	20.1	28

（续）

年份	月份	10 min 月平均风速（m/s）	月最多风向	10 min 平均风月最大风速（m/s）	10 min 最大风月极大风速（m/s）	数据有效天数（d）
2010	3	4.1	NNW	12.7	20.2	31
2010	4	3.9	ESE	13.2	18.7	30
2010	5	3.4	ESE	18.1	22	31
2010	6	3	ESE	9.7	11	30
2010	7	2.8	ESE	14.6	19	30
2010	8	2.9	ESE	11.7	14.7	30
2010	9	2.6	NNW	11.6	17.5	30
2010	10	3.5	N	11.1	17.5	31
2010	11	3.5	SSW	12.2	17.7	30
2010	12	4.3	NW	14.3	19.6	31
2011	1	3.4	NW	11.2	17.6	31
2011	2	3.1	NNW	10.4	16.3	28
2011	3	3.2	NW	13.1	16.5	31
2011	4	3.5	ESE	11.8	17.6	30
2011	5	3.1	ESE	14.6	19.1	31
2011	6	3.3	ESE	11.3	14.6	30
2011	7	2.9	ESE	10	12.1	31
2011	8	2.7	SE	10.9	17	31
2011	9	3.2	N	10.2	16.5	30
2011	10	2.7	NNW	10.1	17.4	31
2011	11	3.9	N	11.7	16.9	26
2011	12	3.4	NW	9.9	16.5	29
2012	1	3.1	NNW	10.1	15.9	31
2012	2	3.6	NNW	11.1	18.1	29
2012	3	3.4	NNW	12	15.1	31
2012	4	4.1	ESE	13	20.6	30
2012	5	3	ESE	8.5	13.7	31

（续）

年份	月份	10 min 月平均风速（m/s）	月最多风向	10 min 平均风月最大风速（m/s）	10 min 最大风月极大风速（m/s）	数据有效天数（d）
2012	6	3.4	ESE	10.8	12.9	30
2012	7	3.1	ESE	9.3	12.8	31
2012	8	3	SE	14.1	17.7	31
2012	9	3.3	SSE	10.6	16	23
2012	10	3.5	SSW	11.6	17.4	31
2012	11	4.1	NW	14.5	20.4	30
2012	12	4.1	NW	14.2	20.7	31
2013	1	3.5	NW	11.8	16.2	31
2013	2	3.7	NNW	11	15.7	28
2013	3	3.8	ESE	12	23.8	31
2013	4	4	ESE	11.3	17.5	30
2013	5	3.7	ESE	17.5	21.5	31
2013	6	3.3	ESE	9.8	11.9	30
2013	7	2.9	E	10.3	13.6	31
2013	8	2.7	ESE	11	14.2	31
2013	9	3.1	SE	8.2	13.7	23
2013	10	3.4	NNW	10.4	18	17
2013	11	3.8	NW	13.5	22.9	30
2013	12	3.3	NW	12.2	18.9	31
2014	1	3.1	NW	12.1	17.9	30
2014	2	3.6	N	10	15.1	28
2014	3	3.2	ESE	10.4	14.6	31
2014	4	3.2	ESE	13.4	16.5	30
2014	5	3.9	ESE	16.6	20.9	31
2014	6	3	ESE	19.6	24	30
2014	7	2.9	ESE	10.2	15.9	31
2014	8	2.4	SE	8	12.3	31

（续）

年份	月份	10 min 月平均风速（m/s）	月最多风向	10 min 平均风月最大风速（m/s）	10 min 最大风月极大风速（m/s）	数据有效天数（d）
2014	9	2.6	NNW	9	16.1	30
2014	10	3.2	NNW	11.9	20.4	31
2014	11	3	NW	10.7	17.2	30
2014	12	3.7	NW	14.5	22.4	31
2015	1	3.1	NW	10.1	15.3	30
2015	2	3	NW	12.1	19	28
2015	3	3.1	SE	11.9	18.8	31
2015	4	3.6	ESE	13.7	16.1	30
2015	5	3.2	ESE	10.9	17.7	31
2015	6	3	ESE	11.6	15.5	30
2015	7	2.5	ESE	10.1	13.9	31
2015	8	2.1	ESE	9.4	15.3	28
2015	9	2.7	SE	12.1	17.8	30
2015	10	3.1	SSE	12.6	20.9	31
2015	11	3.9	NNW	15.4	19.2	30
2015	12	3.1	NW	10.3	17.2	31

注：下划线标注数据为插补数据。

3.6 地温数据集

3.6.1 概述

地温是指地表面及以下不同深度处土壤温度的统称。地温的高低对近地面气温和土壤中植物的种子发芽及其生长发育、微生物的繁殖及其活动有很大影响，也是气象观测项目之一。地温数据集选取胶州湾站 2007—2015 年自动观测站采集的数据，经过质量检查、缺失值插补以及月度统计形成。本数据集可以代表胶州湾及周围地区地温变化情况，数据项包括年份、月份、平均地温、月极大值、月极小值，以及数据有效天数，分 0cm、5cm、10cm、15cm、20cm、40cm、60cm、100cm 深度，共计 864 条数据，以表格的形式列在 3.6.5 节部分。

3.6.2 数据采集和处理方法

数据采集自芬兰 Visila 公司的自动气象站（MiLOS 520），用 QMT110 地温传感器观测。每 10 s 采测各土壤层温度值，每分钟采测 6 次，去除 1 个最大值和 1 个最小值后取平均值，作为每分钟的各土壤温度值存储。正点时采测 0 min 的各层土壤温度值作为正点土壤温度数据存储。地温传感器在布设前采用铂电阻温度计，依据中国气象探测中心标准进行比对矫正。

前期数据的处理流程与气压相似，具体参见 3.2.2 节及图 3-5。所有土壤层的地温日平均值数据序列通过了验证。后续对统计的分层日值数据分别进行月平均值、月极大值、月极小值及数据有效天数统计，每月有效天数小于 23 d 的作为缺失值处理。对日缺失值的序列使用 R 语言基础包中 imputation 函数（method= "linearInterpol. bisector"，lowerBound= "min"，upperBound= "max"）进行插补，利用插补后的日值数据统计得出月缺失值并进行下划线标注。具体数据处理流程如图 3-12所示。

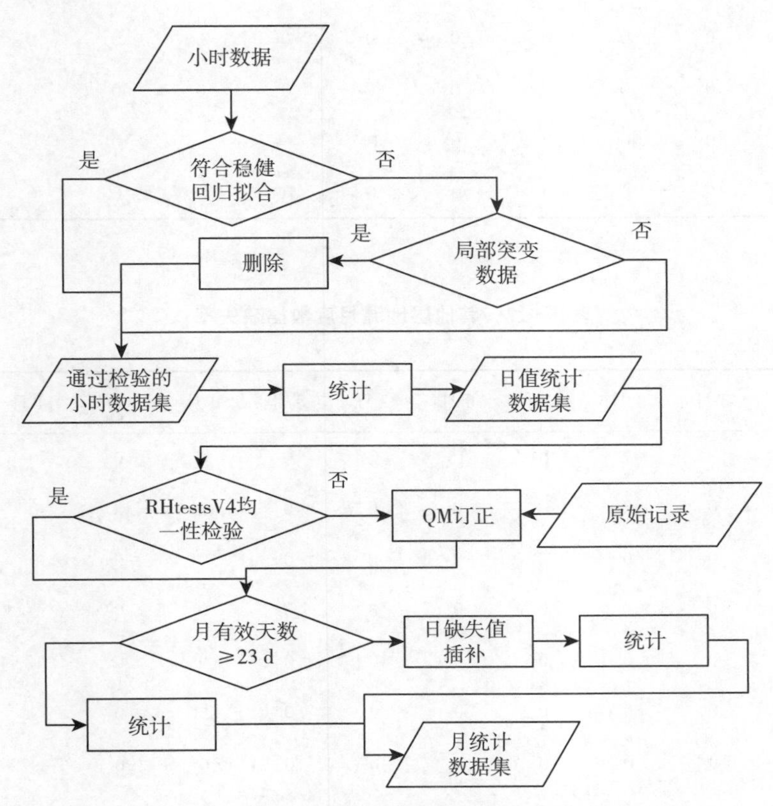

图 3-12　胶州湾站地温数据集处理流程

3.6.3　数据质量控制和评估

台站气象数据的采集与管理质控方式与气温数据相同，见 3.1.3 部分。

本数据的日值缺失率见表 3-11 和表 3-12，表层地温除 2007 年 5 月、2007 年 6 月、2007 年 7 月、2012 年 9 月、2014 年 8 月外，其他土壤层地温除 2007 年 7 月、2012 年 9 月、2014 年 8 月外，其他月份缺失率均小于等于 13%，即每月缺失小于 5 d。缺失值采用对插补后的日值序列进行月平均值、月极大值和月极小值统计获取，日值序列采用 R 语言基础包中 imputation 函数（method= "linearInterpol. bisector"，lowerBound= "min"，upperBound= "max"）进行插补。

表 3-11　表层地温月度数据缺失率

单位：%

年份	1月	2月	3月	4月	5月	6月	7月	8月	9月	10月	11月	12月	年度缺失率
2007	0	0	3	7	23	43	45	0	0	0	0	10	11

（续）

年份	1月	2月	3月	4月	5月	6月	7月	8月	9月	10月	11月	12月	年度缺失率
2008	0	0	0	3	16	0	0	0	3	3	0	0	2
2009	0	0	0	0	0	0	0	0	0	0	0	0	0
2010	0	0	0	0	0	0	3	3	0	0	0	0	1
2011	0	0	0	0	0	0	0	0	0	0	13	6	2
2012	0	0	0	0	0	0	0	0	23	0	0	0	2
2013	0	0	0	0	0	0	0	0	0	0	0	0	0
2014	3	0	0	0	0	0	10	84	0	0	0	0	8
2015	3	0	0	0	0	0	0	10	0	0	0	0	1

表 3-12 其他层地温月度数据缺失率

单位：%

年份	1月	2月	3月	4月	5月	6月	7月	8月	9月	10月	11月	12月	年度缺失率
2007	0	0	3	7	10	13	42	0	0	0	0	10	7
2008	0	0	0	3	16	0	0	0	3	3	0	0	2
2009	0	0	0	0	0	0	0	0	0	0	0	0	0
2010	0	0	0	0	0	0	3	3	0	0	0	0	1
2011	0	0	0	0	0	0	0	0	0	0	13	6	2
2012	0	0	0	0	0	0	0	0	23	0	0	0	2
2013	0	0	0	0	0	0	0	0	0	0	0	0	0
2014	3	0	0	0	0	0	10	84	0	0	0	0	8
2015	3	0	0	0	0	0	0	10	0	0	0	0	1

3.6.4 数据价值与数据获取方式

地温对土壤中植物种子发芽及其生长发育，微生物的繁殖及其活动有很大影响，本数据集可以为农业生产和研究、环境变化研究等提供基础数据支撑。本部分只包括月尺度数据，如果想获得日尺度数据，可以登录 http：//jzb. cern. ac. cn/下载申请表申请。

3.6.5 数据

数据包括图形数据和表格数据，图形数据如图 3-13 至图 3-20 所示，表格数据如表 3-13 至表 3-20所示。

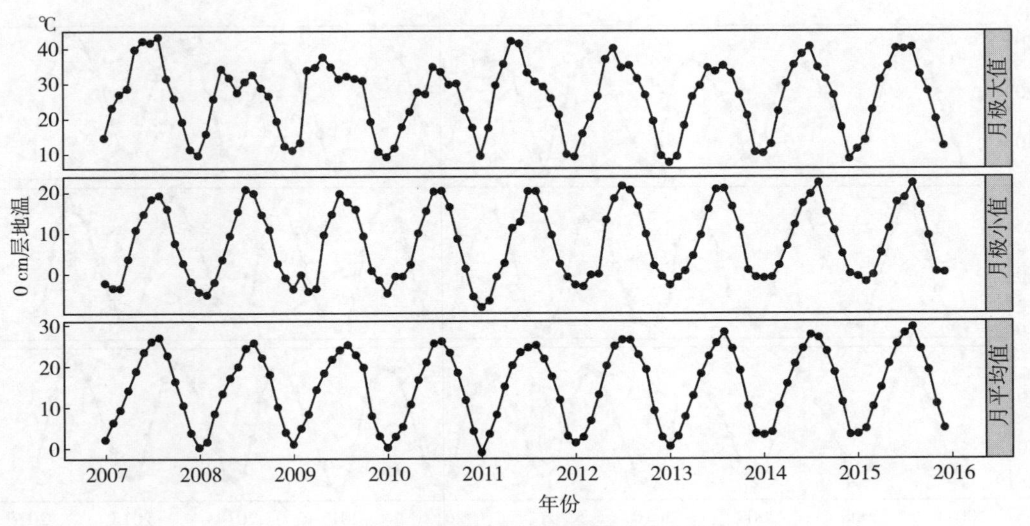

图3-13　胶州湾站表层地温月度变化

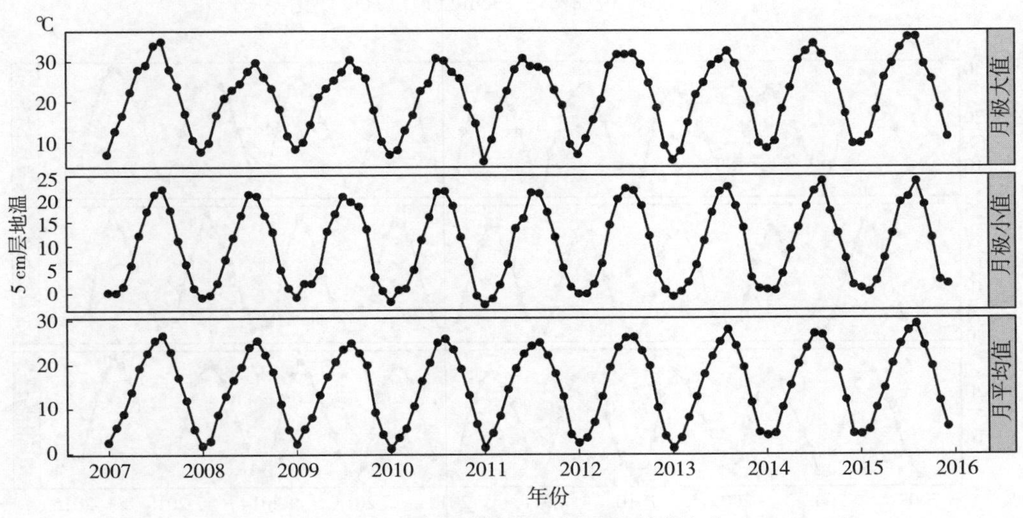

图3-14　胶州湾站5cm层地温月度变化

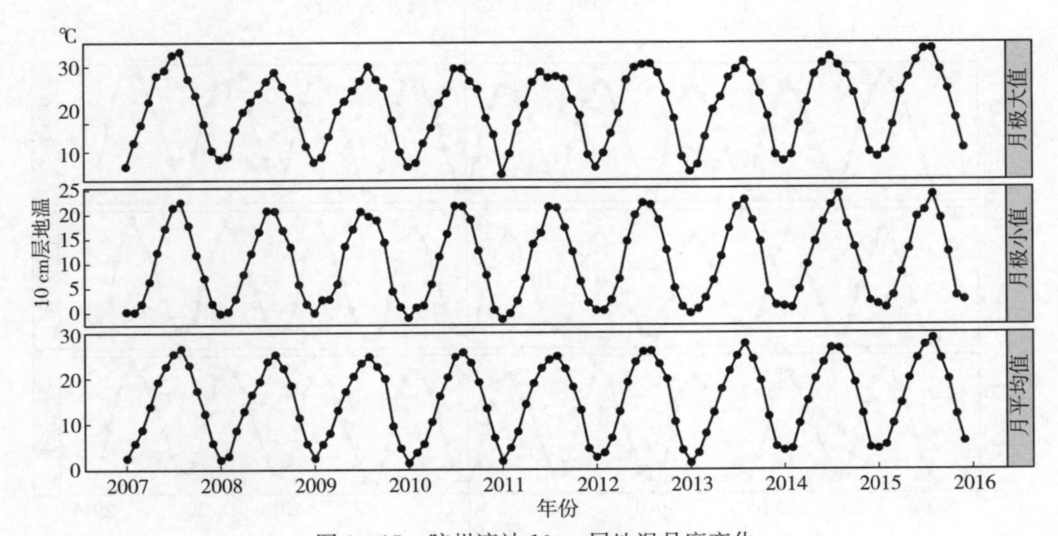

图3-15　胶州湾站10cm层地温月度变化

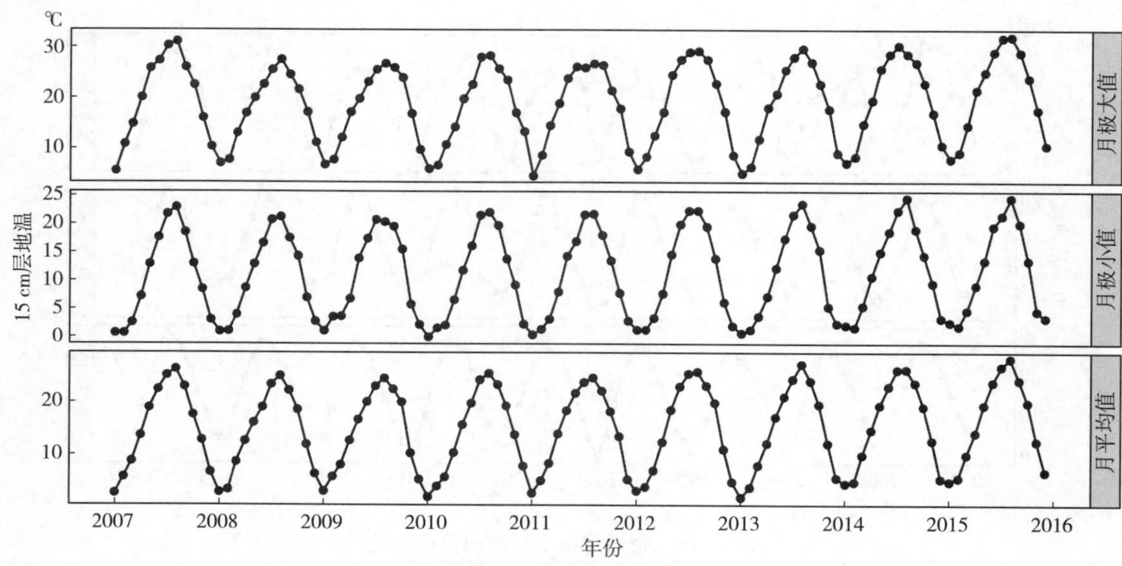

图 3-16　胶州湾站 15cm 层地温月度变化

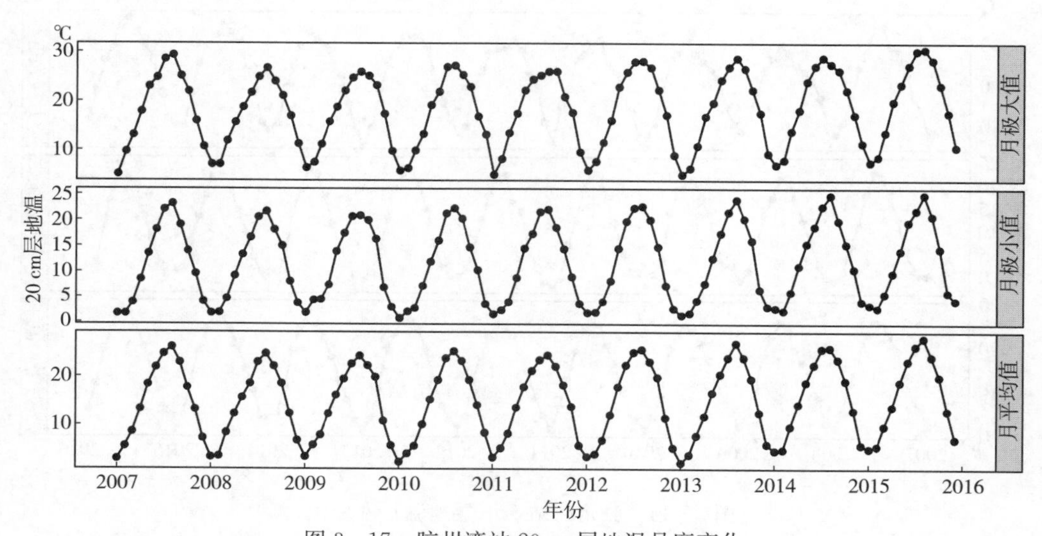

图 3-17　胶州湾站 20cm 层地温月度变化

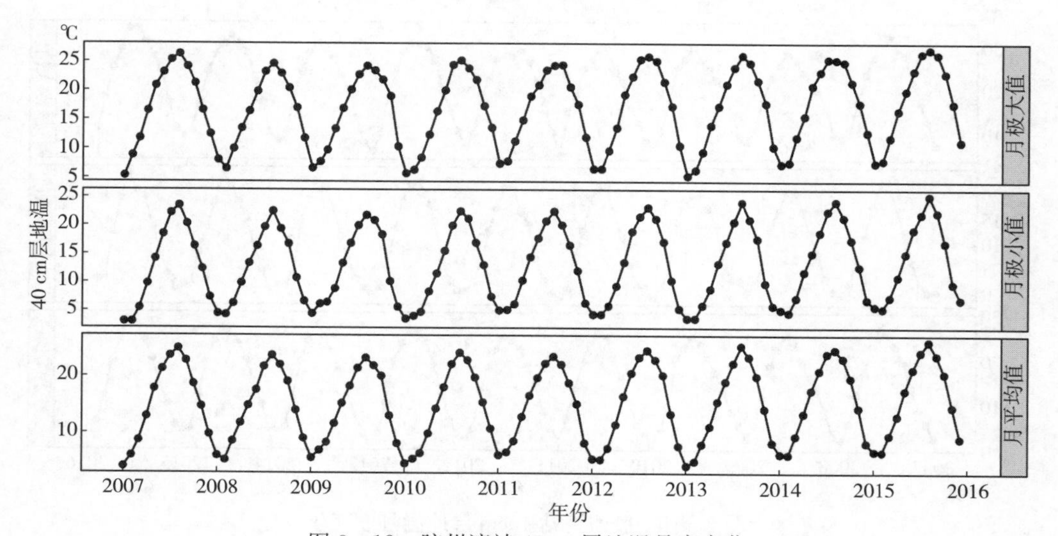

图 3-18　胶州湾站 40cm 层地温月度变化

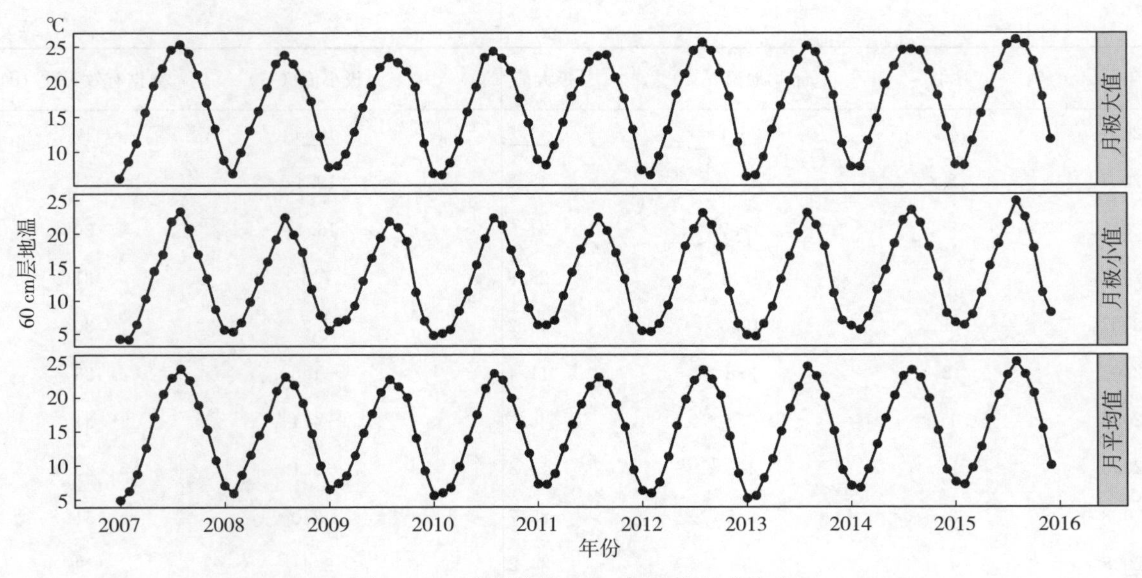

图3-19　胶州湾站60cm层地温月度变化

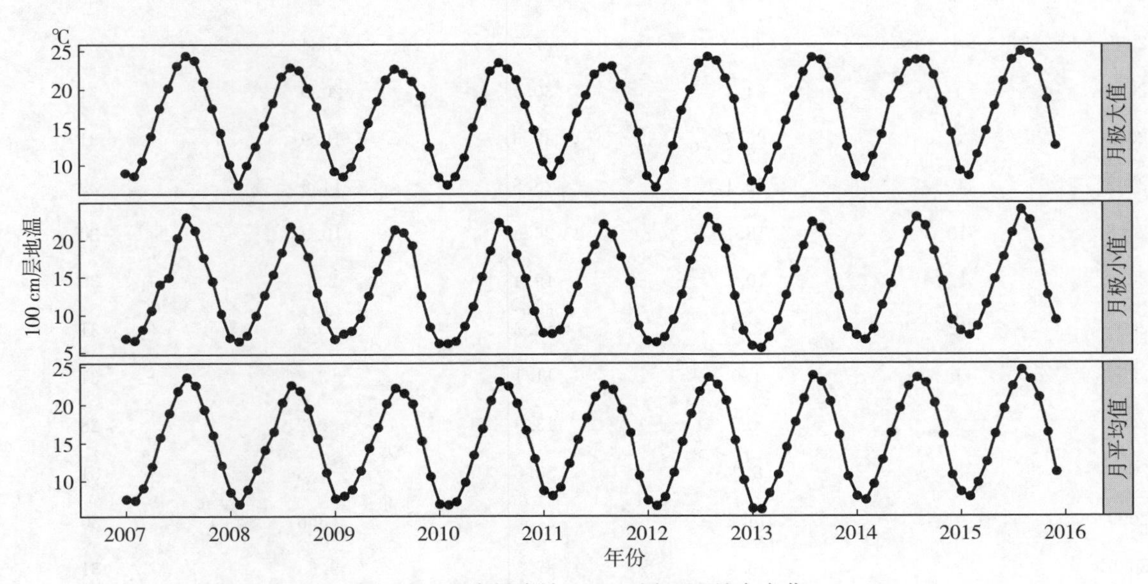

图3-20　胶州湾站100cm层地温月度变化

表3-13　表层地温月度数据表

年份	月份	平均地温（℃）	月极大值（℃）	月极小值（℃）	数据有效天数（d）
2007	1	2.2	14.7	−2.2	31
2007	2	6.3	23.2	−3.4	28
2007	3	9.4	27.0	−3.5	30
2007	4	14.2	28.6	3.7	28
2007	5	18.9	39.7	10.9	24
2007	6	23.5	42.1	14.8	17

（续）

年份	月份	平均地温（℃）	月极大值（℃）	月极小值（℃）	数据有效天数（d）
2007	7	26.1	41.6	18.5	17
2007	8	27.0	43.2	19.4	31
2007	9	22.7	31.5	16.1	30
2007	10	16.4	25.8	7.6	31
2007	11	10.5	19.2	2.7	30
2007	12	3.8	11.4	−1.8	28
2008	1	0.3	9.7	−4.4	31
2008	2	1.6	15.8	−5.1	29
2008	3	8.5	25.7	−2.0	31
2008	4	13.4	34.2	3.6	29
2008	5	17.2	31.7	9.4	26
2008	6	20.0	27.5	15.4	30
2008	7	24.4	30.6	20.9	31
2008	8	25.7	32.6	19.9	31
2008	9	22.1	28.8	14.6	29
2008	10	18.1	26.5	10.9	30
2008	11	10.1	19.4	2.6	30
2008	12	3.9	12.3	−0.9	31
2009	1	1.0	11.1	−3.7	31
2009	2	4.9	13.3	−0.2	28
2009	3	8.3	33.8	−4.3	31
2009	4	14.3	34.6	−3.6	30
2009	5	18.4	37.5	9.6	31
2009	6	21.7	34.7	14.7	30
2009	7	24.0	31.3	19.8	31
2009	8	25.2	32.1	17.7	31
2009	9	22.8	31.4	15.9	30
2009	10	19.7	30.8	9.3	31
2009	11	7.9	19.2	0.8	30
2009	12	2.9	10.7	−1.6	31
2010	1	0.2	9.2	−4.8	31
2010	2	2.8	11.7	−0.6	28
2010	3	5.2	17.7	−0.6	31

（续）

年份	月份	平均地温（℃）	月极大值（℃）	月极小值（℃）	数据有效天数（d）
2010	4	10.7	22.0	2.3	30
2010	5	16.6	27.5	10.0	31
2010	6	21.0	27.0	15.5	30
2010	7	25.5	34.7	20.3	30
2010	8	26.0	33.3	20.5	30
2010	9	23.3	29.7	16.5	30
2010	10	18.4	30.0	8.6	31
2010	11	11.7	22.5	1.3	30
2010	12	4.1	17.5	−5.6	31
2011	1	−1.0	9.5	−8.2	31
2011	2	3.5	17.4	−6.6	28
2011	3	8.2	29.5	−0.7	31
2011	4	15.0	35.5	2.7	30
2011	5	20.2	42.0	11.3	31
2011	6	23.4	41.3	12.8	30
2011	7	24.5	33.1	20.4	31
2011	8	25.1	30.5	20.4	31
2011	9	21.8	29.1	15.9	30
2011	10	17.5	25.8	9.6	31
2011	11	11.8	21.2	2.5	26
2011	12	3.0	10.0	−0.7	29
2012	1	1.3	9.3	−2.7	31
2012	2	2.7	15.8	−3.1	29
2012	3	6.7	20.5	−0.2	31
2012	4	13.1	26.4	0.0	30
2012	5	20.1	36.9	13.3	31
2012	6	24.9	40.0	18.6	30
2012	7	26.4	34.5	21.7	31
2012	8	26.4	35.2	20.7	31
2012	9	22.8	31.4	16.8	23
2012	10	19.2	26.8	9.8	31
2012	11	9.1	19.4	2.1	30
2012	12	2.7	9.6	−0.6	31

（续）

年份	月份	平均地温（℃）	月极大值（℃）	月极小值（℃）	数据有效天数（d）
2013	1	0.5	7.7	−2.7	31
2013	2	2.9	9.4	−0.8	28
2013	3	7.7	18.2	0.8	31
2013	4	12.8	26.3	4.5	30
2013	5	18.2	29.5	9.6	31
2013	6	22.5	34.5	16.0	30
2013	7	25.6	33.5	20.9	31
2013	8	28.2	35.1	21.1	31
2013	9	24.3	32.9	16.6	30
2013	10	18.9	26.8	11.2	31
2013	11	10.4	21.0	1.0	30
2013	12	3.5	10.6	−0.8	31
2014	1	3.2	10.3	−1.0	30
2014	2	3.9	12.9	−0.8	28
2014	3	10.3	22.2	2.2	31
2014	4	15.7	30.0	6.9	30
2014	5	20.6	35.3	12.1	31
2014	6	24.3	38.4	17.4	30
2014	7	27.6	40.5	19.7	28
2014	8	<u>26.9</u>	<u>34.6</u>	<u>22.5</u>	5
2014	9	23.6	31.4	15.2	30
2014	10	18.5	26.7	10.7	31
2014	11	11.2	17.6	5.0	30
2014	12	3.3	8.7	0.1	31
2015	1	3.5	11.5	−0.6	30
2015	2	4.7	14.0	−1.9	28
2015	3	10.1	22.6	−0.2	31
2015	4	14.8	31.1	5.2	30
2015	5	20.6	35.1	11.2	31
2015	6	25.4	40.0	17.7	30
2015	7	28.0	39.8	18.8	31
2015	8	29.5	40.3	22.4	28
2015	9	24.2	32.7	16.9	30

（续）

年份	月份	平均地温（℃）	月极大值（℃）	月极小值（℃）	数据有效天数（d）
2015	10	19.1	27.9	9.4	31
2015	11	10.8	20.0	0.6	30
2015	12	4.9	12.4	0.4	31

注：下划线标注数据为插补数据。

表 3-14　5cm 层地温月度数据表

年份	月份	平均地温（℃）	月极大值（℃）	月极小值（℃）	数据有效天数（d）
2007	1	2.5	6.9	0.3	31
2007	2	5.9	12.7	0.2	28
2007	3	8.9	16.5	1.6	30
2007	4	13.9	22.4	6.1	28
2007	5	19.3	27.9	12.3	28
2007	6	22.7	29.1	17.4	26
2007	7	<u>25.6</u>	<u>33.9</u>	<u>21.1</u>	18
2007	8	26.7	34.9	22.2	31
2007	9	23.0	28.0	17.6	30
2007	10	17.2	23.8	11.2	31
2007	11	12.0	17.0	6.3	30
2007	12	5.5	10.5	1.2	28
2008	1	1.8	7.6	−0.8	31
2008	2	2.8	9.8	−0.3	29
2008	3	8.7	16.6	2.3	31
2008	4	13.0	20.9	7.3	29
2008	5	16.6	22.9	11.8	26
2008	6	19.5	24.5	16.5	30
2008	7	24.0	27.5	21.1	31
2008	8	25.5	29.7	20.7	31
2008	9	22.3	26.1	16.5	29
2008	10	18.4	23.2	13.0	30
2008	11	11.1	18.1	5.1	30
2008	12	5.3	11.5	1.2	31
2009	1	2.2	8.2	−0.8	31
2009	2	5.5	9.9	2.2	28

（续）

年份	月份	平均地温（℃）	月极大值（℃）	月极小值（℃）	数据有效天数（d）
2009	3	8.0	14.3	2.2	31
2009	4	13.2	21.1	5.0	30
2009	5	17.3	23.3	13.1	31
2009	6	20.7	25.3	16.8	30
2009	7	23.6	27.4	20.6	31
2009	8	25.0	30.4	19.4	31
2009	9	22.7	27.8	18.4	30
2009	10	19.9	25.8	13.6	31
2009	11	9.2	17.8	3.6	30
2009	12	4.2	10.1	0.6	31
2010	1	1.1	6.8	−1.8	31
2010	2	3.5	7.9	0.8	28
2010	3	5.5	12.8	1.1	31
2010	4	10.6	16.6	5.1	30
2010	5	16.3	22.6	11.3	31
2010	6	20.5	24.5	16.1	30
2010	7	25.0	30.7	21.6	30
2010	8	25.9	30.1	21.7	30
2010	9	23.5	27.3	18.5	30
2010	10	19.0	25.7	11.9	31
2010	11	13.1	18.5	6.7	30
2010	12	6.5	14.5	−0.5	31
2011	1	1.3	5.1	−2.4	31
2011	2	4.5	10.5	−1.1	28
2011	3	8.3	18.1	1.9	31
2011	4	14.4	22.6	6.3	30
2011	5	19.1	27.9	13.7	31
2011	6	22.5	30.7	15.8	30
2011	7	24.3	28.7	21.4	31
2011	8	25.1	28.5	21.2	31
2011	9	22.1	27.7	17.1	30
2011	10	18.0	22.8	11.9	31
2011	11	12.7	19.0	5.5	26

（续）

年份	月份	平均地温（℃）	月极大值（℃）	月极小值（℃）	数据有效天数（d）
2011	12	4.2	9.4	1.4	29
2012	1	2.3	6.8	−0.1	31
2012	2	3.5	10.8	−0.1	29
2012	3	6.9	15.4	2.0	31
2012	4	12.8	20.4	6.4	30
2012	5	19.4	28.8	14.4	31
2012	6	23.9	31.6	19.9	30
2012	7	26.1	31.6	22.3	31
2012	8	26.2	31.8	21.8	31
2012	9	23.1	29.1	18.5	23
2012	10	19.7	24.5	12.1	31
2012	11	10.2	18.3	4.3	30
2012	12	3.8	9.0	0.8	31
2013	1	1.2	5.4	−0.7	31
2013	2	3.5	7.6	0.4	28
2013	3	8.0	14.7	2.4	31
2013	4	12.7	21.6	6.1	30
2013	5	17.8	24.6	11.1	31
2013	6	21.9	28.9	17.0	30
2013	7	25.1	30.3	21.6	31
2013	8	27.9	32.4	22.6	31
2013	9	24.3	29.3	18.4	30
2013	10	19.3	24.3	13.8	31
2013	11	11.3	18.7	3.4	30
2013	12	4.6	9.6	1.0	31
2014	1	4.0	8.3	0.8	30
2014	2	4.4	10.1	0.6	28
2014	3	10.3	18.0	4.2	31
2014	4	15.2	23.3	9.3	30
2014	5	20.1	30.1	13.9	31
2014	6	23.8	32.4	18.3	30
2014	7	27.0	34.3	21.7	28
2014	8	26.7	31.6	23.9	5

（续）

年份	月份	平均地温（℃）	月极大值（℃）	月极小值（℃）	数据有效天数（d）
2014	9	23.8	28.9	17.3	30
2014	10	18.9	24.6	12.7	31
2014	11	12.0	16.9	7.4	30
2014	12	4.4	9.5	1.8	31
2015	1	4.3	9.6	1.1	30
2015	2	5.3	11.4	0.3	28
2015	3	10.2	17.8	2.7	31
2015	4	14.7	25.9	7.5	30
2015	5	20.2	29.4	12.6	31
2015	6	24.7	33.3	19.2	30
2015	7	27.7	35.9	20.4	31
2015	8	29.1	36.0	23.8	28
2015	9	24.4	29.2	18.7	30
2015	10	19.6	25.5	11.7	31
2015	11	11.8	18.3	2.9	30
2015	12	6.0	11.2	2.1	31

注：下划线标注数据为插补数据。

表 3-15　10cm 层地温月度数据表

年份	月份	平均地温（℃）	月极大值（℃）	月极小值（℃）	数据有效天数（d）
2007	1	2.5	6.5	0.2	31
2007	2	5.7	12.1	0.1	28
2007	3	8.8	16.3	1.8	30
2007	4	13.7	21.7	6.3	28
2007	5	19.2	27.8	12.3	28
2007	6	22.6	29.2	17.2	26
2007	7	25.4	32.7	21.4	18
2007	8	26.5	33.5	22.5	31
2007	9	22.9	27.1	17.8	30
2007	10	17.2	23.2	11.8	31
2007	11	12.1	16.5	7.0	30
2007	12	5.8	10.3	1.8	28
2008	1	2.1	8.2	−0.2	31

（续）

年份	月份	平均地温（℃）	月极大值（℃）	月极小值（℃）	数据有效天数（d）
2008	2	2.9	8.9	0.2	29
2008	3	8.6	15.1	2.8	31
2008	4	12.7	19.3	7.8	29
2008	5	16.3	21.7	12.1	26
2008	6	19.3	23.7	16.5	30
2008	7	23.7	26.5	20.8	31
2008	8	25.2	28.7	20.7	31
2008	9	22.2	25.3	16.8	29
2008	10	18.3	22.4	13.4	30
2008	11	11.3	17.6	5.7	30
2008	12	5.6	11.3	1.7	31
2009	1	2.4	7.5	−0.1	31
2009	2	5.5	8.7	2.6	28
2009	3	7.9	13.5	2.7	31
2009	4	12.9	19.4	5.8	30
2009	5	17.0	21.8	13.5	31
2009	6	20.4	24.3	17.0	30
2009	7	23.3	26.6	20.6	31
2009	8	24.7	30.0	19.6	31
2009	9	22.5	26.9	18.8	30
2009	10	19.8	24.9	14.3	31
2009	11	9.5	17.3	4.3	30
2009	12	4.5	9.9	1.1	31
2010	1	1.4	6.4	−1.1	31
2010	2	3.6	7.3	1.0	28
2010	3	5.5	11.9	1.4	31
2010	4	10.4	15.5	5.7	30
2010	5	15.9	21.3	11.4	31
2010	6	20.1	23.7	16.0	30
2010	7	24.6	29.5	21.7	30

（续）

年份	月份	平均地温（℃）	月极大值（℃）	月极小值（℃）	数据有效天数（d）
2010	8	25.6	29.4	21.6	30
2010	9	23.3	26.5	18.9	30
2010	10	19.0	24.6	12.6	31
2010	11	13.2	17.8	7.6	30
2010	12	6.9	13.9	0.5	31
2011	1	1.8	4.6	−1.4	31
2011	2	4.6	9.5	−0.2	28
2011	3	8.2	16.5	2.3	31
2011	4	14.1	20.9	6.9	30
2011	5	18.7	26.2	13.9	31
2011	6	22.1	28.7	16.2	30
2011	7	24.0	27.3	21.5	31
2011	8	24.8	27.6	21.3	31
2011	9	22.0	27.0	17.3	30
2011	10	17.9	22.1	12.4	31
2011	11	12.9	18.4	6.3	26
2011	12	4.5	9.2	1.9	29
2012	1	2.5	6.2	0.4	31
2012	2	3.5	9.6	0.4	29
2012	3	6.8	14.2	2.5	31
2012	4	12.5	18.9	6.8	30
2012	5	18.9	26.8	14.5	31
2012	6	23.5	29.7	19.8	30
2012	7	25.7	30.4	22.3	31
2012	8	25.9	30.6	21.9	31
2012	9	23.0	28.4	18.8	23
2012	10	19.7	23.7	12.7	31
2012	11	10.4	17.7	4.9	30
2012	12	4.1	8.7	1.1	31
2013	1	1.4	5.2	−0.2	31

（续）

年份	月份	平均地温（℃）	月极大值（℃）	月极小值（℃）	数据有效天数（d）
2013	2	3.5	6.9	0.7	28
2013	3	7.9	13.4	2.9	31
2013	4	12.3	19.8	6.5	30
2013	5	17.4	22.7	11.4	31
2013	6	21.5	27.3	17.1	30
2013	7	24.7	29.3	21.5	31
2013	8	27.5	31.2	22.9	31
2013	9	24.0	28.2	18.7	30
2013	10	19.3	23.5	14.4	31
2013	11	11.5	18.2	4.1	30
2013	12	4.9	9.2	1.4	31
2014	1	4.1	7.7	1.2	30
2014	2	4.5	9.2	0.9	28
2014	3	10.0	16.5	4.6	31
2014	4	14.9	21.5	9.8	30
2014	5	19.7	28.1	14.4	31
2014	6	23.3	30.7	18.4	30
2014	7	26.5	32.3	21.9	28
2014	8	26.4	30.2	24.1	5
2014	9	23.6	28.0	17.9	30
2014	10	18.9	23.7	13.3	31
2014	11	12.1	16.8	8.1	30
2014	12	4.6	9.9	2.3	31
2015	1	4.4	8.7	1.6	30
2015	2	5.3	10.3	0.9	28
2015	3	10.0	16.2	3.4	31
2015	4	14.3	23.9	8.1	30
2015	5	19.8	27.4	12.9	31
2015	6	24.2	31.4	19.4	30
2015	7	27.2	34.0	20.8	31

（续）

年份	月份	平均地温（℃）	月极大值（℃）	月极小值（℃）	数据有效天数（d）
2015	8	28.7	34.1	24.0	28
2015	9	24.1	29.2	19.1	30
2015	10	19.6	24.7	12.3	31
2015	11	11.9	17.8	3.3	30
2015	12	6.1	10.8	2.5	31

注：下划线标注数据为插补数据。

表 3-16 15cm 层地温月度数据表

年份	月份	平均地温（℃）	月极大值（℃）	月极小值（℃）	数据有效天数（d）
2007	1	2.7	5.6	0.7	31
2007	2	5.7	10.9	0.7	28
2007	3	8.7	14.9	2.6	30
2007	4	13.6	20.1	7.2	28
2007	5	18.9	25.8	12.9	28
2007	6	22.3	27.3	17.6	26
2007	7	<u>25.0</u>	<u>30.3</u>	<u>21.7</u>	18
2007	8	26.2	31.1	22.9	31
2007	9	22.9	26.0	18.5	30
2007	10	17.5	22.5	13.0	31
2007	11	12.7	16.1	8.5	30
2007	12	6.7	10.4	3.1	28
2008	1	2.9	7.1	1.0	31
2008	2	3.4	7.8	1.1	29
2008	3	8.6	13.1	4.0	31
2008	4	12.5	17.0	8.7	29
2008	5	16.0	20.0	12.9	26
2008	6	18.9	22.6	16.6	30
2008	7	23.3	25.5	20.7	31
2008	8	24.9	27.5	21.2	31
2008	9	22.1	24.5	17.5	29
2008	10	18.5	21.6	14.3	30
2008	11	11.9	17.2	7.0	30

（续）

年份	月份	平均地温（℃）	月极大值（℃）	月极小值（℃）	数据有效天数（d）
2008	12	6.3	11.2	2.8	31
2009	1	3.1	6.8	1.1	31
2009	2	5.8	7.8	3.6	28
2009	3	8.0	12.2	3.7	31
2009	4	12.6	17.2	6.8	30
2009	5	16.6	19.8	13.9	31
2009	6	20.0	23.1	17.4	30
2009	7	22.9	25.5	20.7	31
2009	8	24.4	26.7	20.3	31
2009	9	22.4	25.9	19.5	30
2009	10	19.9	23.9	15.5	31
2009	11	10.2	16.9	5.8	30
2009	12	5.3	9.8	2.2	31
2010	1	2.0	6.0	0.0	31
2010	2	4.0	6.7	1.6	28
2010	3	5.7	10.8	2.1	31
2010	4	10.3	14.3	6.6	30
2010	5	15.6	19.8	11.8	31
2010	6	19.7	22.6	16.1	30
2010	7	24.2	28.0	21.5	30
2010	8	25.4	28.3	22.0	30
2010	9	23.2	25.7	19.7	30
2010	10	19.2	23.5	13.8	31
2010	11	13.7	17.1	9.2	30
2010	12	7.8	13.4	2.3	31
2011	1	2.7	4.6	0.4	31
2011	2	5.1	8.7	1.4	28
2011	3	8.3	14.6	3.2	31
2011	4	13.9	18.9	8.0	30
2011	5	18.3	23.8	14.3	31
2011	6	21.6	26.1	16.9	30
2011	7	23.7	25.9	21.6	31
2011	8	24.5	26.7	21.7	31

（续）

年份	月份	平均地温（℃）	月极大值（℃）	月极小值（℃）	数据有效天数（d）
2011	9	22.0	26.4	18.0	30
2011	10	18.1	21.4	13.5	31
2011	11	13.4	17.9	7.8	26
2011	12	5.3	9.4	2.9	29
2012	1	3.1	5.9	1.3	31
2012	2	3.9	8.4	1.3	29
2012	3	6.9	12.6	3.4	31
2012	4	12.3	17.2	7.7	30
2012	5	18.4	24.5	14.6	31
2012	6	22.9	27.5	19.9	30
2012	7	25.3	29.0	22.3	31
2012	8	25.7	29.2	22.3	31
2012	9	23.0	27.5	19.5	23
2012	10	19.8	22.8	13.9	31
2012	11	11.0	17.3	6.2	30
2012	12	4.8	8.7	2.0	31
2013	1	1.9	5.1	0.7	31
2013	2	3.8	6.4	1.3	28
2013	3	7.9	11.9	3.7	31
2013	4	12.1	18.1	7.2	30
2013	5	17.1	20.8	12.2	31
2013	6	21.0	25.5	17.4	30
2013	7	24.3	28.0	21.6	31
2013	8	27.1	29.7	23.5	31
2013	9	23.9	27.0	19.6	30
2013	10	19.5	22.7	15.4	31
2013	11	12.1	17.8	5.4	30
2013	12	5.6	9.1	2.4	31
2014	1	4.5	7.2	2.1	30
2014	2	4.8	8.4	1.7	28
2014	3	9.8	14.9	5.5	31
2014	4	14.6	19.5	10.7	30
2014	5	19.3	25.7	15.0	31

（续）

年份	月份	平均地温（℃）	月极大值（℃）	月极小值（℃）	数据有效天数（d）
2014	6	22.9	28.6	18.6	30
2014	7	26.0	30.3	22.3	28
2014	8	26.1	28.6	24.5	5
2014	9	23.5	26.9	19.0	30
2014	10	19.0	22.8	14.4	31
2014	11	12.6	17.0	9.5	30
2014	12	5.4	10.7	3.3	31
2015	1	4.9	7.9	2.6	30
2015	2	5.5	9.2	1.9	28
2015	3	9.9	14.6	4.7	31
2015	4	14.0	21.5	9.1	30
2015	5	19.3	25.0	13.5	31
2015	6	23.7	29.0	19.5	30
2015	7	26.6	31.8	21.4	31
2015	8	28.2	32.0	24.5	28
2015	9	24.1	28.9	20.0	30
2015	10	19.8	23.8	13.5	31
2015	11	12.4	17.6	4.6	30
2015	12	6.7	10.6	3.4	31

注：下划线标注数据为插补数据。

表3-17　20cm层地温月度数据表

年份	月份	平均地温（℃）	月极大值（℃）	月极小值（℃）	数据有效天数（d）
2007	1	3.2	5.1	1.8	31
2007	2	5.8	9.7	1.8	28
2007	3	8.7	13.1	4.0	30
2007	4	13.3	17.9	8.6	28
2007	5	18.4	23.0	13.6	28
2007	6	21.9	24.8	18.2	26
2007	7	24.6	28.5	22.1	18
2007	8	26.0	29.3	23.2	31
2007	9	22.9	25.1	19.1	30
2007	10	17.8	22.0	14.1	31

（续）

年份	月份	平均地温（℃）	月极大值（℃）	月极小值（℃）	数据有效天数（d）
2007	11	13.2	16.0	9.7	30
2007	12	7.5	10.7	4.2	28
2008	1	3.6	7.1	1.9	31
2008	2	3.8	7.1	2.0	29
2008	3	8.6	11.9	4.8	31
2008	4	12.3	15.7	9.3	29
2008	5	15.7	18.8	13.4	26
2008	6	18.6	21.7	16.7	30
2008	7	23.0	24.9	20.6	31
2008	8	24.7	26.7	21.7	31
2008	9	22.1	24.0	18.2	29
2008	10	18.7	21.1	15.1	30
2008	11	12.4	17.0	8.2	30
2008	12	7.0	11.3	3.9	31
2009	1	3.7	6.4	2.0	31
2009	2	6.1	7.5	4.5	28
2009	3	8.1	11.2	4.6	31
2009	4	12.3	15.8	7.5	30
2009	5	16.2	18.8	14.0	31
2009	6	19.6	22.1	17.5	30
2009	7	22.6	24.7	20.7	31
2009	8	24.2	25.9	20.9	31
2009	9	22.3	25.1	20.0	30
2009	10	20.0	23.2	16.4	31
2009	11	10.9	17.4	7.0	30
2009	12	6.0	9.8	3.1	31
2010	1	2.6	5.8	0.9	31
2010	2	4.3	6.3	2.2	28
2010	3	5.9	9.9	2.9	31
2010	4	10.2	13.3	7.3	30
2010	5	15.3	19.2	12.0	31
2010	6	19.4	21.9	16.1	30
2010	7	23.7	26.9	21.3	30

（续）

年份	月份	平均地温（℃）	月极大值（℃）	月极小值（℃）	数据有效天数（d）
2010	8	25.1	27.2	22.3	30
2010	9	23.2	25.3	20.3	30
2010	10	19.4	22.9	14.8	31
2010	11	14.2	16.9	10.4	30
2010	12	8.6	13.2	3.7	31
2011	1	3.5	5.0	1.7	31
2011	2	5.4	8.2	2.5	28
2011	3	8.4	13.5	4.1	31
2011	4	13.7	17.5	8.9	30
2011	5	17.9	22.2	14.6	31
2011	6	21.2	24.4	17.4	30
2011	7	23.4	25.2	21.6	31
2011	8	24.4	26.0	22.1	31
2011	9	22.1	26.0	18.6	30
2011	10	18.3	20.9	14.5	31
2011	11	13.9	17.7	9.1	26
2011	12	6.0	9.6	3.8	29
2012	1	3.7	5.9	2.0	31
2012	2	4.2	7.7	2.1	29
2012	3	7.1	11.6	4.2	31
2012	4	12.2	16.1	8.3	30
2012	5	18.0	22.9	14.6	31
2012	6	22.4	25.9	19.8	30
2012	7	24.9	28.0	22.4	31
2012	8	25.5	28.1	22.7	31
2012	9	23.1	26.8	20.1	23
2012	10	19.9	22.3	14.9	31
2012	11	11.6	17.2	7.4	30
2012	12	5.5	9.0	2.8	31
2013	1	2.4	5.0	1.5	31
2013	2	4.1	6.3	1.9	28
2013	3	8.0	10.9	4.4	31
2013	4	11.9	16.9	7.8	30

（续）

年份	月份	平均地温（℃）	月极大值（℃）	月极小值（℃）	数据有效天数（d）
2013	5	16.8	19.7	12.7	31
2013	6	20.6	24.3	17.5	30
2013	7	23.9	26.9	21.6	31
2013	8	26.8	28.7	24.0	31
2013	9	23.9	26.6	20.3	30
2013	10	19.6	22.3	16.1	31
2013	11	12.6	17.6	6.6	30
2013	12	6.2	9.3	3.2	31
2014	1	4.9	7.0	2.9	30
2014	2	5.1	8.0	2.4	28
2014	3	9.8	13.9	6.1	31
2014	4	14.3	18.2	11.2	30
2014	5	18.9	24.0	15.5	31
2014	6	22.5	27.1	18.8	30
2014	7	25.6	28.8	22.7	28
2014	8	25.8	27.5	24.8	5
2014	9	23.5	26.2	19.9	30
2014	10	19.2	22.2	15.4	31
2014	11	13.0	17.2	10.6	30
2014	12	6.1	11.4	4.2	31
2015	1	5.3	7.5	3.5	30
2015	2	5.8	8.6	2.9	28
2015	3	9.8	13.6	5.7	31
2015	4	13.8	19.9	9.8	30
2015	5	18.9	23.4	14.1	31
2015	6	23.2	27.2	19.6	30
2015	7	26.2	30.2	21.9	31
2015	8	27.7	30.5	24.9	28
2015	9	24.0	28.3	20.8	30
2015	10	20.0	23.2	14.5	31
2015	11	13.0	17.6	6.0	30
2015	12	7.3	10.6	4.4	31

注：下划线标注数据为插补数据。

表 3 - 18 40cm 层地温月度数据表

年份	月份	平均地温（℃）	月极大值（℃）	月极小值（℃）	数据有效天数（d）
2007	1	4.1	5.4	3.1	31
2007	2	6.0	8.9	3.1	28
2007	3	8.7	11.8	5.5	30
2007	4	12.9	16.5	9.8	28
2007	5	17.8	20.8	14.2	28
2007	6	21.3	23.1	18.5	26
2007	7	23.6	25.3	22.2	18
2007	8	24.9	26.3	23.5	31
2007	9	22.8	24.1	20.3	30
2007	10	18.7	21.2	16.4	31
2007	11	14.7	16.6	12.4	30
2007	12	9.8	12.5	7.4	28
2008	1	6.0	8.1	4.5	31
2008	2	5.3	6.6	4.3	29
2008	3	8.6	10.0	6.3	31
2008	4	11.8	13.5	9.9	29
2008	5	14.9	16.4	13.4	26
2008	6	17.6	19.8	16.4	30
2008	7	21.7	23.2	19.7	31
2008	8	23.7	24.6	22.5	31
2008	9	22.0	22.9	19.4	29
2008	10	19.1	20.4	16.8	30
2008	11	14.0	17.0	10.8	30
2008	12	9.1	11.8	6.7	31
2009	1	5.6	6.7	4.5	31
2009	2	7.0	7.8	6.2	28
2009	3	8.4	9.8	6.5	31
2009	4	11.7	13.4	8.9	30
2009	5	15.3	16.9	13.4	31
2009	6	18.3	20.1	16.9	30
2009	7	21.4	22.7	20.0	31
2009	8	23.2	24.2	21.8	31
2009	9	21.9	23.4	20.9	30

（续）

年份	月份	平均地温（℃）	月极大值（℃）	月极小值（℃）	数据有效天数（d）
2009	10	20.0	21.8	18.4	31
2009	11	13.1	19.0	10.2	30
2009	12	8.2	10.4	5.7	31
2010	1	4.6	5.8	3.6	31
2010	2	5.5	6.4	4.1	28
2010	3	6.5	8.5	4.8	31
2010	4	9.9	12.4	8.4	30
2010	5	14.3	16.4	11.6	31
2010	6	18.1	20.0	15.6	30
2010	7	22.2	24.4	20.0	30
2010	8	24.2	25.2	22.5	30
2010	9	22.9	23.8	21.2	30
2010	10	19.8	21.8	17.0	31
2010	11	15.5	17.3	13.1	30
2010	12	10.9	13.6	7.5	31
2011	1	6.2	7.5	5.1	31
2011	2	6.7	7.9	5.2	28
2011	3	8.6	11.3	6.2	31
2011	4	12.9	14.9	10.4	30
2011	5	16.6	19.0	14.5	31
2011	6	19.8	20.9	17.8	30
2011	7	22.3	23.5	20.8	31
2011	8	23.5	24.3	22.5	31
2011	9	22.1	24.4	20.1	30
2011	10	18.9	20.6	16.6	31
2011	11	15.2	17.6	12.1	26
2011	12	8.3	12.0	6.4	29
2012	1	5.5	6.6	4.4	31
2012	2	5.4	6.6	4.4	29
2012	3	7.4	9.7	5.9	31
2012	4	11.6	13.6	9.4	30
2012	5	16.5	19.3	13.6	31
2012	6	20.6	22.4	19.0	30

（续）

年份	月份	平均地温（℃）	月极大值（℃）	月极小值（℃）	数据有效天数（d）
2012	7	23.4	25.4	21.6	31
2012	8	24.6	25.9	23.2	31
2012	9	22.9	25.1	21.2	23
2012	10	20.2	21.5	17.2	31
2012	11	13.5	17.3	10.4	30
2012	12	7.8	10.6	5.4	31
2013	1	4.3	5.4	3.7	31
2013	2	5.1	6.4	3.7	28
2013	3	8.1	9.5	6.0	31
2013	4	11.2	14.0	8.9	30
2013	5	15.6	17.3	13.4	31
2013	6	19.1	21.1	17.1	30
2013	7	22.4	24.0	20.7	31
2013	8	25.4	26.1	24.1	31
2013	9	23.5	24.8	21.1	30
2013	10	20.0	21.7	17.7	31
2013	11	14.3	17.8	9.9	30
2013	12	8.4	10.4	5.9	31
2014	1	6.3	7.4	5.2	30
2014	2	6.2	7.7	4.7	28
2014	3	9.5	12.0	7.3	31
2014	4	13.5	15.6	11.9	30
2014	5	17.6	20.8	15.2	31
2014	6	21.0	23.2	18.8	30
2014	7	24.0	25.4	22.5	28
2014	8	24.7	25.3	24.2	5
2014	9	23.2	24.9	21.4	30
2014	10	19.7	21.4	17.5	31
2014	11	14.5	17.8	12.8	30
2014	12	8.3	12.8	7.0	31
2015	1	6.9	7.6	5.8	30
2015	2	6.7	8.0	5.4	28
2015	3	9.7	11.9	7.4	31

（续）

年份	月份	平均地温（℃）	月极大值（℃）	月极小值（℃）	数据有效天数（d）
2015	4	13.1	16.5	11.0	30
2015	5	17.5	19.9	15.1	31
2015	6	21.3	23.4	19.3	30
2015	7	24.3	26.4	22.0	31
2015	8	26.1	27.1	25.2	28
2015	9	23.7	26.2	22.3	30
2015	10	20.5	22.9	17.0	31
2015	11	14.6	17.7	9.8	30
2015	12	9.1	11.2	7.0	31

注：下划线标注数据为插补数据。

表 3-19　60cm 层地温月度数据表

年份	月份	平均地温（℃）	月极大值（℃）	月极小值（℃）	数据有效天数（d）
2007	1	4.9	6.2	4.2	31
2007	2	6.3	8.6	4.1	28
2007	3	8.8	11.2	6.4	30
2007	4	12.6	15.6	10.3	28
2007	5	17.2	19.4	14.4	28
2007	6	20.6	21.9	16.9	26
2007	7	22.9	24.5	21.8	18
2007	8	24.3	25.3	23.3	31
2007	9	22.6	24.0	20.7	30
2007	10	18.9	21.0	16.9	31
2007	11	15.3	17.0	13.3	30
2007	12	10.8	13.3	8.7	28
2008	1	7.1	8.8	5.6	31
2008	2	5.9	6.9	5.3	29
2008	3	8.7	9.9	6.7	31
2008	4	11.6	13.0	9.8	29
2008	5	14.5	15.8	13.0	26
2008	6	17.0	19.1	15.8	30
2008	7	21.0	22.5	19.1	31

（续）

年份	月份	平均地温（℃）	月极大值（℃）	月极小值（℃）	数据有效天数（d）
2008	8	23.1	23.8	22.4	31
2008	9	21.9	22.5	19.8	29
2008	10	19.2	20.2	17.2	30
2008	11	14.7	17.2	11.7	30
2008	12	10.0	12.2	7.8	31
2009	1	6.5	7.8	5.5	31
2009	2	7.4	8.0	6.8	28
2009	3	8.5	9.7	7.1	31
2009	4	11.5	12.8	9.2	30
2009	5	14.8	16.3	12.9	31
2009	6	17.6	19.3	16.3	30
2009	7	20.8	22.0	19.3	31
2009	8	22.7	23.4	21.8	31
2009	9	21.6	22.7	20.9	30
2009	10	20.0	21.4	18.8	31
2009	11	14.0	19.2	11.2	30
2009	12	9.2	11.2	6.9	31
2010	1	5.6	6.9	4.7	31
2010	2	6.0	6.7	5.0	28
2010	3	6.8	8.4	5.6	31
2010	4	9.8	11.5	8.4	30
2010	5	13.8	15.7	11.3	31
2010	6	17.5	19.2	15.3	30
2010	7	21.3	23.4	19.2	30
2010	8	23.6	24.3	22.3	30
2010	9	22.6	23.3	21.2	30
2010	10	19.9	21.5	17.5	31
2010	11	16.0	17.6	13.9	30
2010	12	11.8	14.1	8.9	31
2011	1	7.3	8.9	6.3	31
2011	2	7.2	8.1	6.3	28
2011	3	8.8	10.9	7.0	31
2011	4	12.6	14.2	10.7	30

（续）

年份	月份	平均地温（℃）	月极大值（℃）	月极小值（℃）	数据有效天数（d）
2011	5	16.0	17.9	14.2	31
2011	6	19.0	20.0	17.6	30
2011	7	21.7	22.8	20.0	31
2011	8	23.0	23.6	22.4	31
2011	9	22.0	23.8	20.4	30
2011	10	19.0	20.6	17.1	31
2011	11	15.7	17.6	13.2	26
2011	12	9.4	13.2	7.4	29
2012	1	6.3	7.4	5.4	31
2012	2	5.9	6.7	5.3	29
2012	3	7.6	9.4	6.5	31
2012	4	11.3	13.1	9.3	30
2012	5	15.8	18.2	13.1	31
2012	6	19.7	21.1	18.1	30
2012	7	22.5	24.4	20.7	31
2012	8	24.1	25.6	23.1	31
2012	9	22.7	24.4	21.3	23
2012	10	20.3	21.3	18.0	31
2012	11	14.3	17.9	11.4	30
2012	12	8.8	11.4	6.5	31
2013	1	5.2	6.5	4.8	31
2013	2	5.6	6.7	4.6	28
2013	3	8.2	9.3	6.5	31
2013	4	11.0	13.2	9.1	30
2013	5	15.0	16.6	13.2	31
2013	6	18.4	20.1	16.6	30
2013	7	21.6	23.1	20.1	31
2013	8	24.6	25.1	23.1	31
2013	9	23.2	24.2	21.3	30
2013	10	20.1	21.5	18.1	31
2013	11	15.1	18.1	11.1	30
2013	12	9.3	11.2	7.0	31
2014	1	7.0	7.9	6.2	30

（续）

年份	月份	平均地温（℃）	月极大值（℃）	月极小值（℃）	数据有效天数（d）
2014	2	6.7	7.9	5.6	28
2014	3	9.5	11.6	7.6	31
2014	4	13.1	14.8	11.6	30
2014	5	16.9	19.7	14.6	31
2014	6	20.3	22.2	18.5	30
2014	7	23.2	24.5	22.0	28
2014	8	24.1	24.6	23.5	5
2014	9	23.0	24.4	21.6	30
2014	10	19.8	21.6	18.0	31
2014	11	15.1	18.1	13.5	30
2014	12	9.4	13.5	8.1	31
2015	1	7.6	8.2	6.7	30
2015	2	7.2	8.1	6.3	28
2015	3	9.6	11.6	7.9	31
2015	4	12.7	15.5	11.2	30
2015	5	16.9	18.9	15.2	31
2015	6	20.4	22.2	18.5	30
2015	7	23.3	25.3	21.6	31
2015	8	25.3	26.0	24.9	28
2015	9	23.5	25.4	22.5	30
2015	10	20.7	22.9	17.8	31
2015	11	15.4	17.9	11.2	30
2015	12	10.0	11.8	8.2	31

注：下划线标注数据为插补数据。

表3-20　100cm层地温月度数据表

年份	月份	平均地温（℃）	月极大值（℃）	月极小值（℃）	数据有效天数（d）
2007	1	7.6	9.0	6.9	31
2007	2	7.5	8.6	6.6	28
2007	3	9.1	10.7	8.1	30
2007	4	11.9	14.0	10.6	28
2007	5	15.7	17.6	14.0	28
2007	6	18.9	20.2	14.9	26

（续）

年份	月份	平均地温（℃）	月极大值（℃）	月极小值（℃）	数据有效天数（d）
2007	7	21.7	23.1	20.2	18
2007	8	23.5	24.4	22.9	31
2007	9	22.4	23.8	21.2	30
2007	10	19.3	21.1	17.6	31
2007	11	16.0	17.6	14.4	30
2007	12	12.0	14.4	10.2	28
2008	1	8.5	10.2	7.0	31
2008	2	6.9	7.4	6.5	29
2008	3	8.9	10.0	7.3	31
2008	4	11.4	12.6	9.9	29
2008	5	14.1	15.3	12.6	26
2008	6	16.5	18.3	15.3	30
2008	7	20.2	21.7	18.3	31
2008	8	22.5	22.9	21.7	31
2008	9	21.7	22.5	20.1	29
2008	10	19.4	20.2	17.7	30
2008	11	15.6	17.8	12.9	30
2008	12	11.1	12.9	9.2	31
2009	1	7.7	9.2	6.8	31
2009	2	8.0	8.5	7.5	28
2009	3	8.9	9.8	7.9	31
2009	4	11.3	12.5	9.6	30
2009	5	14.3	15.7	12.5	31
2009	6	17.0	18.5	15.7	30
2009	7	20.1	21.3	18.5	31
2009	8	22.1	22.7	21.3	31
2009	9	21.4	22.1	20.9	30
2009	10	20.1	21.1	19.2	31
2009	11	15.2	19.2	12.5	30
2009	12	10.6	12.5	8.4	31
2010	1	7.0	8.4	6.2	31
2010	2	6.8	7.4	6.2	28
2010	3	7.3	8.5	6.5	31

（续）

年份	月份	平均地温（℃）	月极大值（℃）	月极小值（℃）	数据有效天数（d）
2010	4	9.8	11.1	8.5	30
2010	5	13.4	15.1	11.1	31
2010	6	16.8	18.5	15.0	30
2010	7	20.5	22.4	18.5	30
2010	8	22.9	23.5	22.2	30
2010	9	22.3	22.7	21.2	30
2010	10	20.1	21.3	18.1	31
2010	11	16.6	18.1	14.8	30
2010	12	12.9	14.8	10.5	31
2011	1	8.7	10.5	7.6	31
2011	2	8.0	8.6	7.5	28
2011	3	9.2	10.7	8.0	31
2011	4	12.3	13.8	10.7	30
2011	5	15.4	17.0	13.8	31
2011	6	18.2	19.3	17.0	30
2011	7	21.0	22.0	19.3	31
2011	8	22.5	22.9	22.0	31
2011	9	21.9	23.1	20.7	30
2011	10	19.3	20.7	17.7	31
2011	11	16.3	17.8	14.4	26
2011	12	10.7	14.4	8.6	29
2012	1	7.4	8.6	6.6	31
2012	2	6.7	7.1	6.4	29
2012	3	7.9	9.4	7.1	31
2012	4	11.1	12.7	9.4	30
2012	5	15.1	17.3	12.7	31
2012	6	18.8	20.0	17.2	30
2012	7	21.6	23.4	20.0	31
2012	8	23.5	24.3	22.9	31
2012	9	22.5	23.8	21.5	23
2012	10	20.5	21.5	18.8	31
2012	11	15.3	18.8	12.5	30
2012	12	10.1	12.5	7.9	31

（续）

年份	月份	平均地温（℃）	月极大值（℃）	月极小值（℃）	数据有效天数（d）
2013	1	6.4	7.9	5.9	31
2013	2	6.3	7.1	5.6	28
2013	3	8.4	9.4	7.1	31
2013	4	10.8	12.6	9.3	30
2013	5	14.4	16.0	12.6	31
2013	6	17.7	19.2	16.0	30
2013	7	20.7	22.3	19.2	31
2013	8	23.7	24.2	22.3	31
2013	9	22.9	23.9	21.5	30
2013	10	20.3	21.5	18.6	31
2013	11	16.0	18.6	12.5	30
2013	12	10.6	12.5	8.3	31
2014	1	8.0	8.7	7.3	30
2014	2	7.5	8.4	6.7	28
2014	3	9.5	11.3	8.1	31
2014	4	12.8	14.2	11.3	30
2014	5	16.3	18.7	14.1	31
2014	6	19.5	21.1	18.2	30
2014	7	22.3	23.5	21.1	28
2014	8	<u>23.5</u>	<u>23.9</u>	<u>22.9</u>	5
2014	9	22.8	23.9	21.8	30
2014	10	20.1	21.9	18.5	31
2014	11	16.0	18.5	14.4	30
2014	12	10.7	14.4	9.3	31
2015	1	8.6	9.3	7.9	30
2015	2	7.9	8.6	7.3	28
2015	3	9.8	11.5	8.5	31
2015	4	12.5	14.7	11.4	30
2015	5	16.2	17.9	14.7	31
2015	6	19.4	21.1	17.7	30
2015	7	22.3	23.9	20.9	31
2015	8	24.5	25.0	23.9	28
2015	9	23.2	24.7	22.5	30

（续）

年份	月份	平均地温（℃）	月极大值（℃）	月极小值（℃）	数据有效天数（d）
2015	10	20.9	22.7	18.8	31
2015	11	16.3	18.8	12.6	30
2015	12	11.1	12.7	9.3	31

注：下划线标注数据为插补数据。

3.7　太阳辐射数据集

3.7.1　概述

太阳辐射通过大气层，直接到达地面的部分，称为直接太阳辐射；被大气的分子、微尘、水汽等进行散射的部分，称为散射太阳辐射。太阳总辐射是到达地面的散射太阳辐射和直接太阳辐射之和。太阳总辐射是气候变化研究及太阳能利用潜能评估的重要基础。紫外辐射是指波长在 100～4 000Å（埃）之间的电磁辐射，会影响植物对光合有效辐射的利用率。光合有效辐射是指太阳辐射中对植物光合作用有效的光谱成分，是区域植被变化和生态变化研究的重要参数之一，是估算全球碳支出以及生物多样性研究的基础。

太阳辐射数据集选取胶州湾站 2007—2015 年自动观测站采集的辐射数据，经过质量检查、缺失值插补以及月度统计形成。数据可以代表胶州湾及周围地区相关辐射变化情况，三项指标的数据项分别包括年份、月份、月平均辐射量、月极大值、统计小时数、缺失小时数以及数据有效天数，共计 324 条数据，以表格的形式列在 3.7.5 节部分。

3.7.2　数据采集和处理方法

数据采集系统采用芬兰 Visila 公司的自动气象站（MiLOS 520），太阳总辐射采用 CM6B 型表进行观测，紫外辐射采用 CUV3 型表进行观测，光合有效辐射采用 LI-190SZ 型表进行观测，3 个仪表均安装在距地面 1.5 m 处。每个仪表每 10 s 采测 1 个数值，每分钟采测 6 个数据值，去除 1 个最大值和 1 个最小值后取平均值，作为每分钟的数值存储。正点时采测 0 min 的数值作为正点数据存储。各仪表的标定方法见《生态系统气象辐射监测质量空值方法》（胡波等，2012），仪表均 2 年标定 1 次。

原始观测数据通过初级错误检查后，采用 CERN 大气分中心研发的"生态气象工作站"自动进行界限值检查、变化幅度检查、内部一致性检查、时间一致性检查（胡波等，2012）。

太阳辐射数据集在之前检验的基础上选取小时数据，计算年内小时平均序列，通过 3sigma 检验筛选出置信外的离群点，人工核查离群点在局部变化的情况，结合天气状况，各辐射值的一致性等剔除异常值。根据青岛日出日落时间（日照时间大于 20 min 的正点算入，比如日出 6：40 及之前，6 时计入，日出为 6：40 之后，7 时计入）筛选出统计的时段和小时值，小时值小于 0 时以 0 计，对三项指标进行日平均值、日最大值统计（统计时段内缺失 6 h 以上的作为缺失处理），对统计的日值进行均一性检验（RHtestsV4）（Wang，2008a；Wang，2008b），光合有效辐射序列在 2017 年 7 月 8 日存在 Type-0 型显著断点，考虑后期序列时间短，不进行矫正。其他指标序列均通过均一性验证。后续对日值数据进行月平均值、月极大值、数据统计时数及有效天数进行统计，每月有效天数小于 23 天的作为缺失值处理。对日缺失值的序列使用 R 语言基础包中 imputation 函数（method＝"linearInterpol. bisector"，lowerBound＝"min"，upperBound＝"max"）进行插补，月缺失值通过插补后的日值数据统计得出并进行下划线标注。具体数据处理流程如图 3－21 所示。

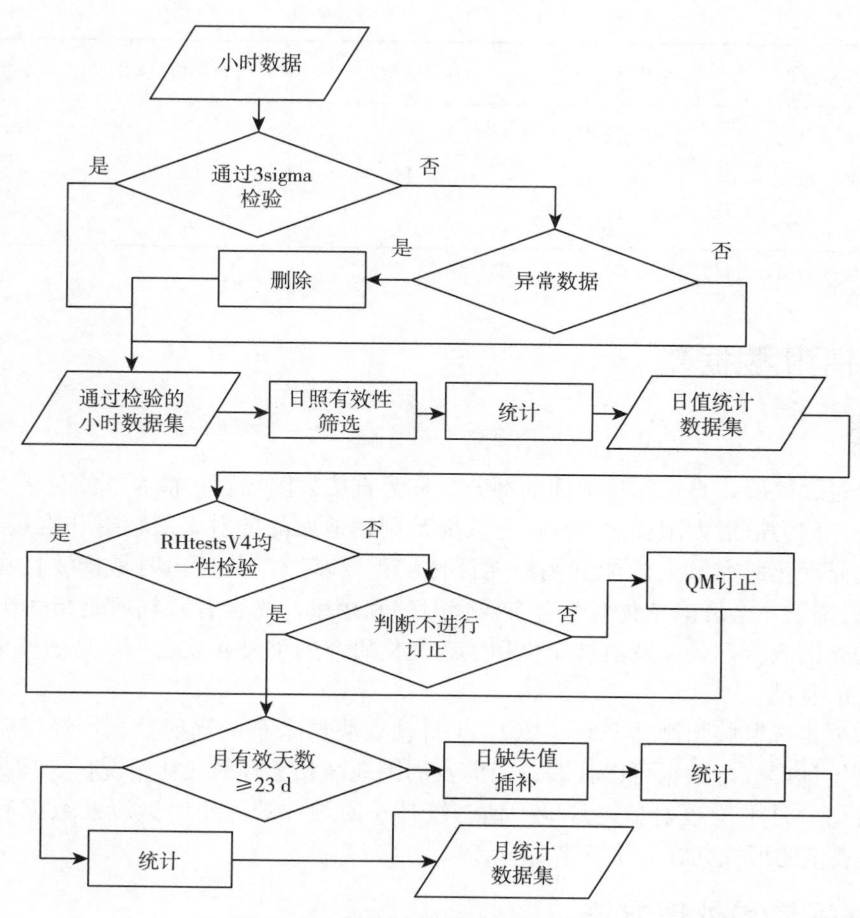

图 3-21 胶州湾站辐射数据处理流程

3.7.3 数据质量控制和评估

台站气象数据的采集与管理质控方式与气温数据相同，见 3.1.3 部分。

本数据的日值缺失率见表 3-21 至表 3-23，太阳总辐射除 2007 年 7 月，紫外辐射除 2007 年 7 月外，光合有效辐射除 2007 年 7 月，指标在其他月份缺失率均小于等于 23%，即数据有效天数大于 23 d。月缺失值采用对插补后的日值序列进行月平均值、月极大值统计获取，日值序列的插补采用 R 语言基础包中 imputation 函数（method＝“linearInterpol. bisector”，lowerBound＝“min”，upper-Bound＝“max”）进行。

表 3-21 太阳总辐射月度数据缺失率

单位：%

年份	1月	2月	3月	4月	5月	6月	7月	8月	9月	10月	11月	12月	年度缺失率
2007	0	7	10	10	19	17	45	6	20	13	7	23	15
2008	3	0	3	10	19	13	6	3	0	6	0	6	6
2009	3	4	0	7	0	0	0	0	3	6	0	0	2
2010	0	0	0	0	3	0	13	6	3	0	10	0	3
2011	0	4	3	3	3	3	3	3	0	3	17	23	5

（续）

年份	1月	2月	3月	4月	5月	6月	7月	8月	9月	10月	11月	12月	年度缺失率
2012	3	0	6	0	0	0	3	0	23	0	10	0	4
2013	3	14	16	3	0	0	3	0	0	3	7	0	4
2014	0	4	0	0	3	0	10	0	3	10	3	0	3
2015	16	7	3	0	6	3	6	16	3	0	0	6	6

表 3-22 紫外辐射月度数据缺失率

单位：%

年份	1月	2月	3月	4月	5月	6月	7月	8月	9月	10月	11月	12月	年度缺失率
2007	0	7	10	10	19	17	45	6	20	13	7	23	15
2008	3	0	3	10	19	13	6	3	0	6	0	6	6
2009	3	4	0	7	0	0	0	0	3	6	0	0	2
2010	0	0	0	0	3	0	13	6	3	0	10	0	3
2011	0	4	3	3	3	3	3	3	0	3	17	23	5
2012	3	0	6	0	0	0	3	0	23	0	27	0	5
2013	3	14	16	3	0	0	3	0	0	3	7	0	4
2014	0	4	0	0	3	0	10	0	3	10	3	0	3
2015	16	7	3	0	6	3	6	16	7	0	0	6	6

表 3-23 光合有效辐射月度数据缺失率

单位：%

年份	1月	2月	3月	4月	5月	6月	7月	8月	9月	10月	11月	12月	年度缺失率
2007	0	7	10	10	19	17	45	6	20	13	7	23	15
2008	3	0	3	10	19	13	6	3	0	6	0	6	6
2009	3	4	0	7	0	0	0	0	3	6	0	0	2
2010	3	0	0	0	6	3	13	6	3	0	10	0	4
2011	0	4	3	3	3	3	3	3	0	3	17	23	5
2012	3	0	6	0	0	0	3	0	23	0	10	0	4
2013	3	14	16	3	0	0	3	0	0	3	7	0	4
2014	0	4	0	0	3	0	10	0	3	10	3	0	3
2015	16	7	3	0	6	3	6	16	3	0	0	6	6

3.7.4 数据价值与数据获取方式

太阳总辐射是地区气候变化和太阳能利用潜能评估的重要基础数据，紫外辐射与光合有效辐射与植物的光合作用息息相关，本数据集可以为气候变化、农业生产、生态环境等研究提供基础数据支撑。本部分只包括月尺度数据，如果想获得日尺度数据，可以登录 http：//jzb. cern. ac. cn/下载申请表申请。

3.7.5 数据

数据包括图形数据和表格数据，图形数据如图 3－22 至图 3－24 所示，表格数据表 3－24 至表 3－26。

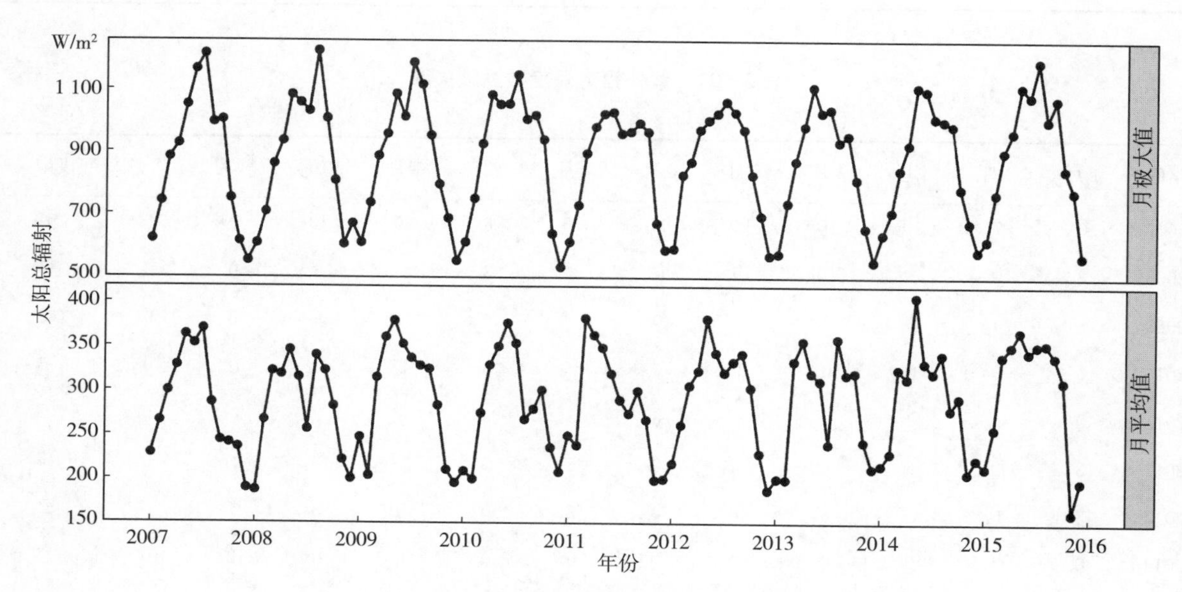

图 3－22 胶州湾站太阳总辐射月度变化

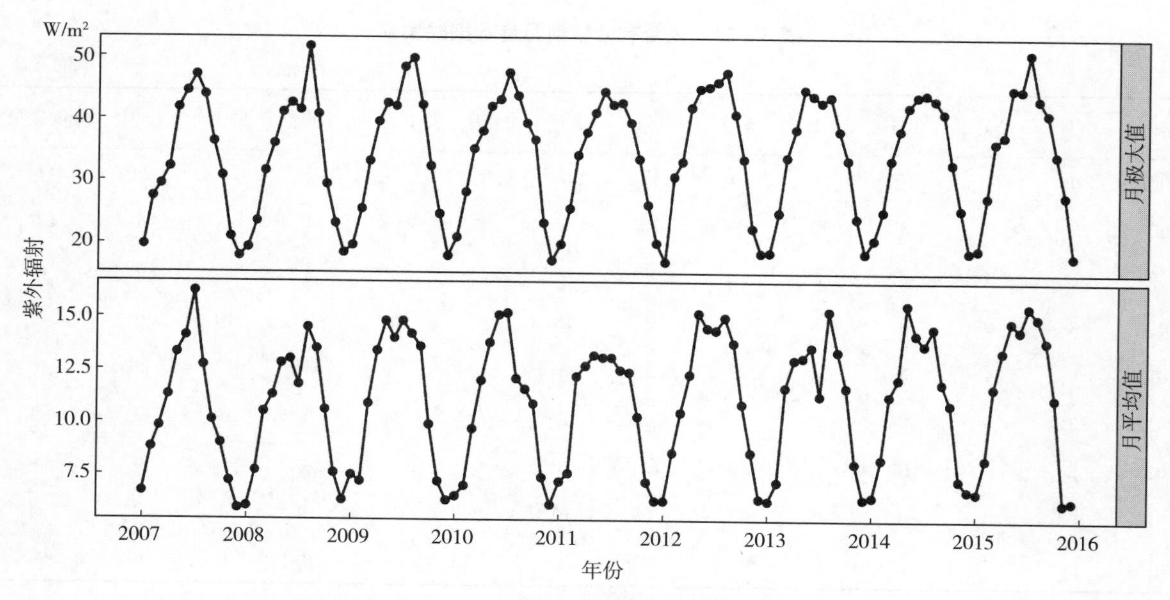

图 3－23 胶州湾站紫外辐射月度变化

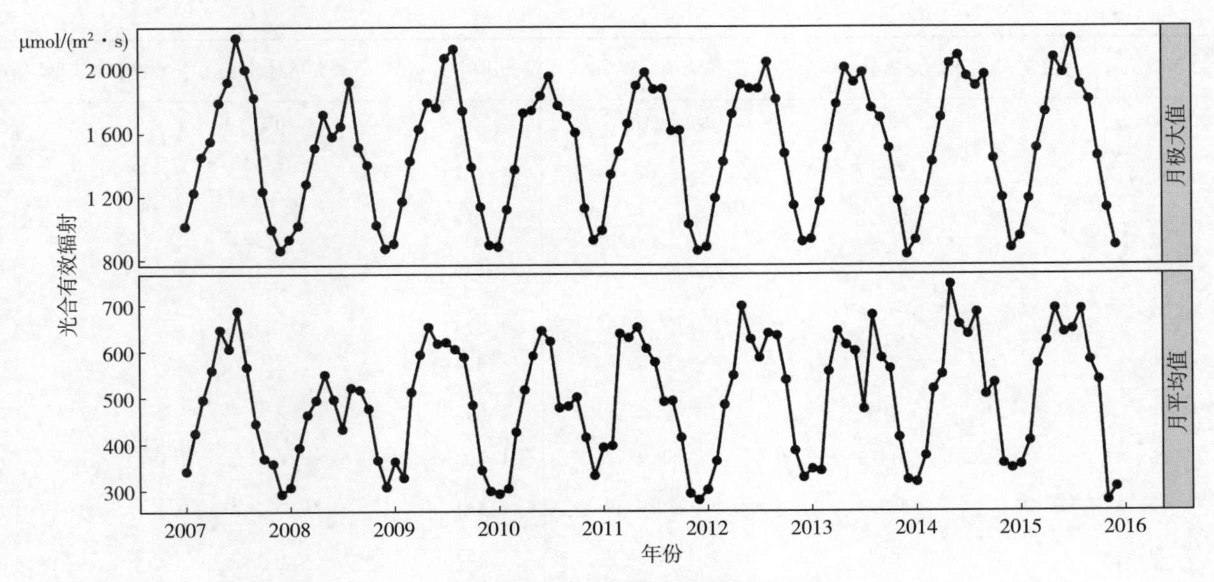

图 3-24 胶州湾站光合有效辐射月度变化

表 3-24 太阳总辐射月度数据表

年份	月份	月平均总辐射（W/m²）	月极大值（W/m²）	统计小时数（h）	缺失小时数（h）	数据有效天数（d）
2007	1	228.9	621.1	344	0	31
2007	2	265.9	743.2	344	2	26
2007	3	299.7	883.7	403	15	28
2007	4	328.2	927.1	444	18	27
2007	5	363.1	1052.1	465	38	25
2007	6	353	1 166.4	450	57	25
2007	7	369.6	1 216	465	166	17
2007	8	286.4	996.3	465	2	29
2007	9	244	1 004.9	409	8	24
2007	10	241.3	752.2	389	12	27
2007	11	236.4	615.2	350	2	28
2007	12	189.6	552.6	341	28	24
2008	1	187.3	608.3	344	1	30
2008	2	267.2	709	357	0	29
2008	3	321.9	862.6	403	1	30
2008	4	318.4	936.7	446	13	27
2008	5	345.9	1 084.8	465	64	25
2008	6	315.1	1 059.4	450	9	26
2008	7	256.8	1 032.8	465	2	29

（续）

年份	月份	月平均总辐射（W/m²）	月极大值（W/m²）	统计小时数（h）	缺失小时数（h）	数据有效天数（d）
2008	8	339.9	1 226.2	465	1	30
2008	9	322.7	1 009	407	0	30
2008	10	282.8	809.3	388	8	29
2008	11	222.1	605.2	349	0	30
2008	12	200.5	671.6	341	5	29
2009	1	247.7	610.7	344	1	30
2009	2	204	738.2	345	1	27
2009	3	314.9	888.1	403	0	31
2009	4	360.4	959.5	444	16	28
2009	5	379	1 087.5	465	0	31
2009	6	352.6	1 014.5	450	0	30
2009	7	336.7	1 188.5	465	0	31
2009	8	328.1	1 117.9	465	0	31
2009	9	324.6	954.5	408	1	29
2009	10	283.6	797.2	388	2	29
2009	11	210.7	688.5	349	0	30
2009	12	195.7	552.1	341	0	31
2010	1	209.1	612.1	344	0	31
2010	2	200	752.1	344	0	28
2010	3	275	927.3	403	0	31
2010	4	329	1 085	444	0	30
2010	5	349.9	1 053.9	465	4	30
2010	6	376.1	1 055.8	450	0	30
2010	7	353.4	1 149.5	465	7	27
2010	8	267.8	1 006.8	465	8	29
2010	9	279.5	1 019.3	409	1	29
2010	10	300.6	941	388	0	31
2010	11	236	639.1	350	3	27
2010	12	208	532.4	341	0	31
2011	1	249.5	612.7	344	0	31
2011	2	238.5	730.8	344	1	27
2011	3	381.7	897.1	403	1	30
2011	4	362.9	982.2	444	1	29

（续）

年份	月份	月平均总辐射（W/m²）	月极大值（W/m²）	统计小时数（h）	缺失小时数（h）	数据有效天数（d）
2011	5	348.6	1 024	465	1	30
2011	6	319.2	1 029.6	450	1	29
2011	7	289.7	960.5	465	1	30
2011	8	274.5	966.5	465	1	30
2011	9	299.9	994.5	409	0	30
2011	10	267.5	966.2	389	1	30
2011	11	199.1	673.2	350	34	25
2011	12	200.3	587.8	341	35	24
2012	1	218.2	591.8	344	3	30
2012	2	261.9	828.4	357	0	29
2012	3	306	869.8	403	4	29
2012	4	322.7	973.7	446	0	30
2012	5	381.3	1 004.2	465	0	31
2012	6	342.9	1 026	450	0	30
2012	7	320.6	1 063.9	465	3	30
2012	8	332.7	1 029.6	465	0	31
2012	9	341.9	973.6	407	90	23
2012	10	303.6	828.2	388	0	31
2012	11	229.5	696.7	349	18	27
2012	12	187.8	569.5	341	0	31
2013	1	200.8	575.5	344	2	30
2013	2	199.9	738.4	345	4	24
2013	3	333.4	872.3	403	12	26
2013	4	356.2	984.5	444	1	29
2013	5	320	1 110.7	465	0	31
2013	6	311.3	1 028.4	450	0	30
2013	7	240.2	1 038.6	465	1	30
2013	8	358.7	933.7	465	0	31
2013	9	318.2	954.4	408	0	30
2013	10	320.4	813.2	388	2	30
2013	11	242.7	657.5	349	5	28
2013	12	212.5	550.2	341	0	31
2014	1	215.9	637.1	344	0	31

（续）

年份	月份	月平均总辐射（W/m²）	月极大值（W/m²）	统计小时数（h）	缺失小时数（h）	数据有效天数（d）
2014	2	229.9	709.7	344	12	27
2014	3	324.5	843.6	403	0	31
2014	4	314	925.3	444	0	30
2014	5	405.8	1 110	465	1	30
2014	6	331.6	1 097.9	450	0	30
2014	7	320	1 010.6	465	4	28
2014	8	341	1 001.6	465	0	31
2014	9	279	985.6	408	1	29
2014	10	292.1	784.1	388	3	28
2014	11	206.8	674.4	350	1	29
2014	12	222.9	583	341	0	31
2015	1	213.2	618.1	344	17	26
2015	2	257.5	768	344	2	26
2015	3	339.3	901.8	403	1	30
2015	4	350.6	964.6	444	0	30
2015	5	367.1	1 110.5	465	2	29
2015	6	343.3	1 079.8	450	2	29
2015	7	351.3	1 191.7	465	2	29
2015	8	353	1 003	465	47	26
2015	9	338.7	1 069.9	409	1	29
2015	10	310.7	845.3	389	0	31
2015	11	161.9	774.9	350	0	30
2015	12	197.4	566.8	341	12	29

注：下划线标注数据为插补数据。

表 3-25　紫外辐射月度数据表

年份	月份	月平均紫外辐射（W/m²）	月极大值（W/m²）	统计小时数（h）	缺失小时数（h）	数据有效天数（d）
2007	1	6.7	19.8	344	0	31
2007	2	8.8	27.5	344	2	26
2007	3	9.8	29.5	403	15	28
2007	4	11.3	32.2	444	18	27
2007	5	13.3	41.8	465	38	25

（续）

年份	月份	月平均紫外辐射（W/m²）	月极大值（W/m²）	统计小时数（h）	缺失小时数（h）	数据有效天数（d）
2007	6	14.1	44.5	450	57	25
2007	7	16.2	47.1	465	166	17
2007	8	12.7	43.9	465	2	29
2007	9	10.1	36.3	409	8	24
2007	10	9	30.8	389	12	27
2007	11	7.2	21.1	350	2	28
2007	12	5.9	18	341	28	24
2008	1	6	19.4	344	1	30
2008	2	7.7	23.6	357	0	29
2008	3	10.5	31.6	403	1	30
2008	4	11.3	36	446	13	27
2008	5	12.8	41.1	465	64	25
2008	6	13	42.6	450	9	26
2008	7	11.8	41.5	465	2	29
2008	8	14.5	51.7	465	1	30
2008	9	13.5	40.8	407	0	30
2008	10	10.6	29.5	388	8	29
2008	11	7.6	23.3	349	0	30
2008	12	6.3	18.6	341	5	29
2009	1	7.5	19.8	344	1	30
2009	2	7.2	25.6	345	1	27
2009	3	10.9	33.2	403	0	31
2009	4	13.4	39.6	444	16	28
2009	5	14.8	42.6	465	0	31
2009	6	14	42.1	450	0	30
2009	7	14.8	48.4	465	0	31
2009	8	14.2	49.8	465	0	31
2009	9	13.6	42.3	408	1	29
2009	10	9.9	32.4	388	2	29
2009	11	7.2	24.8	349	0	30
2009	12	6.3	18.1	341	0	31
2010	1	6.5	21.1	344	0	31

（续）

年份	月份	月平均紫外辐射（W/m²）	月极大值（W/m²）	统计小时数（h）	缺失小时数（h）	数据有效天数（d）
2010	2	7	28.3	344	0	28
2010	3	9.7	35.2	403	0	31
2010	4	12	38.1	444	0	30
2010	5	13.8	42.1	465	4	30
2010	6	15.1	43.2	450	0	30
2010	7	15.2	47.5	465	7	27
2010	8	12.1	43.8	465	8	29
2010	9	11.6	39.4	409	1	29
2010	10	10.9	36.7	388	0	31
2010	11	7.4	23.4	350	3	27
2010	12	6.1	17.4	341	0	31
2011	1	7.2	20	344	0	31
2011	2	7.6	25.7	344	1	27
2011	3	12.2	34.2	403	1	30
2011	4	12.7	37.9	444	1	29
2011	5	13.2	41.1	465	1	30
2011	6	13.1	44.5	450	1	29
2011	7	13.1	42.4	465	1	30
2011	8	12.5	42.7	465	1	30
2011	9	12.4	39.5	409	0	30
2011	10	10.3	33.6	389	1	30
2011	11	7.2	26.3	350	34	25
2011	12	6.3	20.2	341	35	24
2012	1	6.3	17.2	344	3	30
2012	2	8.6	30.8	357	0	29
2012	3	10.5	33.2	403	4	29
2012	4	12.3	42	446	0	30
2012	5	15.2	45	465	0	31
2012	6	14.5	45.3	450	0	30
2012	7	14.4	46.1	465	3	30
2012	8	15	47.6	465	0	31
2012	9	13.8	40.9	407	90	23

（续）

年份	月份	月平均紫外辐射（W/m²）	月极大值（W/m²）	统计小时数（h）	缺失小时数（h）	数据有效天数（d）
2012	10	10.9	33.6	388	0	31
2012	11	8.6	22.6	349	74	22
2012	12	6.4	18.6	341	0	31
2013	1	6.3	18.7	344	2	30
2013	2	7.2	25.1	345	4	24
2013	3	11.7	33.9	403	12	26
2013	4	13	38.5	444	1	29
2013	5	13.1	44.9	465	0	31
2013	6	13.6	43.9	450	0	30
2013	7	11.3	42.8	465	1	30
2013	8	15.3	43.7	465	0	31
2013	9	13.4	38.2	408	0	30
2013	10	11.7	33.5	388	2	30
2013	11	8.1	24.2	349	5	28
2013	12	6.4	18.6	341	0	31
2014	1	6.5	20.8	344	0	31
2014	2	8.3	25.3	344	12	27
2014	3	11.3	33.5	403	0	31
2014	4	12.1	38.3	444	0	30
2014	5	15.6	42.1	465	1	30
2014	6	14.2	43.8	450	0	30
2014	7	13.7	44.1	465	4	28
2014	8	14.5	43.2	465	0	31
2014	9	11.9	41.1	408	1	29
2014	10	10.9	32.9	388	3	28
2014	11	7.3	25.6	350	1	29
2014	12	6.8	18.8	341	0	31
2015	1	6.7	19.2	344	17	26
2015	2	8.3	27.6	344	2	26
2015	3	11.7	36.3	403	1	30
2015	4	13.4	37.4	444	0	30
2015	5	14.8	45	465	2	29

（续）

年份	月份	月平均紫外辐射（W/m²）	月极大值（W/m²）	统计小时数（h）	缺失小时数（h）	数据有效天数（d）
2015	6	14.4	44.8	450	2	29
2015	7	15.5	50.7	465	2	29
2015	8	15	43.3	465	47	26
2015	9	13.9	41	409	2	28
2015	10	11.2	34.3	389	0	31
2015	11	6.2	27.8	350	0	30
2015	12	6.3	18.1	341	12	29

注：下划线标注数据为插补数据。

表 3-26　光合有效辐射月度数据

年份	月份	月平均光合有效辐射 [μmol/（m²·s）]	月极大值 [μmol/（m²·s）]	统计小时数（h）	缺失小时数（h）	数据有效天数（d）
2007	1	341.5	1 013	344	0	31
2007	2	423.8	1 228	344	2	26
2007	3	495.4	1 454	403	15	28
2007	4	558.9	1 554	444	18	27
2007	5	646.3	1 797	465	38	25
2007	6	605.7	1 929	450	57	25
2007	7	687.3	2 209	465	166	17
2007	8	566.1	2 009	465	2	29
2007	9	444.3	1 830	409	8	24
2007	10	368.8	1 236	389	12	27
2007	11	357.6	992.3	350	2	28
2007	12	292.7	860.3	341	28	24
2008	1	307.3	928.8	344	1	30
2008	2	392.5	1 015	357	0	29
2008	3	462.6	1 283	403	1	30
2008	4	493.8	1 511	446	13	27
2008	5	549	1 722	465	64	25
2008	6	495.6	1 582	450	9	26
2008	7	431.9	1 647	465	2	29
2008	8	520.5	1 932	465	1	30
2008	9	515.9	1 516	407	0	30

（续）

年份	月份	月平均光合有效辐射［μmol/（m²·s）］	月极大值［μmol/（m²·s）］	统计小时数（h）	缺失小时数（h）	数据有效天数（d）
2008	10	475.9	1 402	388	8	29
2008	11	364.8	1 019	349	0	30
2008	12	307.8	870.8	341	5	29
2009	1	362.3	902.1	344	1	30
2009	2	327.1	1 169	345	1	27
2009	3	510.9	1 427	403	0	31
2009	4	591.8	1 629	444	16	28
2009	5	651.8	1 797	465	0	31
2009	6	615.9	1 764	450	0	30
2009	7	618.7	2 078	465	0	31
2009	8	603.7	2 136	465	0	31
2009	9	586.6	1 743	408	1	29
2009	10	483.1	1 388	388	2	29
2009	11	342.8	1 134	349	0	30
2009	12	298.1	891	341	0	31
2010	1	292.1	880.9	344	1	30
2010	2	303.4	1 117	344	0	28
2010	3	425.2	1 371	403	0	31
2010	4	515.5	1 729	444	0	30
2010	5	589.3	1 745	465	5	29
2010	6	643.3	1 839	450	1	29
2010	7	620.6	1 962	465	7	27
2010	8	476.8	1 775	465	8	29
2010	9	480.4	1 708	409	1	29
2010	10	499.6	1 605	388	0	31
2010	11	413.3	1 124	350	3	27
2010	12	331.2	922.8	341	0	31
2011	1	391.8	983.1	344	0	31
2011	2	395.5	1 341	344	1	27
2011	3	637.2	1 485	403	1	30
2011	4	628.1	1 661	444	1	29
2011	5	650.7	1 902	465	1	30

（续）

年份	月份	月平均光合有效辐射［μmol/（m²·s）］	月极大值［μmol/（m²·s）］	统计小时数（h）	缺失小时数（h）	数据有效天数（d）
2011	6	604.8	1 987	450	1	29
2011	7	575.3	1 880	465	1	30
2011	8	489.8	1 884	465	1	30
2011	9	491.7	1 617	409	0	30
2011	10	412.8	1 619	389	1	30
2011	11	292.7	1 023	350	34	25
2011	12	278.8	856.3	341	35	24
2012	1	300.7	880.2	344	3	30
2012	2	361.9	1 189	357	0	29
2012	3	483.1	1 420	403	4	29
2012	4	546.1	1 722	446	0	30
2012	5	696.7	1 909	465	0	31
2012	6	624.8	1 884	450	0	30
2012	7	584.9	1 884	465	3	30
2012	8	637.8	2 052	465	0	31
2012	9	632.9	1 816	407	90	23
2012	10	536.5	1 473	388	0	31
2012	11	384.8	1 142	349	18	27
2012	12	327	914	341	0	31
2013	1	345.1	928.3	344	2	30
2013	2	341.2	1 165	345	4	24
2013	3	554.9	1 498	403	12	26
2013	4	642.7	1 785	444	1	29
2013	5	612.5	2 017	465	0	31
2013	6	599.1	1 924	450	0	30
2013	7	473.8	1 987	465	1	30
2013	8	677.2	1 760	465	0	31
2013	9	584.2	1 698	408	0	30
2013	10	561.2	1 506	388	2	30
2013	11	413.2	1 173	349	5	28
2013	12	322	833.2	341	0	31
2014	1	317.1	923.9	344	0	31

（续）

年份	月份	月平均光合有效辐射［μmol/（m²·s）］	月极大值［μmol/（m²·s）］	统计小时数（h）	缺失小时数（h）	数据有效天数（d）
2014	2	373.6	1 172	344	12	27
2014	3	517.1	1 421	403	0	31
2014	4	548.5	1 701	444	0	30
2014	5	742.9	2 044	465	1	30
2014	6	656.9	2 094	450	0	30
2014	7	635.5	1 962	465	4	28
2014	8	683	1 900	465	0	31
2014	9	505.3	1 972	408	1	29
2014	10	530.1	1 441	388	3	28
2014	11	356.7	1 190	350	1	29
2014	12	346.4	873.6	341	0	31
2015	1	354.5	945.5	344	17	26
2015	2	405.9	1 184	344	2	26
2015	3	571.1	1 505	403	1	30
2015	4	621	1 735	444	0	30
2015	5	690.8	2 081	465	2	29
2015	6	639.5	1 984	450	2	29
2015	7	646.1	2 197	465	2	29
2015	8	689.1	1 910	465	47	26
2015	9	579.2	1 813	409	1	29
2015	10	535.9	1 455	389	0	31
2015	11	277.6	1 125	350	0	30
2015	12	306	888.4	341	12	29

注：下划线标注数据为插补数据。

第4章

海湾水文物理长期监测数据

4.1 水深、透明度及水色数据集

4.1.1 概述

数据中的水深为实测水深，即在调查时水体的自由面到其湾底的垂直距离，是水文特征值之一。海水透明度能表征海水的透光能力，受到水中的悬浮物质、浮游生物以及天气状况等因素的影响。海水的颜色称为水色，是由海水的光学性质决定的。海水透明度与水色是描述海洋水体光学性质的基本参数。

水深、透明度及水色数据集基于2007—2015年胶州湾生态站在12个定位监测站对这三项指标长期观测的数据整理形成。整理过程采用CERN统一规范的数据处理方法和质量控制体系对原始数据进行质量控制和整理、加工，之后对时间序列数据进行3sigma检验，对未通过的数据进行人工核查、临近站点对比确定异常值，异常值以缺失值计入之后的统计。整理统计形成两个数据表，为“定位站季度水深、透明度及水色数据集”和“定位站年际水深、透明度及水色数据集”。这些长期定点监测数据是对胶州湾进行生态健康评价、生态系统演变规律和环境治理等各项研究的基础数据。

4.1.2 数据采集和处理方法

本数据集监测指标均为原位现场观测数据。胶州湾生态站在每年的季度月中旬（2月、5月、8月和11月）使用“创新号”科学考察船实施对胶州湾及临近海域（35°59′～36°11′N，120°09′～120°25′E）的生态环境综合调查。监测人员在使用GPS（TOPCON，HP5500）定位到定点站后，依据海洋监测规范（中华人民共和国国家质量监督检验检疫总局，2007a）和调查规范（中华人民共和国国家质量监督检验检疫总局，2007b）进行观测，并现场记录。水深指标观测采用船载回声测深仪法，透明度指标观测采用萨式盘法，水色指标观测采用比色法。观测人员为两人，一人实施观测，另外一人负责记录，航次结束后对观测记录进行录入。

选取经CERN统一规范的数据处理方法和质量控制体系处理后的数据，对每项指标进行单站位时间序列3sigma检验，未通过检验的数据经人工核查（依据出海航次记录、浮游生物采样记录）、临近站点对比（时间序列图），确定异常值并删除。整理形成“定位站季度水深、透明度及水色数据集”，进行年际统计，指标均取其平均值形成“定位站年际水深、透明度及水色数据集”，统计数据项均需站位在一年内有4次有效数据。对指标的季度月变化进行分站位绘制，形成图形数据。

4.1.3 数据质量控制和评估

为了从源头控制数据质量，观测人员专职并熟知海域调查业务，出航前对仪器进行标定，观测过程中严格按照海洋监测规范（中华人民共和国国家质量监督检验检疫总局，2007a）和调查规范（中华人民共和国国家质量监督检验检疫总局，2007 d）执行。纸质资料录入完成后进行核对，保证资料不漏、不错、不重。原始数据进行各种集成、转换、格式统一，并上报 CERN 水体分中心进行进一步的检查和反馈。

3sigma 检验采用 R 自动程序完成，未通过验证的值要查阅原始记录，结合采水层记录、浮游生物采样记录及其他样品采集记录对比确定，同时进行临近站点一致性检验，与原始记录不符并与邻近站点时间序列变化趋势不一致的确定为异常值，进行删除处理。海湾水文数据集各项指标没有异常值。JZB13 号站在 2007 年 8 月、2008 年 5 月和 2008 年 8 月由于帆船赛禁止船只入内未进行观测。2010 年 8 月全部站位由于比色计损坏，水色数据未进行观测。

4.1.4　数据价值与数据获取方式

本数据集具有系统性和完整性，在观测站位、频率、时间上完全符合国内通行调查规范且没有时间和空间点的缺失。依托该数据集，可以开展海水水质评价、海湾生态系统的动态变化、海洋环境可持续发展等研究。本数据集仅包含 2007—2015 年的数据，如需其他时期的数据可以参阅已出版数据集《中国生态系统定位观测与研究数据集・湖泊湿地海湾生态系统卷：山东胶州湾站（1999—2006)》，或登录 http：//jzb. cern. ac. cn/下载申请表申请。

4.1.5　数据

数据包括图形数据和表格数据，表格数据如表 4 - 1 至表 4 - 2所示，图形数据如图 4 - 1 至图4 - 3 所示。

表 4 - 1　定位站季度水深、透明度及水色数据集

年份	月份	站位	水深（m）	透明度（m）	水色（号）
2007	2	JZB01	3.1	1.3	18
2007	2	JZB02	4.2	1.3	18
2007	2	JZB03	6.2	0.9	20
2007	2	JZB04	5.0	0.9	18
2007	2	JZB05	13.9	1.2	17
2007	2	JZB06	4.2	1.3	17
2007	2	JZB07	16.0	1.2	16
2007	2	JZB08	5.8	1.3	16
2007	2	JZB09	39.0	1.8	16
2007	2	JZB10	17.7	1.9	17
2007	2	JZB12	28.0	2.0	16
2007	2	JZB13	14.3	2.5	16
2007	5	JZB01	4.0	2.0	17
2007	5	JZB02	4.0	1.0	17
2007	5	JZB03	6.8	1.9	18
2007	5	JZB04	5.8	2.5	17

（续）

年份	月份	站位	水深（m）	透明度（m）	水色（号）
2007	5	JZB05	16.7	3.8	16
2007	5	JZB06	3.7	2.1	17
2007	5	JZB07	12.4	3.5	16
2007	5	JZB08	5.8	3.0	15
2007	5	JZB09	38.0	4.2	15
2007	5	JZB10	18.2	4.0	16
2007	5	JZB12	28.0	5.0	16
2007	5	JZB13	15.0	3.5	16
2007	8	JZB01	3.7	1.0	18
2007	8	JZB02	4.2	1.2	18
2007	8	JZB03	6.9	1.3	17
2007	8	JZB04	4.8	0.9	18
2007	8	JZB05	15.0	1.0	18
2007	8	JZB06	5.5	1.0	19
2007	8	JZB07	9.6	1.1	18
2007	8	JZB08	6.4	1.5	17
2007	8	JZB09	36.0	1.8	17
2007	8	JZB10	16.8	3.0	16
2007	8	JZB12	26.3	2.0	16
2007	11	JZB01	3.5	1.8	18
2007	11	JZB02	3.3	1.8	17
2007	11	JZB03	7.7	1.8	17
2007	11	JZB04	5.0	2.3	17
2007	11	JZB05	14.9	2.2	16
2007	11	JZB06	5.8	2.0	16
2007	11	JZB07	10.0	1.3	18
2007	11	JZB08	4.8	2.0	17
2007	11	JZB09	37.0	2.1	17
2007	11	JZB10	16.0	1.8	17
2007	11	JZB12	27.0	1.4	18
2007	11	JZB13	12.0	1.7	17
2008	2	JZB01	3.0	0.8	17
2008	2	JZB02	4.8	0.8	19
2008	2	JZB03	7.8	0.7	18
2008	2	JZB04	4.6	1.0	17

（续）

年份	月份	站位	水深（m）	透明度（m）	水色（号）
2008	2	JZB05	16.0	1.5	17
2008	2	JZB06	4.7	0.9	17
2008	2	JZB07	14.0	1.1	18
2008	2	JZB08	7.0	0.8	17
2008	2	JZB09	36.7	1.0	17
2008	2	JZB10	15.0	1.2	17
2008	2	JZB12	28.7	1.3	17
2008	2	JZB13	12.0	1.4	17
2008	5	JZB01	2.8	1.3	17
2008	5	JZB02	5.0	0.9	18
2008	5	JZB03	9.0	1.5	18
2008	5	JZB04	4.2	1.5	17
2008	5	JZB05	14.7	2.1	17
2008	5	JZB06	3.7	1.8	17
2008	5	JZB07	13.0	1.5	17
2008	5	JZB08	7.5	1.0	17
2008	5	JZB09	35.0	2.0	17
2008	5	JZB10	16.5	2.5	16
2008	5	JZB12	28.5	2.0	16
2008	8	JZB01	4.6	1.5	18
2008	8	JZB02	5.8	1.2	18
2008	8	JZB03	8.9	0.9	19
2008	8	JZB04	5.7	2.0	17
2008	8	JZB05	16.0	1.4	18
2008	8	JZB06	5.6	1.2	18
2008	8	JZB07	10.2	0.9	18
2008	8	JZB08	6.5	1.4	17
2008	8	JZB09	37.0	1.6	17
2008	8	JZB10	17.0	2.2	17
2008	8	JZB12	26.0	2.2	16
2008	11	JZB01	2.0	1.0	18
2008	11	JZB02	3.7	2.1	17
2008	11	JZB03	7.0	2.5	18
2008	11	JZB04	1.9	0.8	18
2008	11	JZB05	13.2	2.0	17

（续）

年份	月份	站位	水深（m）	透明度（m）	水色（号）
2008	11	JZB06	5.0	1.4	18
2008	11	JZB07	9.0	2.0	16
2008	11	JZB08	5.3	1.8	17
2008	11	JZB09	40.0	2.5	17
2008	11	JZB10	15.3	1.5	17
2008	11	JZB12	28.0	2.1	17
2008	11	JZB13	16.0	1.2	17
2009	2	JZB01	2.8	2.5	17
2009	2	JZB02	5.0	1.8	18
2009	2	JZB03	8.0	1.7	18
2009	2	JZB04	5.0	2.1	17
2009	2	JZB05	15.9	2.2	17
2009	2	JZB06	4.9	2.1	17
2009	2	JZB07	10.6	1.0	18
2009	2	JZB08	5.4	1.4	18
2009	2	JZB09	38.6	1.9	17
2009	2	JZB10	17.7	1.8	17
2009	2	JZB12	27.8	2.0	17
2009	2	JZB13	14.0	1.8	17
2009	5	JZB01	2.0	1.5	17
2009	5	JZB02	5.0	2.5	17
2009	5	JZB03	8.8	1.5	18
2009	5	JZB04	4.1	4.0	17
2009	5	JZB05	14.6	5.5	17
2009	5	JZB06	6.1	2.5	17
2009	5	JZB07	10.2	4.2	17
2009	5	JZB08	5.3	2.8	17
2009	5	JZB09	37.1	4.5	17
2009	5	JZB10	16.0	3.5	17
2009	5	JZB12	26.0	4.0	17
2009	5	JZB13	12.5	3.1	17
2009	8	JZB01	3.7	1.8	17
2009	8	JZB02	4.5	1.9	17
2009	8	JZB03	7.2	2.1	17
2009	8	JZB04	5.2	1.8	17

（续）

年份	月份	站位	水深（m）	透明度（m）	水色（号）
2009	8	JZB05	14.4	2.5	17
2009	8	JZB06	4.0	1.7	17
2009	8	JZB07	10.5	1.7	17
2009	8	JZB08	5.5	3.0	17
2009	8	JZB09	37.5	3.9	17
2009	8	JZB10	17.2	3.5	17
2009	8	JZB12	25.5	4.4	17
2009	8	JZB13	12.7	3.9	17
2009	11	JZB01	1.2	0.3	19
2009	11	JZB02	2.6	0.7	18
2009	11	JZB03	6.9	0.9	18
2009	11	JZB04	3.1	0.8	18
2009	11	JZB05	14.5	1.0	18
2009	11	JZB06	4.5	0.7	18
2009	11	JZB07	9.5	0.7	18
2009	11	JZB08	5.0	1.0	18
2009	11	JZB09	36.1	0.9	18
2009	11	JZB10	14.5	0.7	18
2009	11	JZB12	25.3	0.9	18
2009	11	JZB13	12.5	0.8	18
2010	2	JZB01	2.0	1.6	19
2010	2	JZB02	3.7	1.2	20
2010	2	JZB03	7.0	2.0	19
2010	2	JZB04	3.4	1.2	19
2010	2	JZB05	16.0	1.9	17
2010	2	JZB06	4.0	1.8	18
2010	2	JZB07	11.0	2.2	17
2010	2	JZB08	7.0	2.2	17
2010	2	JZB09	39.0	2.3	17
2010	2	JZB10	17.0	1.5	17
2010	2	JZB12	28.0	2.2	17
2010	2	JZB13	14.0	2.5	17
2010	5	JZB01	2.8	0.5	20
2010	5	JZB02	3.4	1.0	19
2010	5	JZB03	7.3	0.9	20

（续）

年份	月份	站位	水深（m）	透明度（m）	水色（号）
2010	5	JZB04	3.0	0.9	19
2010	5	JZB05	14.0	1.9	18
2010	5	JZB06	4.6	1.4	19
2010	5	JZB07	12.0	0.8	19
2010	5	JZB08	4.8	1.1	18
2010	5	JZB09	37.0	1.8	18
2010	5	JZB10	15.0	1.1	18
2010	5	JZB12	23.0	1.9	18
2010	5	JZB13	12.0	1.9	18
2010	8	JZB01	2.4	0.5	
2010	8	JZB02	4.2	0.5	
2010	8	JZB03	8.6	0.9	
2010	8	JZB04	3.3	1.2	
2010	8	JZB05	13.1	1.1	
2010	8	JZB06	3.5	1.4	
2010	8	JZB07	15.0	1.5	
2010	8	JZB08	5.9	1.5	
2010	8	JZB09	36.5	1.5	
2010	8	JZB10	16.0	1.2	
2010	8	JZB12	25.6	1.7	
2010	8	JZB13	13.8	1.1	
2010	11	JZB01	2.5	1.5	13
2010	11	JZB02	5.0	1.6	14
2010	11	JZB03	8.6	1.5	13
2010	11	JZB04	4.4	1.4	12
2010	11	JZB05	14.4	1.7	13
2010	11	JZB06	5.6	1.9	12
2010	11	JZB07	11.0	1.6	14
2010	11	JZB08	4.6	1.9	14
2010	11	JZB09	27.6	2.0	14
2010	11	JZB10	16.0	1.9	15
2010	11	JZB12	20.0	1.5	13
2010	11	JZB13	13.8	1.5	13
2011	2	JZB01	1.9	1.0	12
2011	2	JZB02	2.8	1.9	15

（续）

年份	月份	站位	水深（m）	透明度（m）	水色（号）
2011	2	JZB03	6.4	1.0	17
2011	2	JZB04	3.2	0.9	19
2011	2	JZB05	14.3	2.5	15
2011	2	JZB06	3.2	2.7	16
2011	2	JZB07	13.0	2.5	15
2011	2	JZB08	7.2	2.4	12
2011	2	JZB09	30.8	4.0	8
2011	2	JZB10	15.7	3.5	8
2011	2	JZB12	27.9	4.8	6
2011	2	JZB13	8.6	3.2	8
2011	5	JZB01	4.0	1.2	15
2011	5	JZB02	5.5	1.5	16
2011	5	JZB03	9.3	1.5	16
2011	5	JZB04	5.7	1.0	15
2011	5	JZB05	14.3	1.9	14
2011	5	JZB06	5.8	2.5	15
2011	5	JZB07	10.3	1.5	15
2011	5	JZB08	10.7	0.9	15
2011	5	JZB09	25.1	2.5	15
2011	5	JZB10	17.4	1.9	15
2011	5	JZB12	24.8	2.5	15
2011	5	JZB13	14.0	2.3	14
2011	8	JZB01	4.0	1.2	13
2011	8	JZB02	4.0	1.1	14
2011	8	JZB03	7.3	1.0	16
2011	8	JZB04	4.8	1.1	16
2011	8	JZB05	15.8	1.2	16
2011	8	JZB06	4.6	1.5	16
2011	8	JZB07	14.6	1.9	9
2011	8	JZB08	7.0	1.6	9
2011	8	JZB09	34.0	2.0	8
2011	8	JZB10	16.0	2.7	9
2011	8	JZB12	25.0	1.7	10
2011	8	JZB13	12.9	1.6	13
2011	11	JZB01	2.6	1.9	15

（续）

年份	月份	站位	水深（m）	透明度（m）	水色（号）
2011	11	JZB02	3.2	2.9	15
2011	11	JZB03	7.5	2.8	15
2011	11	JZB04	2.8	1.9	15
2011	11	JZB05	13.0	3.8	16
2011	11	JZB06	4.8	3.6	16
2011	11	JZB07	12.4	2.8	16
2011	11	JZB08	10.0	2.5	15
2011	11	JZB09	20.0	3.0	15
2011	11	JZB10	14.6	2.0	14
2011	11	JZB12	22.0	2.6	15
2011	11	JZB13	12.0	1.8	14
2012	2	JZB01	3.4	1.0	17
2012	2	JZB02	4.7	2.0	15
2012	2	JZB03	7.6	1.8	16
2012	2	JZB04	5.5	1.1	18
2012	2	JZB05	14.2	1.6	17
2012	2	JZB06	4.2	1.6	16
2012	2	JZB07	14.0	1.5	15
2012	2	JZB08	6.2	2.0	15
2012	2	JZB09	28.0	1.7	15
2012	2	JZB10	17.9	1.7	16
2012	2	JZB12	28.0	1.4	17
2012	2	JZB13	15.5	1.5	16
2012	5	JZB01	2.8	1.8	17
2012	5	JZB02	3.7	1.5	17
2012	5	JZB03	6.4	2.8	16
2012	5	JZB04	5.8	3.5	15
2012	5	JZB05	16.0	3.1	15
2012	5	JZB06	5.0	2.5	16
2012	5	JZB07	11.4	3.9	15
2012	5	JZB08	7.4	3.5	15
2012	5	JZB09	28.0	2.9	15
2012	5	JZB10	15.4	4.0	15
2012	5	JZB12	26.8	3.9	15
2012	5	JZB13	14.0	4.4	16

（续）

年份	月份	站位	水深（m）	透明度（m）	水色（号）
2012	8	JZB01	3.5	1.0	15
2012	8	JZB02	2.0	1.0	15
2012	8	JZB03	7.0	1.0	14
2012	8	JZB04	3.5	0.9	15
2012	8	JZB05	16.7	2.5	15
2012	8	JZB06	4.7	2.0	14
2012	8	JZB07	12.0	2.5	15
2012	8	JZB08	7.7	3.0	14
2012	8	JZB09	22.0	4.0	14
2012	8	JZB10	22.0	4.0	14
2012	8	JZB12	26.8	4.0	14
2012	8	JZB13	13.0	4.5	13
2012	11	JZB01	2.0	1.0	16
2012	11	JZB02	3.5	1.0	16
2012	11	JZB03	7.4	1.0	16
2012	11	JZB04	2.8	0.8	17
2012	11	JZB05	13.0	0.9	16
2012	11	JZB06	5.6	0.9	17
2012	11	JZB07	11.9	1.0	15
2012	11	JZB08	5.0	1.5	16
2012	11	JZB09	25.0	1.3	15
2012	11	JZB10	14.0	1.2	15
2012	11	JZB12	22.0	1.1	15
2012	11	JZB13	12.0	1.0	15
2013	2	JZB01	3.4	0.9	18
2013	2	JZB02	5.0	1.0	18
2013	2	JZB03	8.5	1.8	16
2013	2	JZB04	5.0	0.9	18
2013	2	JZB05	15.0	1.2	16
2013	2	JZB06	6.3	1.5	16
2013	2	JZB07	10.0	1.0	17
2013	2	JZB08	5.0	1.1	16
2013	2	JZB09	33.0	1.0	16
2013	2	JZB10	16.0	1.3	16
2013	2	JZB12	27.0	1.0	17

（续）

年份	月份	站位	水深（m）	透明度（m）	水色（号）
2013	2	JZB13	14.0	1.5	15
2013	5	JZB01	4.0	1.7	16
2013	5	JZB02	5.0	1.9	16
2013	5	JZB03	8.5	1.6	15
2013	5	JZB04	4.8	1.2	16
2013	5	JZB05	15.6	3.5	16
2013	5	JZB06	6.0	1.9	15
2013	5	JZB07	12.0	2.0	16
2013	5	JZB08	7.5	4.0	15
2013	5	JZB09	28.0	4.0	15
2013	5	JZB10	17.0	4.0	15
2013	5	JZB12	32.0	4.0	15
2013	5	JZB13	14.0	4.5	15
2013	8	JZB01	3.9	2.8	15
2013	8	JZB02	5.0	2.2	15
2013	8	JZB03	8.0	1.8	16
2013	8	JZB04	5.6	1.0	16
2013	8	JZB05	16.7	3.0	15
2013	8	JZB06	4.0	2.5	15
2013	8	JZB07	13.4	2.0	15
2013	8	JZB08	8.0	2.5	15
2013	8	JZB09	29.0	2.8	15
2013	8	JZB10	15.0	5.0	14
2013	8	JZB12	22.0	3.5	16
2013	8	JZB13	9.0	3.0	15
2013	11	JZB01	3.3	1.8	15
2013	11	JZB02	4.0	1.8	15
2013	11	JZB03	6.6	1.2	16
2013	11	JZB04	4.5	2.0	15
2013	11	JZB05	16.0	1.5	15
2013	11	JZB06	4.0	1.2	16
2013	11	JZB07	11.7	1.2	16
2013	11	JZB08	7.0	1.0	15
2013	11	JZB09	28.0	1.5	16

（续）

年份	月份	站位	水深（m）	透明度（m）	水色（号）
2013	11	JZB10	16.0	1.7	16
2013	11	JZB12	23.0	1.9	16
2013	11	JZB13	11.0	1.5	16
2014	2	JZB01	2.0	1.5	15
2014	2	JZB02	3.0	2.8	15
2014	2	JZB03	5.8	2.1	15
2014	2	JZB04	3.5	1.1	15
2014	2	JZB05	15.7	1.2	15
2014	2	JZB06	4.0	2.5	15
2014	2	JZB07	11.0	1.2	16
2014	2	JZB08	6.7	1.5	15
2014	2	JZB09	27.0	2.0	15
2014	2	JZB10	15.0	2.2	16
2014	2	JZB12	23.8	2.5	16
2014	2	JZB13	12.0	2.2	16
2014	5	JZB01	4.4	1.2	16
2014	5	JZB02	5.5	1.0	16
2014	5	JZB03	7.7	1.2	16
2014	5	JZB04	5.4	1.2	16
2014	5	JZB05	16.0	3.5	14
2014	5	JZB06	5.8	2.0	15
2014	5	JZB07	9.0	2.5	15
2014	5	JZB08	5.5	2.5	15
2014	5	JZB09	26.0	2.5	15
2014	5	JZB10	15.0	2.0	15
2014	5	JZB12	26.0	2.0	15
2014	5	JZB13	12.0	3.5	14
2014	8	JZB01	2.8	2.0	15
2014	8	JZB02	4.5	1.6	15
2014	8	JZB03	8.3	2.0	15
2014	8	JZB04	4.6	2.1	15
2014	8	JZB05	15.7	2.5	16
2014	8	JZB06	6.4	3.0	15

（续）

年份	月份	站位	水深（m）	透明度（m）	水色（号）
2014	8	JZB07	9.6	3.0	14
2014	8	JZB08	7.6	2.8	15
2014	8	JZB09	31.0	2.8	14
2014	8	JZB10	16.0	3.0	15
2014	8	JZB12	25.0	3.5	15
2014	8	JZB13	12.9	2.3	15
2014	11	JZB01	2.0	1.0	15
2014	11	JZB02	5.4	1.5	15
2014	11	JZB03	7.5	1.1	16
2014	11	JZB04	4.0	1.5	16
2014	11	JZB05	13.6	1.8	15
2014	11	JZB06	5.4	1.8	15
2014	11	JZB07	12.6	1.2	17
2014	11	JZB08	4.8	1.8	16
2014	11	JZB09	26.6	1.5	17
2014	11	JZB10	16.0	1.5	17
2014	11	JZB12	24.3	1.3	17
2014	11	JZB13	13.4	1.3	17
2015	2	JZB01	2.6	1.8	15
2015	2	JZB02	5.0	2.8	16
2015	2	JZB03	8.6	3.0	16
2015	2	JZB04	4.6	0.8	21
2015	2	JZB05	14.8	5.0	16
2015	2	JZB06	5.8	3.0	16
2015	2	JZB07	11.0	3.0	15
2015	2	JZB08	4.2	3.2	15
2015	2	JZB09	27.0	3.5	15
2015	2	JZB10	16.0	4.0	15
2015	2	JZB12	25.5	4.0	15
2015	2	JZB13	11.0	4.5	16
2015	5	JZB01	3.4	2.5	15
2015	5	JZB02	5.2	1.0	16
2015	5	JZB03	8.2	1.2	16

（续）

年份	月份	站位	水深（m）	透明度（m）	水色（号）
2015	5	JZB04	5.8	2.5	15
2015	5	JZB05	14.9	2.2	15
2015	5	JZB06	6.4	3.5	15
2015	5	JZB07	15.0	2.5	16
2015	5	JZB08	12.0	1.2	16
2015	5	JZB09	31.0	3.0	15
2015	5	JZB10	15.0	3.0	15
2015	5	JZB12	26.0	3.0	15
2015	5	JZB13	12.0	3.5	15
2015	8	JZB01	4.4	1.2	17
2015	8	JZB02	4.0	1.0	16
2015	8	JZB03	7.6	0.8	17
2015	8	JZB04	5.2	1.5	16
2015	8	JZB05	17.0	2.0	15
2015	8	JZB06	5.4	2.0	16
2015	8	JZB07	11.0	2.0	16
2015	8	JZB08	6.4	2.5	16
2015	8	JZB09	26.0	3.0	15
2015	8	JZB10	16.8	2.5	15
2015	8	JZB12	29.6	2.5	16
2015	8	JZB13	12.0	2.0	16
2015	11	JZB01	2.3	1.0	18
2015	11	JZB02	2.8	1.0	18
2015	11	JZB03	6.0	1.8	17
2015	11	JZB04	2.9	1.2	18
2015	11	JZB05	15.0	1.8	17
2015	11	JZB06	4.0	1.8	17
2015	11	JZB07	11.0	1.0	18
2015	11	JZB08	5.4	1.8	17
2015	11	JZB09	25.0	1.8	17
2015	11	JZB10	14.0	1.2	18
2015	11	JZB12	20.0	1.5	17
2015	11	JZB13	10.0	1.5	18

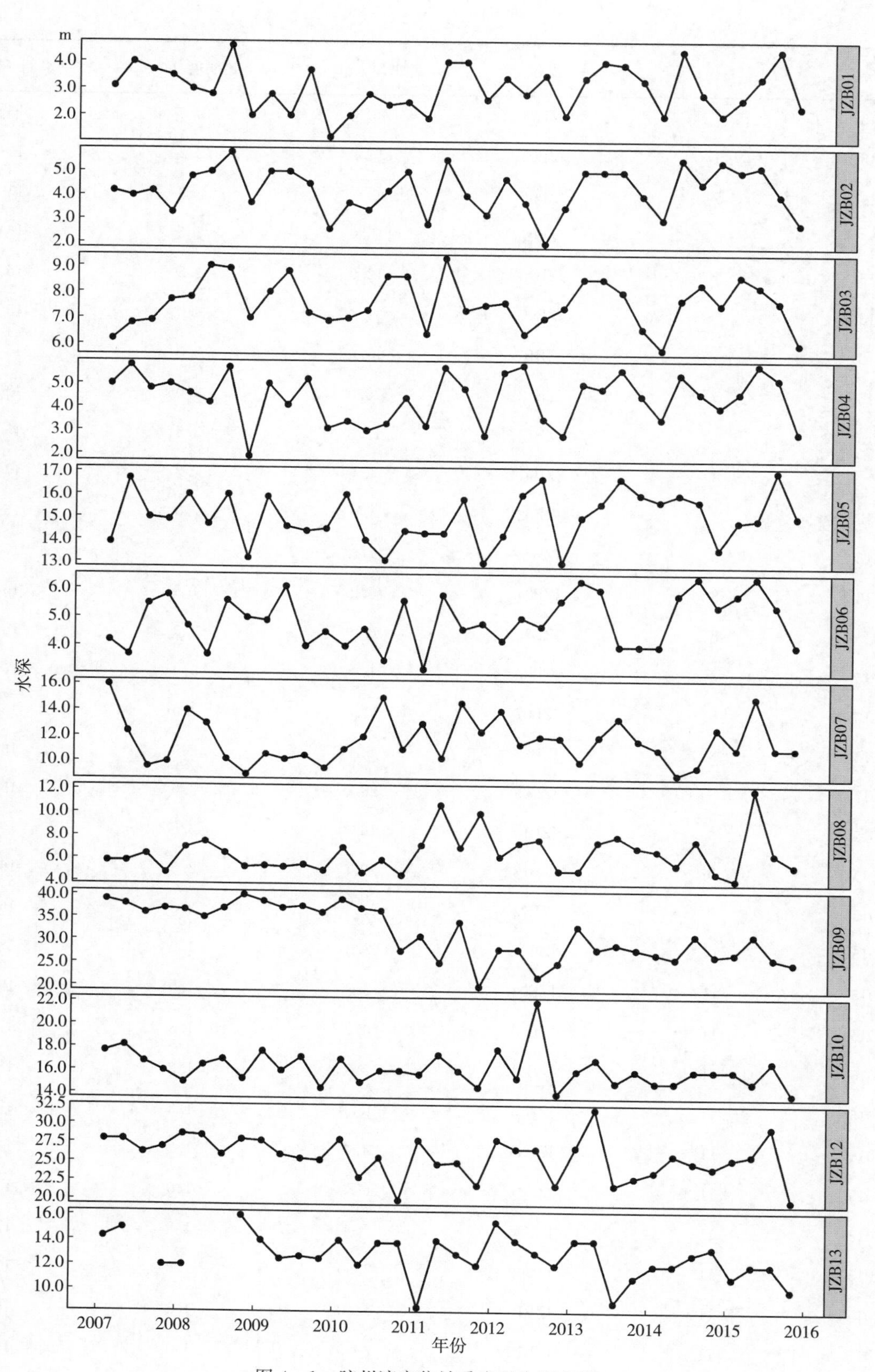

图 4-1 胶州湾定位站季度月水深变化

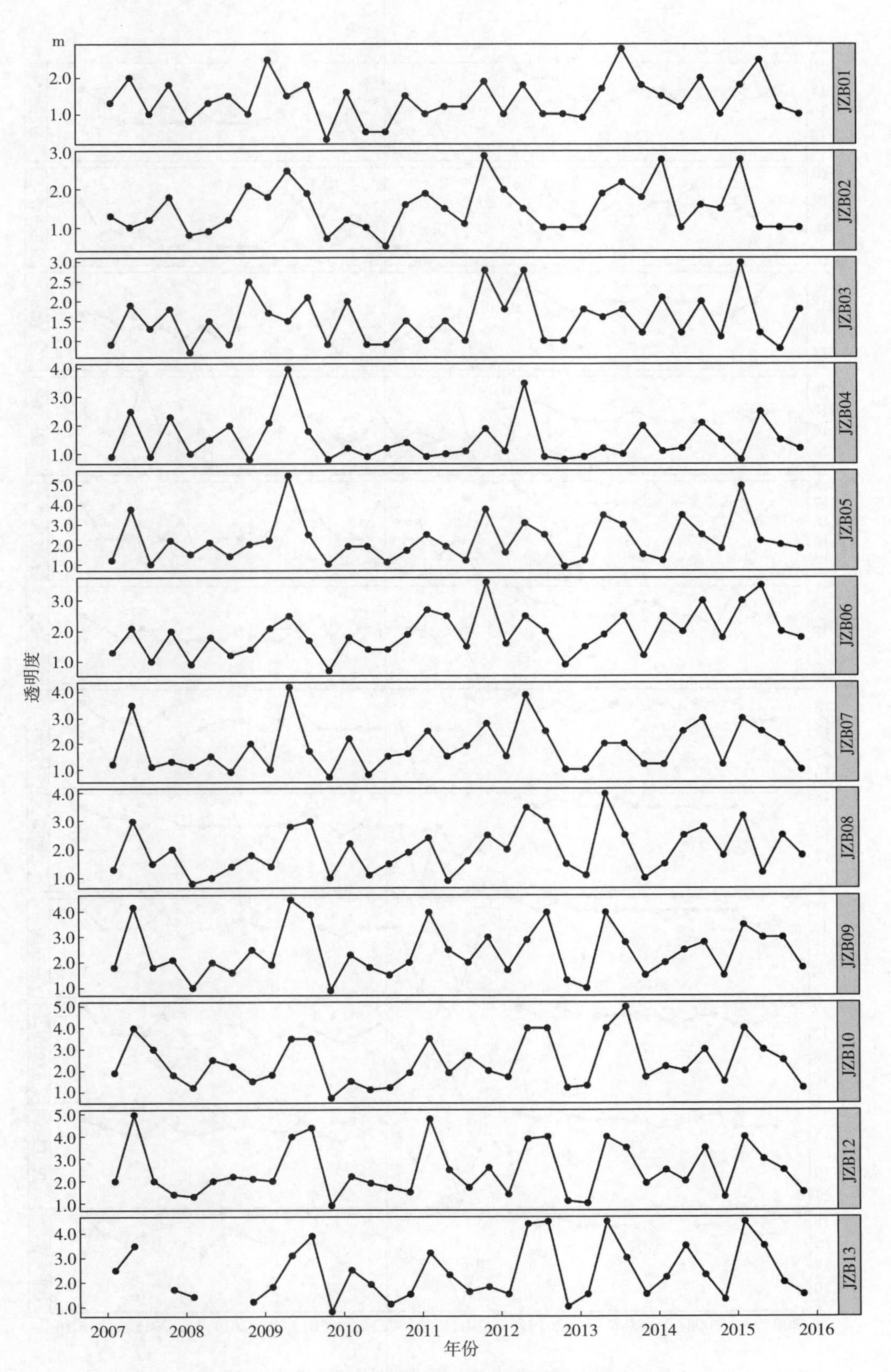

图 4-2　胶州湾定位站季度月透明度变化

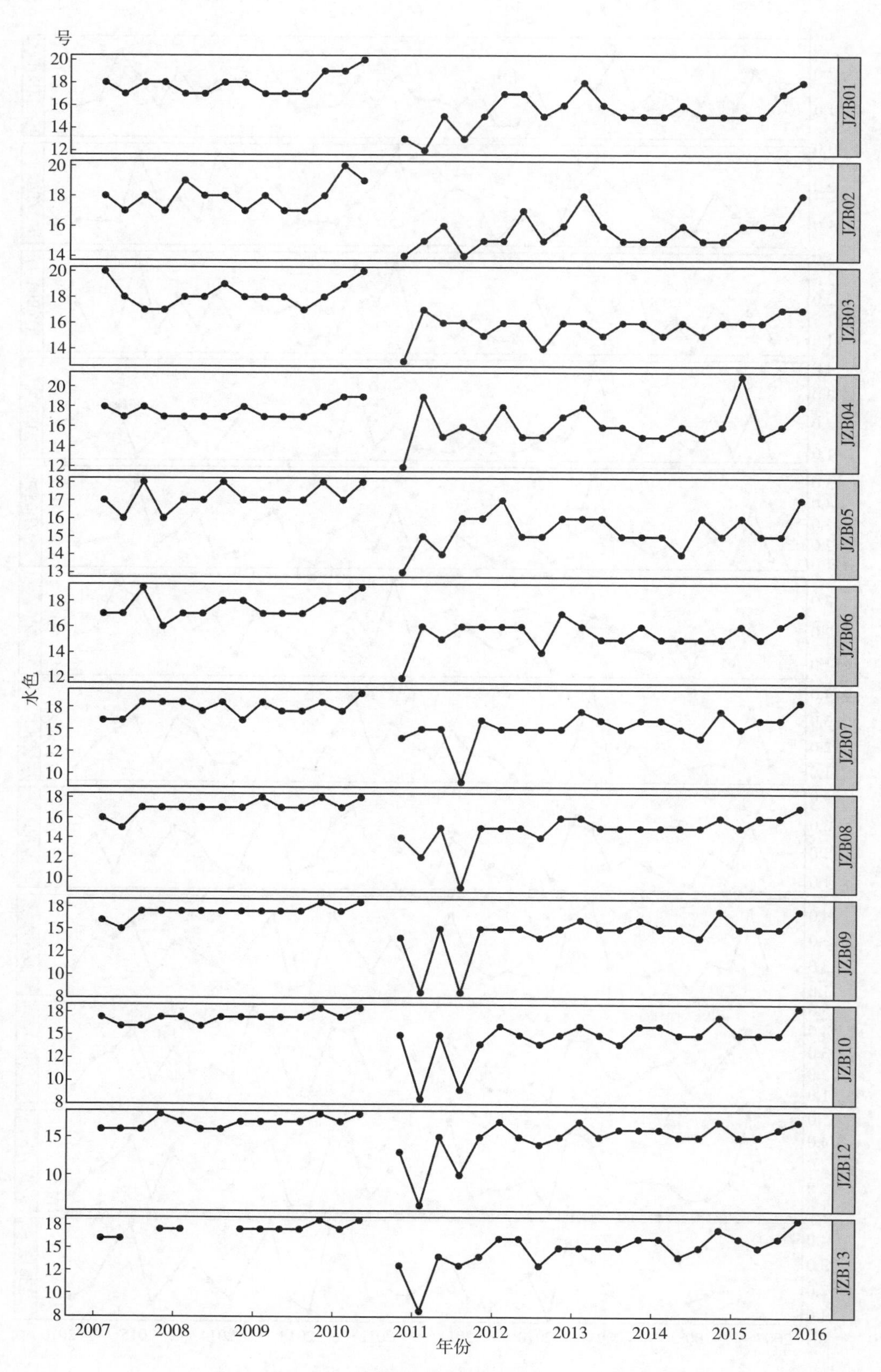

图 4-3　胶州湾定位站季度月水色变化

表4-2 定位站年际水深、透明度及水色数据集

年份	站位	水深（m）	透明度（m）	水色（号）
2007	JZB01	3.6	1.5	18
2007	JZB02	3.9	1.3	18
2007	JZB03	6.9	1.5	18
2007	JZB04	5.2	1.7	18
2007	JZB05	15.1	2.1	17
2007	JZB06	4.8	1.6	17
2007	JZB07	12.0	1.8	17
2007	JZB08	5.7	2.0	16
2007	JZB09	37.5	2.5	16
2007	JZB10	17.2	2.7	17
2007	JZB12	27.3	2.6	17
2007	JZB13			
2008	JZB01	3.1	1.2	18
2008	JZB02	4.8	1.3	18
2008	JZB03	8.2	1.4	18
2008	JZB04	4.1	1.3	17
2008	JZB05	15.0	1.8	17
2008	JZB06	4.8	1.3	18
2008	JZB07	11.6	1.4	17
2008	JZB08	6.6	1.3	17
2008	JZB09	37.2	1.8	17
2008	JZB10	16.0	1.9	17
2008	JZB12	27.8	1.9	17
2008	JZB13			
2009	JZB01	2.4	1.5	18
2009	JZB02	4.3	1.7	18
2009	JZB03	7.7	1.6	18
2009	JZB04	4.4	2.2	17
2009	JZB05	14.9	2.8	17
2009	JZB06	4.9	1.8	17
2009	JZB07	10.2	1.9	18
2009	JZB08	5.3	2.1	18
2009	JZB09	37.3	2.8	17

（续）

年份	站位	水深（m）	透明度（m）	水色（号）
2009	JZB10	16.4	2.4	17
2009	JZB12	26.2	2.8	17
2009	JZB13	12.9	2.4	17
2010	JZB01	2.4	1.0	
2010	JZB02	4.1	1.1	
2010	JZB03	7.9	1.3	
2010	JZB04	3.5	1.2	
2010	JZB05	14.4	1.7	
2010	JZB06	4.4	1.6	
2010	JZB07	12.3	1.5	
2010	JZB08	5.6	1.7	
2010	JZB09	35.0	1.9	
2010	JZB10	16.0	1.4	
2010	JZB12	24.2	1.8	
2010	JZB13	13.4	1.8	
2011	JZB01	3.1	1.3	14
2011	JZB02	3.9	1.9	15
2011	JZB03	7.6	1.6	16
2011	JZB04	4.1	1.2	16
2011	JZB05	14.4	2.4	15
2011	JZB06	4.6	2.6	16
2011	JZB07	12.6	2.2	14
2011	JZB08	8.7	1.9	13
2011	JZB09	27.5	2.9	12
2011	JZB10	15.9	2.5	12
2011	JZB12	24.9	2.9	12
2011	JZB13	11.9	2.2	12
2012	JZB01	2.9	1.2	16
2012	JZB02	3.5	1.4	16
2012	JZB03	7.1	1.7	16
2012	JZB04	4.4	1.6	16
2012	JZB05	15.0	2.0	16
2012	JZB06	4.9	1.8	16
2012	JZB07	12.3	2.2	15
2012	JZB08	6.6	2.5	15

（续）

年份	站位	水深（m）	透明度（m）	水色（号）
2012	JZB09	25.8	2.5	15
2012	JZB10	17.3	2.7	15
2012	JZB12	25.9	2.6	15
2012	JZB13	13.6	2.9	15
2013	JZB01	3.7	1.8	16
2013	JZB02	4.8	1.7	16
2013	JZB03	7.9	1.6	16
2013	JZB04	5.0	1.3	16
2013	JZB05	15.8	2.3	16
2013	JZB06	5.1	1.8	16
2013	JZB07	11.8	1.6	16
2013	JZB08	6.9	2.2	15
2013	JZB09	29.5	2.3	16
2013	JZB10	16.0	3.0	15
2013	JZB12	26.0	2.6	16
2013	JZB13	12.0	2.6	15
2014	JZB01	2.8	1.4	15
2014	JZB02	4.6	1.7	15
2014	JZB03	7.3	1.6	16
2014	JZB04	4.4	1.5	16
2014	JZB05	15.3	2.3	15
2014	JZB06	5.4	2.3	15
2014	JZB07	10.6	2.0	16
2014	JZB08	6.2	2.2	15
2014	JZB09	27.7	2.2	15
2014	JZB10	15.5	2.2	16
2014	JZB12	24.8	2.3	16
2014	JZB13	12.6	2.3	16
2015	JZB01	3.2	1.6	16
2015	JZB02	4.3	1.5	17
2015	JZB03	7.6	1.7	17
2015	JZB04	4.6	1.5	18
2015	JZB05	15.4	2.8	16
2015	JZB06	5.4	2.6	16
2015	JZB07	12.0	2.1	16

（续）

年份	站位	水深（m）	透明度（m）	水色（号）
2015	JZB08	7.0	2.2	16
2015	JZB09	27.3	2.8	16
2015	JZB10	15.5	2.7	16
2015	JZB12	25.3	2.8	16
2015	JZB13	11.3	2.9	16

4.2 水温盐度数据集

4.2.1 概述

海水温度和盐度是水体的重要物理参数，水温度量水体的冷热程度，盐度为1kg海水中所含盐分的总克数。海水温度和盐度监测是认识环境和利用海洋资源的基础，在对海洋的探索和相关科学问题的研究中有着至关重要的意义。

水温盐度数据集基于2007—2015年胶州湾生态站在12个定位监测站对这两项指标长期观测的数据整理形成。数据的质控和前处理过程同4.1。选取表层和底层数据，整理统计形成两个数据表，为“定位站季度水温盐度数据集”和“定位站年际水温盐度数据集”。

4.2.2 数据采集和处理方法

本数据集监测指标均为原位现场观测数据。航次信息见4.1.2部分，指标依据海洋调查规范（中华人民共和国国家质量监督检验检疫总局，2007b）中CTD法进行观测。2007年11月之前使用的仪器为英国CTGMiniPack210型CTD，之后采用日本Alec AAQ1183-1F型CTD。观测实施人员为两人，一人操控电脑，另外一人负责下方CTD，速度控制在1 m/s以内，存储的数据用于后续处理。选取标准层邻近点水温、盐度数据上报CERN中心。

数据的质控和前处理过程同4.1。选取表层和底层数据整理形成“定位站季度水温盐度数据集”，进行年际统计，指标均取其平均值，形成“定位站年际水温盐度数据集”，表中统计数据项均需站位在一年内有4次有效数据。对表层指标的季度变化进行分站位绘制形成图形数据。

4.2.3 数据质量控制和评估

数据的质量控制在监测人员方面的要求同4.1.3。CTD仪器每年经专业公司进行校矫。原始数据进行各种集成、转换、格式统一，并上报CERN水体分中心进行进一步的检查和反馈。

3sigma检验采用R自动程序完成，未通过验证的值要查阅仪器原始记录，同时进行邻近站点一致性检验，与邻近站点不一致的确定为异常值，进行删除操作。水温盐度数据集各项指标没有异常值。JZB13号站在2007年8月、2008年5月和2008年8月由于帆船赛禁止船只入内，故未进行观测。

4.2.4 数据价值与数据获取方式

与4.1.4部分相同。

4.2.5 数据

数据包括图形数据和表格数据，图形数据如图4-4、图4-5所示，表格数据如表4-3、表4-4所示。

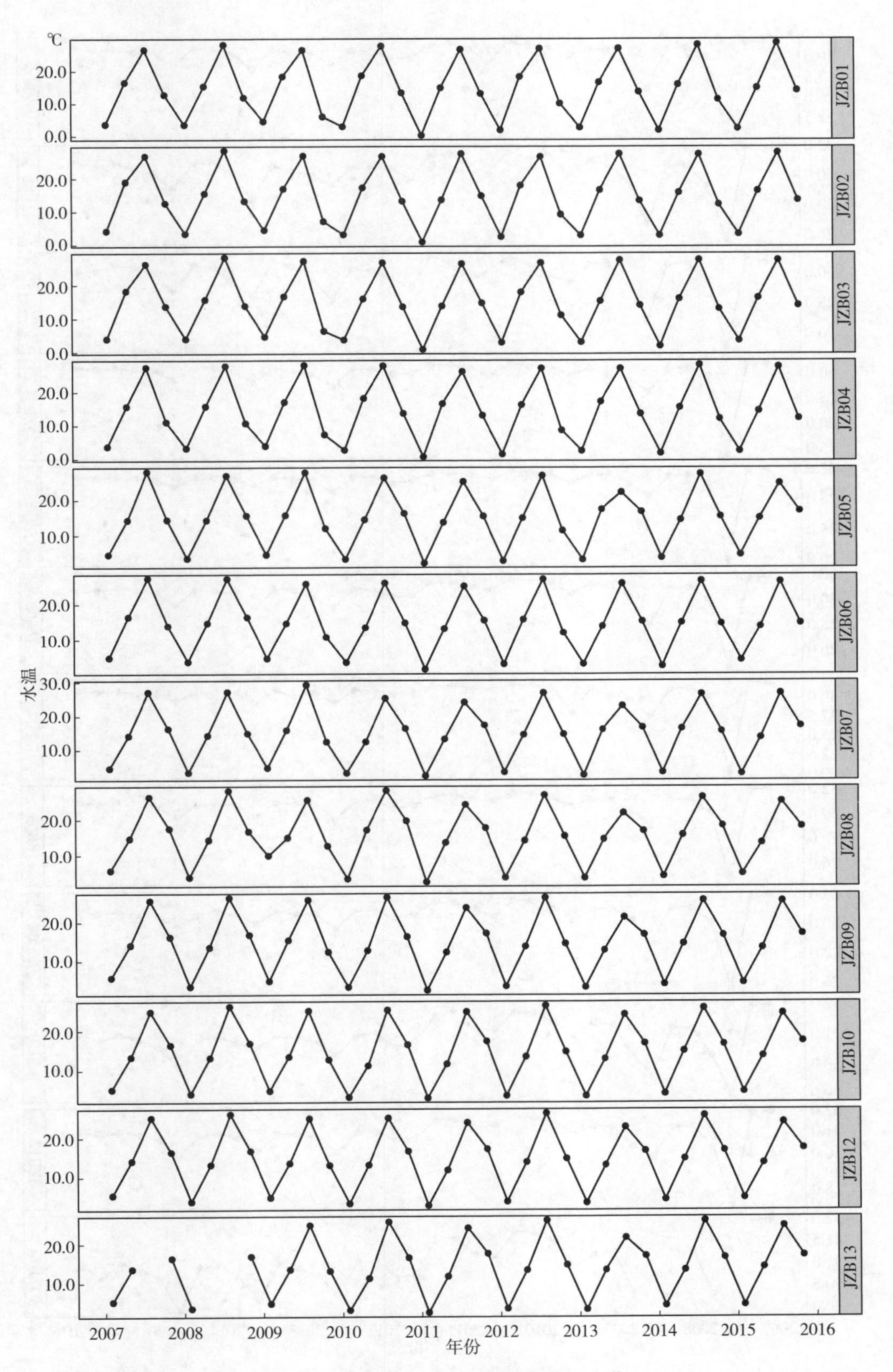

图 4-4　胶州湾定位站季度表层水温变化

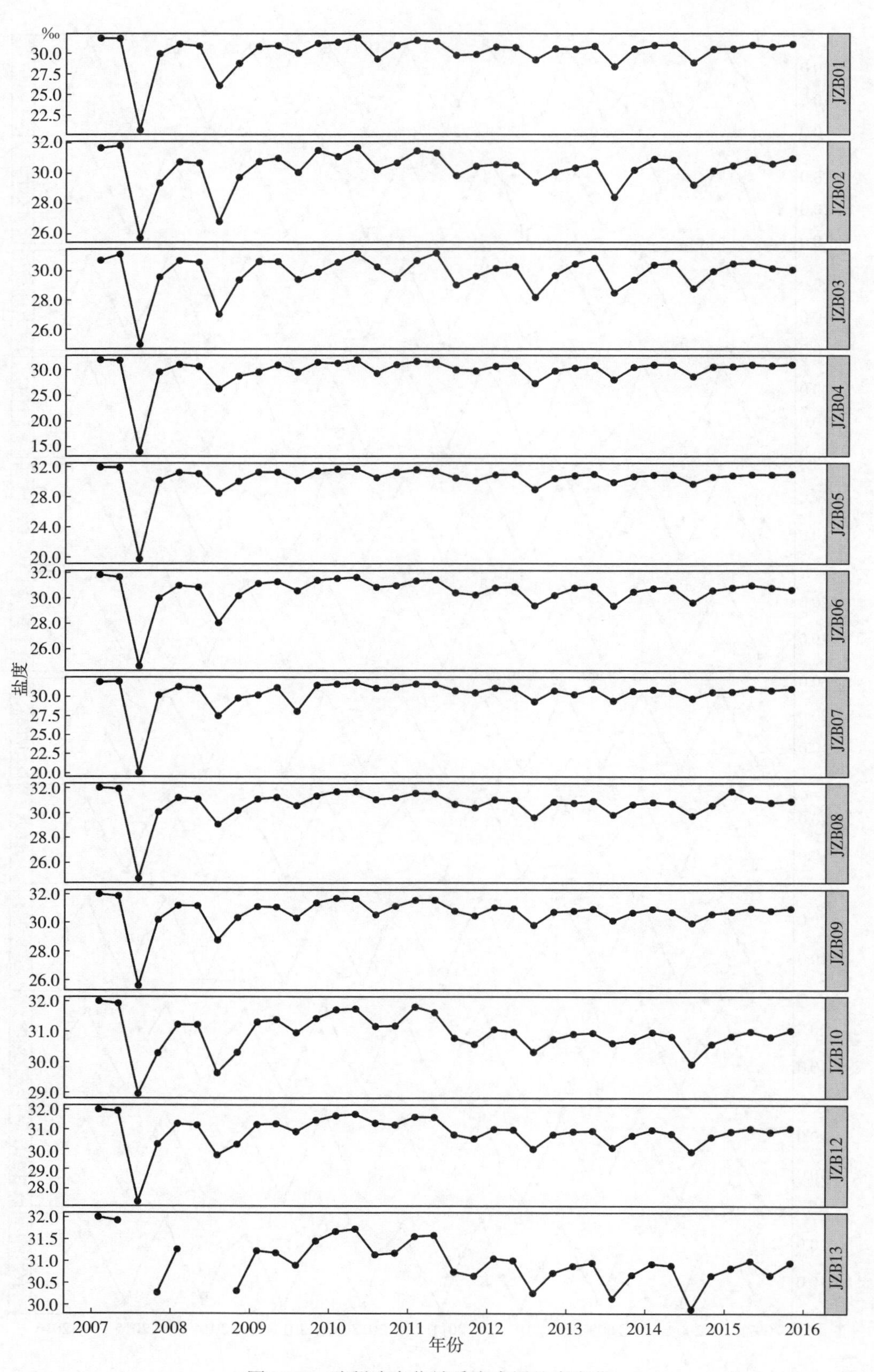

图 4-5 胶州湾定位站季度表层盐度变化

表 4-3　定位站季度水温盐度数据集

年份	月份	站位	表层水温（℃）	底层水温（℃）	表层盐度（‰）	底层盐度（‰）
2007	2	JZB01	3.7		31.8	
2007	2	JZB02	4.3		31.7	
2007	2	JZB03	4.1	3.7	30.7	31.0
2007	2	JZB04	3.8		31.9	
2007	2	JZB05	4.6	4.4	31.9	32.0
2007	2	JZB06	4.9		31.8	
2007	2	JZB07	4.7	4.4	31.8	32.0
2007	2	JZB08	5.7		32.0	
2007	2	JZB09	5.8	5.1	32.0	32.0
2007	2	JZB10	5.2	5.2	32.0	32.0
2007	2	JZB12	5.4	5.2	32.0	32.0
2007	2	JZB13	5.4	5.2	32.0	32.0
2007	5	JZB01	16.5		31.8	
2007	5	JZB02	18.9		31.8	
2007	5	JZB03	18.3	17.4	31.2	31.2
2007	5	JZB04	15.7		31.8	
2007	5	JZB05	14.3	14.0	31.9	31.9
2007	5	JZB06	16.5		31.6	
2007	5	JZB07	14.1	14.0	31.9	31.9
2007	5	JZB08	14.7		31.9	
2007	5	JZB09	14.1	13.3	31.9	31.9
2007	5	JZB10	13.5	13.0	31.9	31.8
2007	5	JZB12	14.2	12.8	31.9	31.9
2007	5	JZB13	13.6	13.2	31.9	31.9
2007	8	JZB01	26.5		20.7	
2007	8	JZB02	26.6		25.8	
2007	8	JZB03	26.1	25.5	25.0	27.1
2007	8	JZB04	27.4		14.0	
2007	8	JZB05	28.0	24.7	19.7	28.1
2007	8	JZB06	27.2		24.7	
2007	8	JZB07	27.0	26.0	20.2	25.6
2007	8	JZB08	26.4	24.7	24.7	27.4
2007	8	JZB09	25.6	24.7	25.7	28.1

（续）

年份	月份	站位	表层水温（℃）	底层水温（℃）	表层盐度（‰）	底层盐度（‰）
2007	8	JZB10	24.8	24.2	29.0	29.2
2007	8	JZB12	25.2	24.4	27.4	29.1
2007	11	JZB01	12.7		29.9	
2007	11	JZB02	12.5		29.4	
2007	11	JZB03	13.7	13.8	29.6	29.7
2007	11	JZB04	11.1		29.5	
2007	11	JZB05	14.4	14.4	30.2	30.2
2007	11	JZB06	13.9		30.0	
2007	11	JZB07	16.2	16.2	30.2	30.2
2007	11	JZB08	17.4		30.1	
2007	11	JZB09	16.2	16.2	30.2	30.2
2007	11	JZB10	16.4	16.4	30.3	30.3
2007	11	JZB12	16.5	16.4	30.3	30.3
2007	11	JZB13	16.3	16.3	30.3	30.3
2008	2	JZB01	3.5		31.1	
2008	2	JZB02	3.4		30.7	
2008	2	JZB03	4.1	3.2	30.7	30.9
2008	2	JZB04	3.3		31.0	
2008	2	JZB05	3.5	3.3	31.2	31.2
2008	2	JZB06	3.8		31.0	
2008	2	JZB07	3.5	3.4	31.2	31.2
2008	2	JZB08	3.8	3.7	31.2	31.2
2008	2	JZB09	3.5	3.4	31.2	31.2
2008	2	JZB10	4.1	3.3	31.2	31.3
2008	2	JZB12	3.8	3.4	31.3	31.3
2008	2	JZB13	3.7	3.4	31.3	31.3
2008	5	JZB01	15.3		30.9	
2008	5	JZB02	15.4		30.7	
2008	5	JZB03	15.7	15.1	30.6	30.6
2008	5	JZB04	15.8		30.6	
2008	5	JZB05	14.3	14.0	31.0	31.1
2008	5	JZB06	14.7		30.8	
2008	5	JZB07	14.2	13.4	31.0	31.2

（续）

年份	月份	站位	表层水温（℃）	底层水温（℃）	表层盐度（‰）	底层盐度（‰）
2008	5	JZB08	14.3	13.7	31.1	31.1
2008	5	JZB09	13.6	12.9	31.2	31.2
2008	5	JZB10	13.3	12.7	31.2	31.3
2008	5	JZB12	13.3	12.7	31.2	31.3
2008	8	JZB01	27.9		26.1	
2008	8	JZB02	28.3		26.8	
2008	8	JZB03	28.2	26.2	27.0	28.4
2008	8	JZB04	27.8		26.3	
2008	8	JZB05	26.9	25.0	28.5	29.8
2008	8	JZB06	27.0		28.0	
2008	8	JZB07	27.0	25.7	27.5	28.9
2008	8	JZB08	28.2	25.8	29.1	29.2
2008	8	JZB09	26.3		28.8	
2008	8	JZB10	26.1	22.6	29.6	30.4
2008	8	JZB12	26.1	22.7	29.7	30.4
2008	11	JZB01	11.8		28.8	
2008	11	JZB02	13.2		29.7	
2008	11	JZB03	13.9	13.8	29.4	29.4
2008	11	JZB04	10.7		28.8	
2008	11	JZB05	15.6	15.4	30.1	30.1
2008	11	JZB06	16.4		30.2	
2008	11	JZB07	14.8	14.9	29.8	29.8
2008	11	JZB08	16.6		30.2	
2008	11	JZB09	16.8	16.8	30.4	30.5
2008	11	JZB10	16.9	16.9	30.3	30.4
2008	11	JZB12	16.8	16.6	30.3	30.3
2008	11	JZB13	16.8	16.8	30.3	30.3
2009	2	JZB01	4.5		30.8	
2009	2	JZB02	4.5		30.8	
2009	2	JZB03	4.7	4.4	30.7	30.9
2009	2	JZB04	4.0		29.6	
2009	2	JZB05	4.5	4.7	31.3	31.1
2009	2	JZB06	4.7		31.1	

（续）

年份	月份	站位	表层水温（℃）	底层水温（℃）	表层盐度（‰）	底层盐度（‰）
2009	2	JZB07	4.8	4.7	30.2	31.0
2009	2	JZB08	9.8		31.1	
2009	2	JZB09	4.9	4.8	31.1	31.2
2009	2	JZB10	4.9	4.7	31.3	31.2
2009	2	JZB12	4.8	4.8	31.2	31.3
2009	2	JZB13	4.9	4.8	31.2	31.2
2009	5	JZB01	18.3		30.9	
2009	5	JZB02	16.8		31.0	
2009	5	JZB03	16.6	15.2	30.6	31.0
2009	5	JZB04	17.1		30.9	
2009	5	JZB05	15.7	13.7	31.3	31.3
2009	5	JZB06	14.6	14.5	31.3	31.2
2009	5	JZB07	15.8	14.3	31.1	31.2
2009	5	JZB08	14.9		31.2	
2009	5	JZB09	15.4	13.7	31.1	31.3
2009	5	JZB10	13.5	13.1	31.4	31.4
2009	5	JZB12	13.6	13.2	31.3	31.4
2009	5	JZB13	13.4	13.2	31.2	31.4
2009	8	JZB01	26.3		30.0	
2009	8	JZB02	26.7		30.1	
2009	8	JZB03	27.1	25.1	29.4	30.3
2009	8	JZB04	28.1		29.5	
2009	8	JZB05	27.7	24.6	30.1	30.8
2009	8	JZB06	25.6		30.6	
2009	8	JZB07	29.1	25.2	28.1	30.6
2009	8	JZB08	25.5		30.6	
2009	8	JZB09	25.8	24.8	30.3	30.8
2009	8	JZB10	25.0	24.2	31.0	31.0
2009	8	JZB12	25.0	24.6	30.9	31.0
2009	8	JZB13	24.7	24.5	30.9	31.0
2009	11	JZB01	6.0		31.2	
2009	11	JZB02	7.1		31.5	
2009	11	JZB03	6.3	6.6	29.9	30.2

（续）

年份	月份	站位	表层水温（℃）	底层水温（℃）	表层盐度（‰）	底层盐度（‰）
2009	11	JZB04	7.3		31.4	
2009	11	JZB05	12.0	10.5	31.4	31.4
2009	11	JZB06	10.7		31.4	
2009	11	JZB07	12.3	12.3	31.4	31.4
2009	11	JZB08	12.5		31.3	
2009	11	JZB09	12.3	11.9	31.4	31.3
2009	11	JZB10	12.7	12.8	31.4	31.4
2009	11	JZB12	13.1	13.0	31.5	31.5
2009	11	JZB13	13.1	13.1	31.5	31.5
2010	2	JZB01	3.0		31.3	
2010	2	JZB02	3.1		31.1	
2010	2	JZB03	3.8	3.3	30.6	31.4
2010	2	JZB04	2.7		31.3	
2010	2	JZB05	3.3	3.2	31.6	31.7
2010	2	JZB06	3.6		31.5	
2010	2	JZB07	3.3	3.2	31.6	31.7
2010	2	JZB08	3.3	3.2	31.7	31.7
2010	2	JZB09	3.3	3.2	31.7	31.7
2010	2	JZB10	3.3	3.1	31.7	31.7
2010	2	JZB12	3.3		31.7	
2010	2	JZB13	3.2	3.2	31.7	31.7
2010	5	JZB01	18.5		31.8	
2010	5	JZB02	17.1		31.7	
2010	5	JZB03	15.9	14.7	31.2	31.4
2010	5	JZB04	18.1		31.9	
2010	5	JZB05	14.4	12.5	31.7	31.7
2010	5	JZB06	13.4		31.6	
2010	5	JZB07	12.3	12.2	31.8	31.7
2010	5	JZB08	17.0		31.7	
2010	5	JZB09	12.7	11.6	31.7	31.7
2010	5	JZB10	11.2	11.2	31.7	31.7
2010	5	JZB12	13.2	10.9	31.8	31.7
2010	5	JZB13	11.2	11.2	31.7	31.7

（续）

年份	月份	站位	表层水温（℃）	底层水温（℃）	表层盐度（‰）	底层盐度（‰）
2010	8	JZB01	27.5		29.3	
2010	8	JZB02	26.5		30.2	
2010	8	JZB03	26.6	25.8	30.3	30.8
2010	8	JZB04	27.9		29.3	
2010	8	JZB05	26.2	25.3	30.5	31.0
2010	8	JZB06	25.8		30.9	
2010	8	JZB07	25.2	25.0	31.0	31.1
2010	8	JZB08	28.3		31.1	
2010	8	JZB09	26.4	24.7	30.6	31.2
2010	8	JZB10	25.2	24.6	31.2	31.2
2010	8	JZB12	25.1	24.7	31.3	31.2
2010	8	JZB13	25.6	24.8	31.1	31.2
2010	11	JZB01	13.3		30.9	
2010	11	JZB02	13.1		30.7	
2010	11	JZB03	13.6	13.7	29.5	30.6
2010	11	JZB04	13.7		31.0	
2010	11	JZB05	16.2	14.9	31.2	31.1
2010	11	JZB06	14.8		31.0	
2010	11	JZB07	16.3	15.9	31.2	31.1
2010	11	JZB08	19.6		31.2	
2010	11	JZB09	16.3	16.4	31.2	31.2
2010	11	JZB10	16.5	16.4	31.2	31.2
2010	11	JZB12	16.7	16.5	31.2	31.2
2010	11	JZB13	16.4	16.4	31.2	31.2
2011	2	JZB01	0.3		31.5	
2011	2	JZB02	0.9		31.5	
2011	2	JZB03	0.9	0.9	30.7	30.7
2011	2	JZB04	0.7		31.6	
2011	2	JZB05	2.1	1.9	31.6	31.6
2011	2	JZB06	1.7		31.3	
2011	2	JZB07	2.5	2.4	31.6	31.6
2011	2	JZB08	2.4	2.3	31.6	31.6
2011	2	JZB09	2.5	2.4	31.6	31.6

（续）

年份	月份	站位	表层水温（℃）	底层水温（℃）	表层盐度（‰）	底层盐度（‰）
2011	2	JZB10	3.0	2.5	31.8	31.6
2011	2	JZB12	2.8	2.5	31.6	31.6
2011	2	JZB13	2.6	2.3	31.6	31.6
2011	5	JZB01	14.8		31.4	
2011	5	JZB02	13.5		31.3	
2011	5	JZB03	13.8	13.5	31.2	31.3
2011	5	JZB04	16.5		31.5	
2011	5	JZB05	13.6	13.0	31.4	31.5
2011	5	JZB06	13.1		31.4	
2011	5	JZB07	13.1	13.0	31.5	31.5
2011	5	JZB08	13.5	13.2	31.5	31.5
2011	5	JZB09	12.3	11.8	31.6	31.6
2011	5	JZB10	11.6	11.6	31.6	31.6
2011	5	JZB12	11.8	11.7	31.6	31.6
2011	5	JZB13	11.7	11.7	31.6	31.6
2011	8	JZB01	26.5		29.8	
2011	8	JZB02	27.3		29.8	
2011	8	JZB03	26.2	25.3	29.0	30.3
2011	8	JZB04	26.1		30.0	
2011	8	JZB05	25.1	23.6	30.5	30.8
2011	8	JZB06	25.0		30.4	
2011	8	JZB07	24.0	23.4	30.7	30.7
2011	8	JZB08	24.2	23.6	30.7	30.7
2011	8	JZB09	23.7	23.3	30.8	30.8
2011	8	JZB10	24.7	23.1	30.8	30.8
2011	8	JZB12	24.0	23.2	30.7	30.8
2011	8	JZB13	24.0	23.1	30.8	30.8
2011	11	JZB01	13.0		29.9	
2011	11	JZB02	14.7		30.5	
2011	11	JZB03	14.7	14.7	29.6	29.7
2011	11	JZB04	13.1		29.8	
2011	11	JZB05	15.4	16.1	30.1	30.4
2011	11	JZB06	15.5		30.3	

（续）

年份	月份	站位	表层水温（℃）	底层水温（℃）	表层盐度（‰）	底层盐度（‰）
2011	11	JZB07	17.2	17.2	30.5	30.4
2011	11	JZB08	17.5	17.0	30.4	30.4
2011	11	JZB09	17.1	17.2	30.5	30.5
2011	11	JZB10	17.4	17.4	30.6	30.6
2011	11	JZB12	17.2	17.2	30.5	30.6
2011	11	JZB13	17.5	17.3	30.7	30.6
2012	2	JZB01	1.9		30.7	
2012	2	JZB02	2.5		30.6	
2012	2	JZB03	3.0	2.9	30.2	30.7
2012	2	JZB04	1.5		30.6	
2012	2	JZB05	2.8	2.7	30.9	30.9
2012	2	JZB06	3.1		30.8	
2012	2	JZB07	3.6	3.6	31.1	31.1
2012	2	JZB08	3.6	3.6	31.1	31.1
2012	2	JZB09	3.6	3.5	31.1	31.0
2012	2	JZB10	3.6	3.6	31.1	31.1
2012	2	JZB12	3.8	3.6	31.0	31.1
2012	2	JZB13	3.6	3.6	31.1	31.1
2012	5	JZB01	18.2		30.7	
2012	5	JZB02	17.8		30.5	
2012	5	JZB03	17.9	16.7	30.3	30.6
2012	5	JZB04	16.2		30.8	
2012	5	JZB05	14.9	13.6	31.0	31.0
2012	5	JZB06	15.7		30.9	
2012	5	JZB07	14.4	13.9	31.0	31.0
2012	5	JZB08	14.0	14.0	31.0	31.0
2012	5	JZB09	13.7	13.4	31.0	31.0
2012	5	JZB10	13.5	13.0	31.0	30.8
2012	5	JZB12	13.9	13.6	31.0	31.0
2012	5	JZB13	13.3	13.0	31.0	31.0
2012	8	JZB01	26.8		29.2	
2012	8	JZB02	26.5		29.4	
2012	8	JZB03	26.5	26.2	28.2	29.3

（续）

年份	月份	站位	表层水温（℃）	底层水温（℃）	表层盐度（‰）	底层盐度（‰）
2012	8	JZB04	27.1		27.4	
2012	8	JZB05	26.8	26.1	28.9	30.1
2012	8	JZB06	26.9		29.4	
2012	8	JZB07	26.7	26.2	29.3	30.0
2012	8	JZB08	26.9	26.3	29.6	29.7
2012	8	JZB09	26.4	26.1	29.8	29.9
2012	8	JZB10	26.3	26.2	30.3	30.4
2012	8	JZB12	26.3	26.1	30.0	30.2
2012	8	JZB13	26.0	26.0	30.3	30.3
2012	11	JZB01	10.0		30.5	
2012	11	JZB02	9.1		30.1	
2012	11	JZB03	11.0	11.7	29.7	30.3
2012	11	JZB04	8.6		29.7	
2012	11	JZB05	11.4	11.1	30.4	30.4
2012	11	JZB06	12.0		30.2	
2012	11	JZB07	14.6	14.5	30.7	30.7
2012	11	JZB08	15.3		30.9	
2012	11	JZB09	14.5	14.4	30.7	30.7
2012	11	JZB10	14.8	14.6	30.7	30.7
2012	11	JZB12	14.8	14.9	30.7	30.8
2012	11	JZB13	14.6	14.6	30.7	30.7
2013	2	JZB01	2.7		30.5	
2013	2	JZB02	2.9		30.3	
2013	2	JZB03	3.1	3.0	30.5	30.6
2013	2	JZB04	2.5		30.3	
2013	2	JZB05	3.2	3.2	30.8	30.8
2013	2	JZB06	3.2	3.1	30.8	30.8
2013	2	JZB07	2.7	2.9	30.2	30.6
2013	2	JZB08	3.6		30.8	
2013	2	JZB09	3.3	3.3	30.8	30.8
2013	2	JZB10	3.6	3.5	30.9	30.9
2013	2	JZB12	3.5	3.4	30.9	30.9
2013	2	JZB13	3.4	3.3	30.9	30.9

（续）

年份	月份	站位	表层水温（℃）	底层水温（℃）	表层盐度（‰）	底层盐度（‰）
2013	5	JZB01	16.5		30.8	
2013	5	JZB02	16.4		30.6	
2013	5	JZB03	15.3	14.5	30.9	30.9
2013	5	JZB04	17.2		30.9	
2013	5	JZB05	17.3	12.9	31.0	30.9
2013	5	JZB06	13.8		30.9	
2013	5	JZB07	15.9	13.5	30.9	31.0
2013	5	JZB08	14.4	12.7	30.9	30.9
2013	5	JZB09	12.8	12.1	31.0	31.0
2013	5	JZB10	12.9	12.6	30.9	30.9
2013	5	JZB12	13.1	12.8	30.9	30.9
2013	5	JZB13	13.3	12.7	31.0	30.9
2013	8	JZB01	26.8		28.4	
2013	8	JZB02	27.3		28.4	
2013	8	JZB03	27.3	24.5	28.5	29.1
2013	8	JZB04	27.0		28.1	
2013	8	JZB05	22.1	21.1	29.9	30.0
2013	8	JZB06	25.7		29.4	
2013	8	JZB07	23.0	21.3	29.4	29.9
2013	8	JZB08	21.8	21.5	29.8	29.9
2013	8	JZB09	21.3	20.6	30.1	30.2
2013	8	JZB10	24.1	19.8	30.6	30.5
2013	8	JZB12	22.8	21.3	30.1	30.3
2013	8	JZB13	21.5	20.8	30.1	30.3
2013	11	JZB01	13.6		30.5	
2013	11	JZB02	13.2		30.2	
2013	11	JZB03	14.0	14.2	29.4	30.1
2013	11	JZB04	13.5		30.5	
2013	11	JZB05	16.7	16.4	30.6	30.6
2013	11	JZB06	15.2		30.5	
2013	11	JZB07	16.6	16.5	30.7	30.7
2013	11	JZB08	16.7	16.7	30.7	30.7
2013	11	JZB09	16.8	16.7	30.7	30.7

（续）

年份	月份	站位	表层水温（℃）	底层水温（℃）	表层盐度（‰）	底层盐度（‰）
2013	11	JZB10	16.9	16.8	30.7	30.7
2013	11	JZB12	16.8	16.7	30.7	30.7
2013	11	JZB13	16.9	16.7	30.7	30.7
2014	2	JZB01	1.9		30.9	
2014	2	JZB02	2.9		30.9	
2014	2	JZB03	1.9		30.4	
2014	2	JZB04	1.8		31.0	
2014	2	JZB05	3.7	3.0	30.9	30.8
2014	2	JZB06	2.6		30.7	
2014	2	JZB07	3.5	3.5	30.8	30.8
2014	2	JZB08	4.1	3.7	30.9	30.8
2014	2	JZB09	4.1	4.0	31.0	30.9
2014	2	JZB10	4.1	4.1	31.0	31.0
2014	2	JZB12	4.3	4.3	31.0	31.0
2014	2	JZB13	4.4	4.3	30.9	31.0
2014	5	JZB01	15.8		31.0	
2014	5	JZB02	15.7		30.8	
2014	5	JZB03	16.0	15.6	30.5	30.7
2014	5	JZB04	15.4		31.0	
2014	5	JZB05	14.4	13.8	30.9	30.9
2014	5	JZB06	14.9		30.8	
2014	5	JZB07	16.3	15.3	30.7	30.7
2014	5	JZB08	15.6		30.7	
2014	5	JZB09	14.5	14.2	30.7	30.8
2014	5	JZB10	15.0	14.1	30.8	30.8
2014	5	JZB12	14.8	14.1	30.8	30.8
2014	5	JZB13	13.3	13.2	30.9	30.9
2014	8	JZB01	27.9		28.8	
2014	8	JZB02	27.2		29.2	
2014	8	JZB03	27.4	26.3	28.8	29.4
2014	8	JZB04	28.1		28.7	
2014	8	JZB05	27.3	25.6	29.7	29.9
2014	8	JZB06	26.4	25.9	29.6	29.7

（续）

年份	月份	站位	表层水温（℃）	底层水温（℃）	表层盐度（‰）	底层盐度（‰）
2014	8	JZB07	26.4	25.9	29.7	29.8
2014	8	JZB08	26.3	25.8	29.7	29.8
2014	8	JZB09	25.7	25.4	30.0	30.0
2014	8	JZB10	25.7	25.3	29.9	29.9
2014	8	JZB12	25.8	24.5	29.9	30.0
2014	8	JZB13	25.9	25.5	29.9	29.9
2014	11	JZB01	11.3		30.5	
2014	11	JZB02	12.2		30.2	
2014	11	JZB03	13.0	13.3	30.0	30.2
2014	11	JZB04	12.0		30.5	
2014	11	JZB05	15.3	15.0	30.6	30.5
2014	11	JZB06	14.6		30.6	
2014	11	JZB07	15.5	15.3	30.5	30.5
2014	11	JZB08	18.2		30.6	
2014	11	JZB09	16.7	16.6	30.6	30.6
2014	11	JZB10	16.7	16.7	30.6	30.6
2014	11	JZB12	16.9	16.9	30.6	30.6
2014	11	JZB13	16.5	16.6	30.7	30.6
2015	2	JZB01	2.4		30.5	
2015	2	JZB02	3.3		30.5	
2015	2	JZB03	3.6	3.5	30.5	30.6
2015	2	JZB04	2.5		30.6	
2015	2	JZB05	4.6	4.3	30.8	30.8
2015	2	JZB06	4.3		30.8	
2015	2	JZB07	3.2	3.1	30.6	30.7
2015	2	JZB08	4.8		31.7	
2015	2	JZB09	4.5	4.4	30.7	30.8
2015	2	JZB10	4.7	4.6	30.8	30.9
2015	2	JZB12	4.8	4.7	30.9	30.9
2015	2	JZB13	4.6	4.5	30.8	30.8
2015	5	JZB01	14.8		31.0	
2015	5	JZB02	16.2		30.9	
2015	5	JZB03	16.3	16.2	30.5	30.8

（续）

年份	月份	站位	表层水温（℃）	底层水温（℃）	表层盐度（‰）	底层盐度（‰）
2015	5	JZB04	14.5		30.9	
2015	5	JZB05	14.9	14.0	30.9	31.0
2015	5	JZB06	13.8	13.8	31.0	31.0
2015	5	JZB07	13.6	13.4	31.0	31.0
2015	5	JZB08	13.4	12.9	31.0	31.0
2015	5	JZB09	13.4	13.1	31.0	31.0
2015	5	JZB10	13.7	13.5	31.0	31.0
2015	5	JZB12	13.7	13.1	31.0	31.0
2015	5	JZB13	14.1	13.4	31.0	31.0
2015	8	JZB01	28.5		30.7	
2015	8	JZB02	27.7		30.6	
2015	8	JZB03	27.4	26.3	30.2	30.6
2015	8	JZB04	27.6		30.8	
2015	8	JZB05	24.7	24.1	30.9	30.9
2015	8	JZB06	26.2		30.8	
2015	8	JZB07	26.6	25.4	30.7	30.8
2015	8	JZB08	25.2	24.3	30.8	30.9
2015	8	JZB09	25.5	24.4	30.8	30.8
2015	8	JZB10	24.4	23.1	30.8	30.9
2015	8	JZB12	24.1	23.2	30.9	30.9
2015	8	JZB13	24.6	24.0	30.7	30.9
2015	11	JZB01	14.0		31.1	
2015	11	JZB02	13.4		30.9	
2015	11	JZB03	14.0	14.0	30.1	30.1
2015	11	JZB04	12.2		31.0	
2015	11	JZB05	16.9	16.2	31.0	30.9
2015	11	JZB06	14.7		30.6	
2015	11	JZB07	17.0	17.0	31.0	30.9
2015	11	JZB08	18.0		30.9	
2015	11	JZB09	17.0	17.0	31.0	31.0
2015	11	JZB10	17.4	17.4	31.0	31.0
2015	11	JZB12	17.5	17.4	31.1	31.0
2015	11	JZB13	17.0	17.0	31.0	31.0

表 4-4 定位站年际水温盐度数据集

年份	站位	表层水温（℃）	底层水温（℃）	表层盐度（‰）	底层盐度（‰）
2007	JZB01	14.8		28.5	
2007	JZB02	15.6		29.6	
2007	JZB03	15.6	15.1	29.1	29.7
2007	JZB04	14.5		26.8	
2007	JZB05	15.3	14.4	28.4	30.5
2007	JZB06	15.6		29.5	
2007	JZB07	15.5	15.2	28.5	29.9
2007	JZB08	16.0		29.7	
2007	JZB09	15.4	14.8	29.9	30.6
2007	JZB10	15.0	14.7	30.8	30.8
2007	JZB12	15.3	14.7	30.4	30.8
2007	JZB13	11.8		31.4	
2008	JZB01	14.7		29.2	
2008	JZB02	15.1		29.5	
2008	JZB03	15.4	14.6	29.4	29.8
2008	JZB04	14.4		29.2	
2008	JZB05	15.1	14.4	30.2	30.6
2008	JZB06	15.5		30.0	
2008	JZB07	14.9	14.3	29.9	30.3
2008	JZB08	15.7		30.4	
2008	JZB09	15.0		30.4	
2008	JZB10	15.1	13.9	30.6	30.8
2008	JZB12	15.0	13.9	30.6	30.8
2008	JZB13	10.2		30.8	
2009	JZB01	13.8		30.7	
2009	JZB02	13.8		30.8	
2009	JZB03	13.7	12.8	30.2	30.6
2009	JZB04	14.1		30.4	
2009	JZB05	15.0	13.4	31.0	31.2
2009	JZB06	13.9		31.1	
2009	JZB07	15.5	14.1	30.2	31.0
2009	JZB08	15.7		31.1	
2009	JZB09	14.6	13.8	31.0	31.2

（续）

年份	站位	表层水温（℃）	底层水温（℃）	表层盐度（‰）	底层盐度（‰）
2009	JZB10	14.0	13.7	31.3	31.3
2009	JZB12	14.1	13.9	31.2	31.3
2009	JZB13	14.0	13.9	31.2	31.2
2010	JZB01	15.6		30.9	
2010	JZB02	15.0		30.9	
2010	JZB03	14.9	14.4	30.4	31.1
2010	JZB04	15.6		30.9	
2010	JZB05	15.0	13.9	31.3	31.4
2010	JZB06	14.4		31.2	
2010	JZB07	14.3	14.1	31.4	31.4
2010	JZB08	17.0		31.4	
2010	JZB09	14.7	14.0	31.3	31.4
2010	JZB10	14.0	13.8	31.4	31.5
2010	JZB12	14.6		31.5	
2010	JZB13	14.1	13.9	31.4	31.4
2011	JZB01	13.6		30.6	
2011	JZB02	14.1		30.8	
2011	JZB03	13.9	13.6	30.2	30.5
2011	JZB04	14.1		30.7	
2011	JZB05	14.1	13.6	30.9	31.1
2011	JZB06	13.8		30.9	
2011	JZB07	14.2	14.0	31.1	31.1
2011	JZB08	14.4		31.1	
2011	JZB09	13.9	13.7	31.1	31.1
2011	JZB10	14.2	13.7	31.2	31.2
2011	JZB12	14.0	13.7	31.1	31.1
2011	JZB13	13.9	13.6	31.1	31.1
2012	JZB01	14.2		30.3	
2012	JZB02	14.0		30.1	
2012	JZB03	14.6	14.4	29.6	30.2
2012	JZB04	13.4		29.6	
2012	JZB05	14.0	13.4	30.3	30.6
2012	JZB06	14.4		30.3	
2012	JZB07	14.8	14.5	30.5	30.7
2012	JZB08	15.0		30.6	
2012	JZB09	14.5	14.3	30.7	30.7
2012	JZB10	14.5	14.3	30.8	30.7
2012	JZB12	14.7	14.5	30.7	30.8

（续）

年份	站位	表层水温（℃）	底层水温（℃）	表层盐度（‰）	底层盐度（‰）
2012	JZB13	14.4	14.3	30.8	30.8
2013	JZB01	14.9		30.0	
2013	JZB02	15.0		29.9	
2013	JZB03	14.9	14.0	29.8	30.2
2013	JZB04	15.1		29.9	
2013	JZB05	14.8	13.4	30.6	30.6
2013	JZB06	14.5		30.4	
2013	JZB07	14.6	13.5	30.3	30.5
2013	JZB08	14.1		30.6	
2013	JZB09	13.5	13.2	30.7	30.7
2013	JZB10	14.4	13.2	30.8	30.8
2013	JZB12	14.1	13.6	30.6	30.7
2013	JZB13	13.8	13.4	30.7	30.7
2014	JZB01	14.2		30.3	
2014	JZB02	14.5		30.3	
2014	JZB03	14.6		29.9	
2014	JZB04	14.4		30.3	
2014	JZB05	15.2	14.3	30.5	30.5
2014	JZB06	14.6		30.4	
2014	JZB07	15.4	15.0	30.4	30.5
2014	JZB08	16.1		30.5	
2014	JZB09	15.2	15.1	30.6	30.6
2014	JZB10	15.4	15.0	30.6	30.6
2014	JZB12	15.5	15.0	30.6	30.6
2014	JZB13	15.0	14.9	30.6	30.6
2015	JZB01	14.9		30.8	
2015	JZB02	15.2		30.7	
2015	JZB03	15.3	15.0	30.3	30.5
2015	JZB04	14.2		30.8	
2015	JZB05	15.3	14.6	30.9	30.9
2015	JZB06	14.8		30.8	
2015	JZB07	15.1	14.7	30.8	30.8
2015	JZB08	15.3		31.1	
2015	JZB09	15.1	14.7	30.9	30.9
2015	JZB10	15.0	14.7	30.9	30.9
2015	JZB12	15.0	14.6	31.0	31.0
2015	JZB13	15.1	14.7	30.9	30.9

4.3 悬浮体含量数据集

4.3.1 概述

悬浮体是海水中的泥沙、生物残骸、粪便以及其他一切处于悬浮状态的颗粒物的总称，对海水性质、海洋动力、浮游生物繁殖和海底沉积等研究有重要意义。本数据集基于 2007—2015 年胶州湾生态站在 12 个定位监测站对悬浮体含量长期观测的数据整理形成。数据的质量控制和前处理过程同 4.2。整理统计形成两个数据表，为“定位站季度悬浮体含量数据集”和“定位站年际悬浮体含量数据集”。这些长期定点观测数据是胶州湾进行水动力模型、沉积过程以及生态系统演变规律等各项研究的基础数据。

4.3.2 数据采集和处理方法

悬浮体含量依据水域生态系统观测规范（中国生态系统研究网络科学委员会，2007）中悬浮物的质量法测定。航次信息见 4.1.2 部分，使用 Niskon 采水器进行分水层样品采集，采样水层按照水域生态系统观测规范（中国生态系统研究网络科学委员会，2007）进行，即采集表层（0 m），底层（实测水深−2 m）以及 10 m 的整数倍层（如：10 m、20 m 等），水深<5 m 的站位仅采集 0 m层。

数据的质量控制和前处理过程同 4.1。选取表层和底层数据整理形成“定位站季度悬浮体含量数据集”，进行年际统计，指标均取其平均值，形成“定位站年际悬浮体含量数据集”（本表中统计数据项需站位在一年内有 4 次有效数据）。对表层悬浮体含量的季度变化进行分站位绘制形成图形数据。

4.3.3 数据质量控制和评估

质量控制在监测人员方面的要求同 4.1.3 部分。取 1 L 水体用事先已称重的滤膜（GF/F，0.45 μm、47 mm）真空抽滤（负压<6×10^4Pa），每 10 个样品中选 2 个用双滤膜过滤作为滤膜的空白校正。过滤后的滤膜用烘箱在 40～50 ℃ 范围内烘干 6～8 h，然后放于硅胶干燥器内冷却6～8 h后称重，依据有关公式计算出海水悬浮体含量（单位为 mg/L）。对原始数据进行各种集成、转换、格式统一，并上报 CERN 水体分中心进行进一步的检查和反馈。

数据的质控和前处理过程同 4.1.3 部分。悬浮体含量数据集没有异常值。JZB13 号站在 2007 年 8 月、2008 年 5 月和 2008 年 8 月由于帆船赛禁止船只入内未进行采样。

4.3.4 数据价值与数据获取方式

依托该悬浮体含量数据集，可以开展水动力模型、悬浮体输运沉积过程、海洋无机元素的存在形式和地球化学转移过程等研究，也为遥感影像的信息解译和提取提供参考数据。其他数据获取方式同 4.1.4 部分。

4.3.5 数据

数据包括图形数据和表格数据，图形数据如图 4－6 所示，表格数据如表 4－5 和表 4－6 所示。

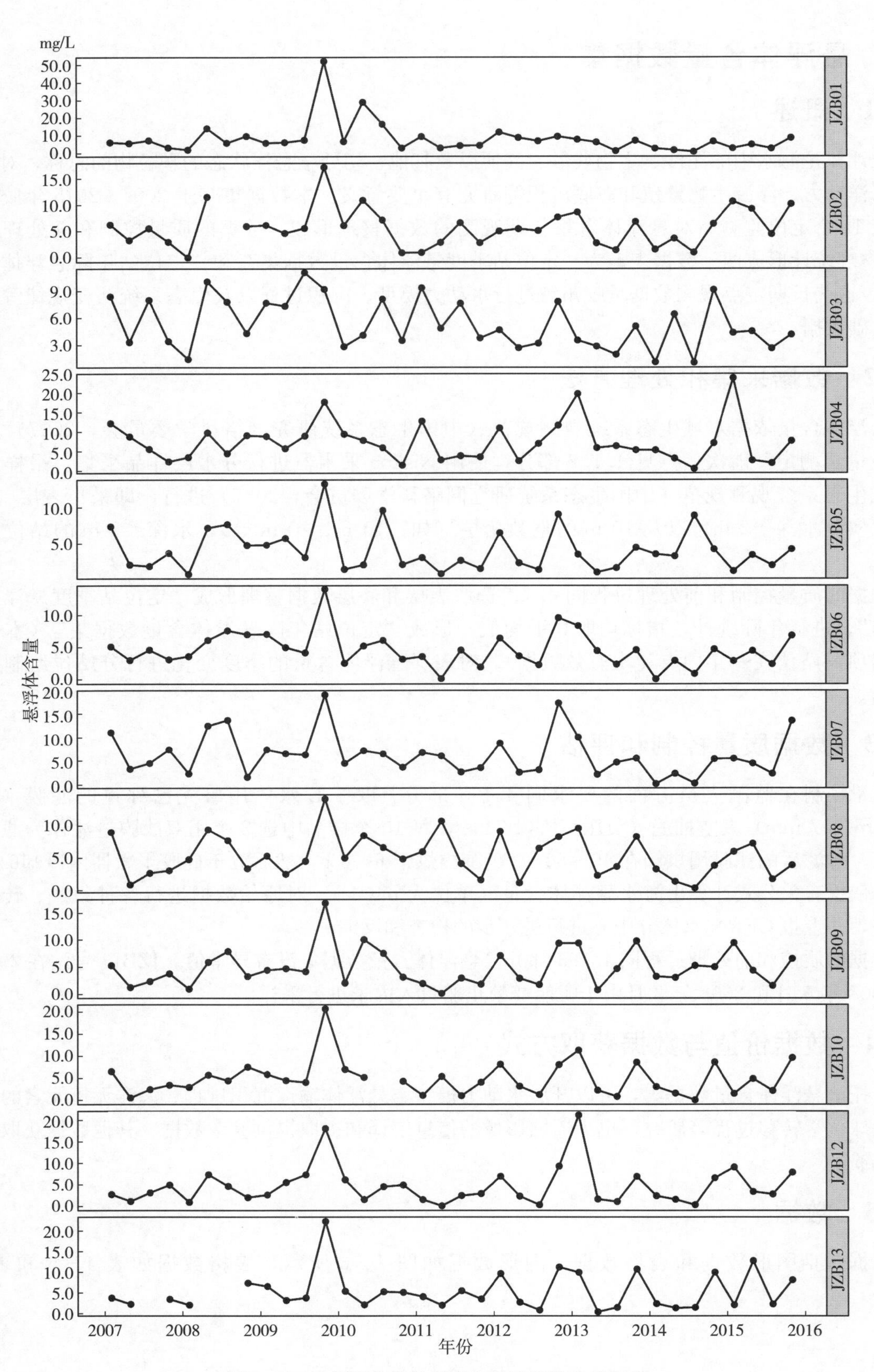

图 4－6　胶州湾定位站季度表层悬浮体含量变化

表 4－5　定位站季度悬浮体含量数据集

年份	月份	站位	表层悬浮体（mg/L）	底层悬浮体（mg/L）
2007	2	JZB01	6.10	
2007	2	JZB02	6.30	
2007	2	JZB03	8.40	10.90
2007	2	JZB04	12.30	
2007	2	JZB05	7.40	5.40
2007	2	JZB06	5.10	
2007	2	JZB07	11.20	13.00
2007	2	JZB08	9.00	
2007	2	JZB09	5.30	7.50
2007	2	JZB10	6.60	8.10
2007	2	JZB12	2.80	5.10
2007	2	JZB13	3.80	7.70
2007	5	JZB01	5.60	
2007	5	JZB02	3.30	
2007	5	JZB03	3.30	6.10
2007	5	JZB04	8.90	
2007	5	JZB05	2.10	4.80
2007	5	JZB06	3.00	
2007	5	JZB07	3.40	1.80
2007	5	JZB08	0.90	
2007	5	JZB09	1.30	3.40
2007	5	JZB10	0.60	1.60
2007	5	JZB12	1.20	1.50
2007	5	JZB13	2.30	2.00
2007	8	JZB01	7.20	
2007	8	JZB02	5.60	
2007	8	JZB03	8.00	8.80
2007	8	JZB04	5.70	
2007	8	JZB05	1.90	17.40
2007	8	JZB06	4.60	
2007	8	JZB07	4.60	5.90
2007	8	JZB08	2.70	4.30
2007	8	JZB09	2.40	2.90

（续）

年份	月份	站位	表层悬浮体（mg/L）	底层悬浮体（mg/L）
2007	8	JZB10	2.50	2.10
2007	8	JZB12	3.20	5.00
2007	11	JZB01	3.10	
2007	11	JZB02	3.00	
2007	11	JZB03	3.40	4.00
2007	11	JZB04	2.50	
2007	11	JZB05	3.70	4.10
2007	11	JZB06	3.10	
2007	11	JZB07	7.50	5.60
2007	11	JZB08	3.10	
2007	11	JZB09	3.80	4.20
2007	11	JZB10	3.50	6.80
2007	11	JZB12	5.00	5.10
2007	11	JZB13	3.50	12.80
2008	2	JZB01	1.90	
2008	2	JZB02	0.00	
2008	2	JZB03	1.40	
2008	2	JZB04	3.60	
2008	2	JZB05	0.80	3.10
2008	2	JZB06	3.60	
2008	2	JZB07	2.40	3.20
2008	2	JZB08	4.80	4.90
2008	2	JZB09	1.00	4.10
2008	2	JZB10	3.00	8.40
2008	2	JZB12	1.00	2.70
2008	2	JZB13	2.10	6.40
2008	5	JZB01	14.00	
2008	5	JZB02	11.60	
2008	5	JZB03	10.10	16.20
2008	5	JZB04	9.90	
2008	5	JZB05	7.20	12.10
2008	5	JZB06	6.10	
2008	5	JZB07	12.60	11.50

（续）

年份	月份	站位	表层悬浮体（mg/L）	底层悬浮体（mg/L）
2008	5	JZB08	9.40	11.90
2008	5	JZB09	5.90	9.80
2008	5	JZB10	5.80	13.00
2008	5	JZB12	7.40	5.00
2008	8	JZB01	5.80	
2008	8	JZB03	7.80	8.80
2008	8	JZB04	4.60	
2008	8	JZB05	7.70	10.30
2008	8	JZB06	7.60	
2008	8	JZB07	13.80	8.20
2008	8	JZB08	7.70	7.30
2008	8	JZB09	7.90	2.60
2008	8	JZB10	4.50	4.20
2008	8	JZB12	4.70	
2008	11	JZB01	9.60	
2008	11	JZB02	6.00	
2008	11	JZB03	4.30	5.80
2008	11	JZB04	9.20	
2008	11	JZB05	4.80	7.00
2008	11	JZB06	7.00	
2008	11	JZB07	1.70	4.40
2008	11	JZB08	3.40	
2008	11	JZB09	3.30	19.70
2008	11	JZB10	7.60	12.90
2008	11	JZB12	2.10	8.30
2008	11	JZB13	7.40	
2009	2	JZB01	5.77	
2009	2	JZB02	6.20	
2009	2	JZB03	7.69	3.76
2009	2	JZB04	8.97	
2009	2	JZB05	4.84	4.46
2009	2	JZB06	7.05	
2009	2	JZB07	7.50	6.62

（续）

年份	月份	站位	表层悬浮体（mg/L）	底层悬浮体（mg/L）
2009	2	JZB08	5.33	
2009	2	JZB09	4.44	5.97
2009	2	JZB10	5.93	10.06
2009	2	JZB12	2.70	6.43
2009	2	JZB13	6.59	7.48
2009	5	JZB01	6.07	
2009	5	JZB02	4.67	
2009	5	JZB03	7.33	4.57
2009	5	JZB04	5.86	
2009	5	JZB05	5.76	6.37
2009	5	JZB06	4.97	6.78
2009	5	JZB07	6.65	3.82
2009	5	JZB08	2.53	
2009	5	JZB09	4.72	5.44
2009	5	JZB10	4.54	5.13
2009	5	JZB12	5.59	4.21
2009	5	JZB13	3.22	3.01
2009	8	JZB01	7.41	
2009	8	JZB02	5.62	
2009	8	JZB03	11.13	
2009	8	JZB04	9.07	
2009	8	JZB05	3.11	6.26
2009	8	JZB06	4.16	
2009	8	JZB07	6.41	6.65
2009	8	JZB08	4.53	
2009	8	JZB09	4.18	3.59
2009	8	JZB10	4.13	4.65
2009	8	JZB12	7.39	6.14
2009	8	JZB13	3.84	6.44
2009	11	JZB01	52.03	
2009	11	JZB02	17.25	
2009	11	JZB03	9.24	9.53
2009	11	JZB04	17.79	

（续）

年份	月份	站位	表层悬浮体（mg/L）	底层悬浮体（mg/L）
2009	11	JZB05	13.29	21.57
2009	11	JZB06	14.07	
2009	11	JZB07	19.09	20.85
2009	11	JZB08	14.18	
2009	11	JZB09	16.90	16.45
2009	11	JZB10	20.76	25.65
2009	11	JZB12	18.15	27.22
2009	11	JZB13	22.43	34.74
2010	2	JZB01	6.63	
2010	2	JZB02	6.14	
2010	2	JZB03	2.81	5.24
2010	2	JZB04	9.53	
2010	2	JZB05	1.48	5.00
2010	2	JZB06	2.55	
2010	2	JZB07	4.59	4.35
2010	2	JZB08	5.01	5.01
2010	2	JZB09	2.09	4.14
2010	2	JZB10	7.07	17.76
2010	2	JZB12	6.21	16.71
2010	2	JZB13	5.43	6.94
2010	5	JZB01	28.91	
2010	5	JZB02	10.98	
2010	5	JZB03	4.09	13.89
2010	5	JZB04	7.93	
2010	5	JZB05	2.10	11.57
2010	5	JZB06	5.22	
2010	5	JZB07	7.28	5.51
2010	5	JZB08	8.46	
2010	5	JZB09	10.05	8.54
2010	5	JZB10	5.26	34.95
2010	5	JZB12	1.64	14.97
2010	5	JZB13	2.18	5.14
2010	8	JZB01	16.37	

（续）

年份	月份	站位	表层悬浮体（mg/L）	底层悬浮体（mg/L）
2010	8	JZB02	7.19	
2010	8	JZB03	8.11	13.54
2010	8	JZB04	6.05	
2010	8	JZB05	9.61	11.23
2010	8	JZB06	6.07	
2010	8	JZB07	6.59	18.26
2010	8	JZB08	6.61	
2010	8	JZB09	7.53	10.33
2010	8	JZB12	4.59	8.88
2010	8	JZB13	5.30	23.39
2010	11	JZB01	2.85	
2010	11	JZB02	0.92	
2010	11	JZB03	3.48	6.28
2010	11	JZB04	1.56	
2010	11	JZB05	2.13	3.99
2010	11	JZB06	3.15	
2010	11	JZB07	3.73	4.89
2010	11	JZB08	4.85	
2010	11	JZB09	3.15	4.16
2010	11	JZB10	4.36	8.19
2010	11	JZB12	4.99	14.88
2010	11	JZB13	5.15	15.51
2011	2	JZB01	9.32	
2011	2	JZB02	0.97	
2011	2	JZB03	9.38	11.76
2011	2	JZB04	12.84	
2011	2	JZB05	3.08	4.57
2011	2	JZB06	3.57	
2011	2	JZB07	6.87	4.87
2011	2	JZB08	5.96	5.24
2011	2	JZB09	1.98	2.96
2011	2	JZB10	1.13	1.81
2011	2	JZB12	1.61	1.85

（续）

年份	月份	站位	表层悬浮体（mg/L）	底层悬浮体（mg/L）
2011	2	JZB13	4.11	3.99
2011	5	JZB01	2.84	
2011	5	JZB02	2.89	
2011	5	JZB03	4.85	10.15
2011	5	JZB04	2.90	
2011	5	JZB05	0.85	0.53
2011	5	JZB06	0.14	
2011	5	JZB07	6.14	4.79
2011	5	JZB08	10.75	6.57
2011	5	JZB09	0.17	1.63
2011	5	JZB10	5.46	4.23
2011	5	JZB12	0.16	2.35
2011	5	JZB13	2.05	0.55
2011	8	JZB01	4.16	
2011	8	JZB02	6.63	
2011	8	JZB03	7.63	7.65
2011	8	JZB04	3.96	
2011	8	JZB05	2.69	3.41
2011	8	JZB06	4.55	
2011	8	JZB07	2.74	1.56
2011	8	JZB08	4.14	5.22
2011	8	JZB09	2.98	6.80
2011	8	JZB10	1.06	4.95
2011	8	JZB12	2.54	4.87
2011	8	JZB13	5.53	3.34
2011	11	JZB01	4.30	
2011	11	JZB02	2.83	
2011	11	JZB03	3.76	4.22
2011	11	JZB04	3.67	
2011	11	JZB05	1.57	2.30
2011	11	JZB06	1.93	
2011	11	JZB07	3.64	3.32
2011	11	JZB08	1.63	1.24

（续）

年份	月份	站位	表层悬浮体（mg/L）	底层悬浮体（mg/L）
2011	11	JZB09	1.86	9.63
2011	11	JZB10	4.13	6.92
2011	11	JZB12	2.99	3.97
2011	11	JZB13	3.55	4.66
2012	2	JZB01	11.81	
2012	2	JZB02	5.05	
2012	2	JZB03	4.66	7.08
2012	2	JZB04	11.08	
2012	2	JZB05	6.52	7.95
2012	2	JZB06	6.41	
2012	2	JZB07	8.90	10.49
2012	2	JZB08	9.12	3.47
2012	2	JZB09	7.10	9.19
2012	2	JZB10	8.20	16.72
2012	2	JZB12	7.00	15.27
2012	2	JZB13	9.71	11.71
2012	5	JZB01	8.73	
2012	5	JZB02	5.49	
2012	5	JZB03	2.67	3.62
2012	5	JZB04	2.68	
2012	5	JZB05	2.35	1.93
2012	5	JZB06	3.66	
2012	5	JZB07	2.67	2.23
2012	5	JZB08	1.17	3.16
2012	5	JZB09	2.94	3.71
2012	5	JZB10	3.24	3.67
2012	5	JZB12	2.41	2.30
2012	5	JZB13	2.79	3.54
2012	8	JZB01	6.82	
2012	8	JZB02	5.13	
2012	8	JZB03	3.17	3.79
2012	8	JZB04	7.12	
2012	8	JZB05	1.43	3.39

（续）

年份	月份	站位	表层悬浮体（mg/L）	底层悬浮体（mg/L）
2012	8	JZB06	2.28	
2012	8	JZB07	3.21	4.17
2012	8	JZB08	6.48	2.21
2012	8	JZB09	1.79	1.49
2012	8	JZB10	1.32	1.68
2012	8	JZB12	0.41	2.55
2012	8	JZB13	0.88	2.08
2012	11	JZB01	9.39	
2012	11	JZB02	7.72	
2012	11	JZB03	7.83	8.20
2012	11	JZB04	11.78	
2012	11	JZB05	9.08	11.36
2012	11	JZB06	9.60	
2012	11	JZB07	17.33	17.85
2012	11	JZB08	8.26	
2012	11	JZB09	9.36	13.72
2012	11	JZB10	8.11	25.39
2012	11	JZB12	9.37	9.91
2012	11	JZB13	11.29	43.31
2013	2	JZB01	7.72	
2013	2	JZB02	8.68	
2013	2	JZB03	3.51	8.07
2013	2	JZB04	19.89	
2013	2	JZB05	3.53	9.54
2013	2	JZB06	8.35	7.76
2013	2	JZB07	10.18	13.04
2013	2	JZB08	9.61	
2013	2	JZB09	9.39	13.05
2013	2	JZB10	11.40	18.04
2013	2	JZB12	21.22	40.54
2013	2	JZB13	10.00	9.59
2013	5	JZB01	6.19	
2013	5	JZB02	2.78	

（续）

年份	月份	站位	表层悬浮体（mg/L）	底层悬浮体（mg/L）
2013	5	JZB03	2.84	8.03
2013	5	JZB04	6.04	
2013	5	JZB05	1.08	2.12
2013	5	JZB06	4.46	
2013	5	JZB07	2.24	3.16
2013	5	JZB08	2.32	2.26
2013	5	JZB09	0.84	2.26
2013	5	JZB10	2.32	2.75
2013	5	JZB12	1.74	0.22
2013	5	JZB13	0.47	0.75
2013	8	JZB01	1.21	
2013	8	JZB02	1.44	
2013	8	JZB03	1.93	4.67
2013	8	JZB04	6.50	
2013	8	JZB05	1.68	9.10
2013	8	JZB06	2.36	
2013	8	JZB07	4.78	3.82
2013	8	JZB08	3.68	5.13
2013	8	JZB09	4.70	4.39
2013	8	JZB10	0.90	4.39
2013	8	JZB12	1.15	1.75
2013	8	JZB13	1.54	3.98
2013	11	JZB01	7.09	
2013	11	JZB02	6.85	
2013	11	JZB03	5.08	6.80
2013	11	JZB04	5.46	
2013	11	JZB05	4.48	7.94
2013	11	JZB06	4.59	
2013	11	JZB07	5.64	7.49
2013	11	JZB08	8.29	14.72
2013	11	JZB09	9.79	9.21
2013	11	JZB10	8.66	11.70
2013	11	JZB12	6.99	24.74

（续）

年份	月份	站位	表层悬浮体（mg/L）	底层悬浮体（mg/L）
2013	11	JZB13	10.80	14.03
2014	2	JZB01	2.61	
2014	2	JZB02	1.57	
2014	2	JZB03	1.07	
2014	2	JZB04	5.44	
2014	2	JZB05	3.57	10.47
2014	2	JZB06	0.09	
2014	2	JZB07	0.31	5.76
2014	2	JZB08	3.30	4.05
2014	2	JZB09	3.28	2.72
2014	2	JZB10	3.14	3.65
2014	2	JZB12	2.49	2.69
2014	2	JZB13	2.46	2.67
2014	5	JZB01	1.69	
2014	5	JZB02	3.66	
2014	5	JZB03	6.41	3.64
2014	5	JZB04	3.31	
2014	5	JZB05	3.30	1.75
2014	5	JZB06	2.95	
2014	5	JZB07	2.44	1.77
2014	5	JZB08	1.39	
2014	5	JZB09	3.08	4.54
2014	5	JZB10	1.64	4.48
2014	5	JZB12	1.66	7.06
2014	5	JZB13	1.42	5.11
2014	8	JZB01	0.76	
2014	8	JZB02	0.98	
2014	8	JZB03	1.02	2.41
2014	8	JZB04	0.66	
2014	8	JZB05	8.93	0.77
2014	8	JZB06	0.90	1.10
2014	8	JZB07	0.40	0.28
2014	8	JZB08	0.36	1.45

（续）

年份	月份	站位	表层悬浮体（mg/L）	底层悬浮体（mg/L）
2014	8	JZB09	5.28	1.73
2014	8	JZB10	0.11	1.07
2014	8	JZB12	0.42	3.18
2014	8	JZB13	1.54	2.19
2014	11	JZB01	6.58	
2014	11	JZB02	6.44	
2014	11	JZB03	9.17	11.88
2014	11	JZB04	7.22	
2014	11	JZB05	4.25	3.56
2014	11	JZB06	4.72	
2014	11	JZB07	5.50	20.36
2014	11	JZB08	3.84	
2014	11	JZB09	5.02	4.84
2014	11	JZB10	8.70	10.40
2014	11	JZB12	6.64	14.95
2014	11	JZB13	10.03	17.27
2015	2	JZB01	2.68	
2015	2	JZB02	10.72	
2015	2	JZB03	4.34	5.76
2015	2	JZB04	23.92	
2015	2	JZB05	1.24	1.88
2015	2	JZB06	2.89	
2015	2	JZB07	5.58	5.96
2015	2	JZB08	5.97	
2015	2	JZB09	9.43	4.43
2015	2	JZB10	1.56	1.41
2015	2	JZB12	9.14	2.21
2015	2	JZB13	2.15	3.20
2015	5	JZB01	4.80	
2015	5	JZB02	9.28	
2015	5	JZB03	4.51	13.44
2015	5	JZB04	2.79	
2015	5	JZB05	3.45	3.93

（续）

年份	月份	站位	表层悬浮体（mg/L）	底层悬浮体（mg/L）
2015	5	JZB06	4.47	6.61
2015	5	JZB07	4.55	4.78
2015	5	JZB08	7.21	9.37
2015	5	JZB09	4.37	4.94
2015	5	JZB10	4.98	16.16
2015	5	JZB12	3.46	9.28
2015	5	JZB13	12.85	6.03
2015	8	JZB01	2.55	
2015	8	JZB02	4.45	
2015	8	JZB03	2.61	7.08
2015	8	JZB04	2.10	
2015	8	JZB05	2.03	5.16
2015	8	JZB06	2.40	
2015	8	JZB07	2.43	2.15
2015	8	JZB08	1.76	1.68
2015	8	JZB09	1.60	6.39
2015	8	JZB10	2.22	3.32
2015	8	JZB12	2.89	19.57
2015	8	JZB13	2.35	24.44
2015	11	JZB01	8.56	
2015	11	JZB02	10.23	
2015	11	JZB03	4.14	6.13
2015	11	JZB04	7.80	
2015	11	JZB05	4.25	12.02
2015	11	JZB06	6.84	
2015	11	JZB07	13.70	11.44
2015	11	JZB08	3.91	
2015	11	JZB09	6.54	9.86
2015	11	JZB10	9.70	20.05
2015	11	JZB12	7.96	21.81
2015	11	JZB13	8.18	20.47

表 4-6 定位站年际悬浮体含量数据集

年份	站位	表层悬浮体（mg/L）	底层悬浮体（mg/L）
2007	JZB01	5.50	
2007	JZB02	4.55	
2007	JZB03	5.78	7.45
2007	JZB04	7.35	
2007	JZB05	3.78	7.93
2007	JZB06	3.95	
2007	JZB07	6.68	6.58
2007	JZB08	3.93	
2007	JZB09	3.20	4.50
2007	JZB10	3.30	4.65
2007	JZB12	3.05	4.18
2007	JZB13	3.20	
2008	JZB01	7.83	
2008	JZB02	5.87	
2008	JZB03	5.90	
2008	JZB04	6.83	
2008	JZB05	5.13	8.13
2008	JZB06	6.08	
2008	JZB07	7.63	6.83
2008	JZB08	6.33	
2008	JZB09	4.53	9.05
2008	JZB10	5.23	9.63
2008	JZB12	3.80	
2008	JZB13	4.75	
2009	JZB01	17.82	
2009	JZB02	8.44	
2009	JZB03	8.85	
2009	JZB04	10.42	
2009	JZB05	6.75	9.66
2009	JZB06	7.56	
2009	JZB07	9.91	9.48
2009	JZB08	6.64	
2009	JZB09	7.56	7.86

（续）

年份	站位	表层悬浮体（mg/L）	底层悬浮体（mg/L）
2009	JZB10	8.84	11.37
2009	JZB12	8.46	11.00
2009	JZB13	9.02	12.92
2010	JZB01	13.69	
2010	JZB02	6.31	
2010	JZB03	4.63	9.74
2010	JZB04	6.27	
2010	JZB05	3.83	7.95
2010	JZB06	4.25	
2010	JZB07	5.55	8.25
2010	JZB08	6.24	
2010	JZB09	5.70	6.79
2010	JZB10	5.57	
2010	JZB12	4.36	13.86
2010	JZB13	4.52	12.74
2011	JZB01	5.15	
2011	JZB02	3.33	
2011	JZB03	6.41	8.44
2011	JZB04	5.84	
2011	JZB05	2.05	2.70
2011	JZB06	2.55	
2011	JZB07	4.85	3.63
2011	JZB08	5.62	4.57
2011	JZB09	1.75	5.26
2011	JZB10	2.95	4.48
2011	JZB12	1.83	3.26
2011	JZB13	3.81	3.13
2012	JZB01	9.19	
2012	JZB02	5.84	
2012	JZB03	4.58	5.67
2012	JZB04	8.17	
2012	JZB05	4.85	6.16
2012	JZB06	5.49	

（续）

年份	站位	表层悬浮体（mg/L）	底层悬浮体（mg/L）
2012	JZB07	8.03	8.68
2012	JZB08	6.26	
2012	JZB09	5.30	7.03
2012	JZB10	5.22	11.86
2012	JZB12	4.80	7.51
2012	JZB13	6.17	15.16
2013	JZB01	5.55	
2013	JZB02	4.94	
2013	JZB03	3.34	6.89
2013	JZB04	9.47	
2013	JZB05	2.69	7.18
2013	JZB06	4.94	
2013	JZB07	5.71	6.88
2013	JZB08	5.97	
2013	JZB09	6.18	7.23
2013	JZB10	5.82	9.22
2013	JZB12	7.78	16.81
2013	JZB13	5.70	7.09
2014	JZB01	2.91	
2014	JZB02	3.16	
2014	JZB03	4.42	
2014	JZB04	4.16	
2014	JZB05	5.01	4.14
2014	JZB06	2.16	
2014	JZB07	2.16	7.04
2014	JZB08	2.22	
2014	JZB09	4.16	3.46
2014	JZB10	3.40	4.90
2014	JZB12	2.80	6.97
2014	JZB13	3.86	6.81
2015	JZB01	4.65	
2015	JZB02	8.67	
2015	JZB03	3.90	8.10

（续）

年份	站位	表层悬浮体（mg/L）	底层悬浮体（mg/L）
2015	JZB04	9.15	
2015	JZB05	2.74	5.75
2015	JZB06	4.15	
2015	JZB07	6.57	6.08
2015	JZB08	4.71	
2015	JZB09	5.48	6.40
2015	JZB10	4.61	10.23
2015	JZB12	5.86	13.22
2015	JZB13	6.38	13.54

第5章

海湾化学长期监测数据

5.1 营养盐数据集

5.1.1 概述

生源要素是初级生产者成长的营养元素，营养盐中的氮、磷、硅是主要的生源要素，是海洋初级生产过程和食物链的基础。营养盐浓度和组成是评估水域营养盐状态、研究海洋生物生产力水平和生态结构演化的基础数据。

营养盐数据集基于2007—2015年胶州湾生态站在12个定位监测站对营养盐长期观测的数据整理形成。整理过程采用CERN统一规范的数据处理方法和质量控制体系对原始数据进行质量控制和整理、加工，之后对时间序列数据进行3sigma检验，对未通过检验的数据进行人工核查、临近站点对比确定异常值，异常值以缺失值计入之后的统计。整理统计形成两个数据表，为“定位站季度营养盐数据集”和“定位站年际营养盐数据集”。这些长期定点观测数据不仅为研究海湾生态系统自然环境演变过程以及人类活动的影响提供支撑，高质量的长期野外监测数据也可以为评价区域营养盐环境质量现状，有效制定防治措施提供支撑。

5.1.2 数据采集和处理方法

航次水样采集与样品预处理严格按照《海洋调查规范》（中华人民共和国国家质量监督检验检疫总局，2007c）方法执行质量保证和质量控制。航次及分水层情况见4.3.2。水样采集后立即用醋酸纤维滤膜（0.45 μm，47cm）过滤［滤膜预先用1∶1 000的盐酸溶液浸泡12 h，然后用实验室超纯水机（18Ω）产的去离子水洗至中性］。滤液分装至2个100 mL聚乙烯瓶，一瓶4 ℃冷藏保存用于硅酸盐分析，另一瓶−20 ℃冷冻保存，用于其他营养盐分析。水样瓶和样品瓶均事先在体积分数为1%的盐酸中浸泡7 d后用蒸馏水冲洗至中性，烘干待用。

五项营养盐使用营养盐自动分析仪进行分析，在2009年之前为SKALAR流动分析仪（荷兰），2009年之后为QuAAtro连续流动分析仪（德国）。硝酸盐用镉铜还原后用重氮-偶氮法，亚硝酸盐用重氮-偶氮法，氨氮用水杨酸钠法和靛酚兰法，磷酸盐用磷钼蓝法，硅酸盐用硅钼蓝法（表5-1）。营养盐指标的定量采用外标法进行，所用标准品均为国家海洋局标准物质中心生产的营养盐标准系列。

表5-1 样品分析使用仪器及质量控制表

项目	分析方法	使用仪器	质量控制
氨氮（NH_4^+、NH_3）	水杨酸钠法和靛酚兰法	SKALAR和QuAAtro流动分析仪	外标法
硝酸盐（NO_3^-）	镉铜还原后重氮-偶氮法	SKALAR和QuAAtro流动分析仪	外标法

（续）

项目	分析方法	使用仪器	质量控制
亚硝酸盐（NH_4^+）	重氮-偶氮法	SKALAR 和 QuAAtro 流动分析仪	外标法
硅酸盐（SiO_3^{2-}）	硅钼蓝法	SKALAR 和 QuAAtro 流动分析仪	外标法
磷酸盐（PO_4^{3-}）	磷钼蓝法	SKALAR 和 QuAAtro 流动分析仪	外标法

样品测定后得到 5 项营养盐指标，对每个站位每项指标采用 3sigma 检验结合临近站点时间序列对比进行异常值剔除，溶解无机氮按下述公式计算：$DIN = NO_3^- + NO_2^- + NH_4^+$。选取表层和底层数据整理形成"定位站季度营养盐数据集"，进行年际统计，指标均取其平均值，形成"定位站年际营养盐数据集"，统计数据项需站位在一年内有 4 次有效数据。对表层指标的季度变化进行分站位绘制形成图形数据。

5.1.3　数据质量控制和评估

为了从样本来源控制数据质量，进行的质量保证依据国标 GB/T 12763.4—2007 方法（中华人民共和国国家质量监督检验检疫总局，2007a），内容主要包括：航次前采样仪器设备检定和调查技术人员的业务培训；调查现场和海上实验室科学管理；采样与样品预处理全过程的质量控制。针对胶州湾站开展的常规监测环境因子项目，在监测、样品分析阶段，由长期工作在胶州湾站的专职人员进行监测和仪器设备使用、维护，依据国标 GB 17378.4—2007 中的方法（中华人民共和国国家质量监督检验检疫总局，2007b）进行质量控制。

数据的质量控制和前处理过程同 4.1。未采样站位信息同 4.1。各项指标检验情况如表 5－2 所示，所涉及指标的表层和底层均无异常值。

表 5－2　3sigma 检验未通过率

年份	磷酸盐（%）	硅酸盐（%）	溶解无机氮（%）
2007	6	7	11
2008	12	0	7
2009	5	0	5
2010	1	0	3
2011	0	0	0
2012	1	0	2
2013	0	0	4
2014	0	0	0
2015	0	0	0

5.1.4　数据价值与数据获取方式

本数据集具有系统性和完整性，在观测站位、频率、时间上固定，完全符合国内通行调查规范且没有时间和空间点的缺失。依托该数据集，可以开展浮游生物与营养水平相互关系、生态系统演变等研究，也为生态模式、健康评估等提供参考数据。其他数据获取方式与 4.1.4 相同。

5.1.5　数据

数据包括图形数据和表格数据，图形数据如图 5－1 至图 5－3 所示，表格数据如表 5－3、表 5－4 所示。

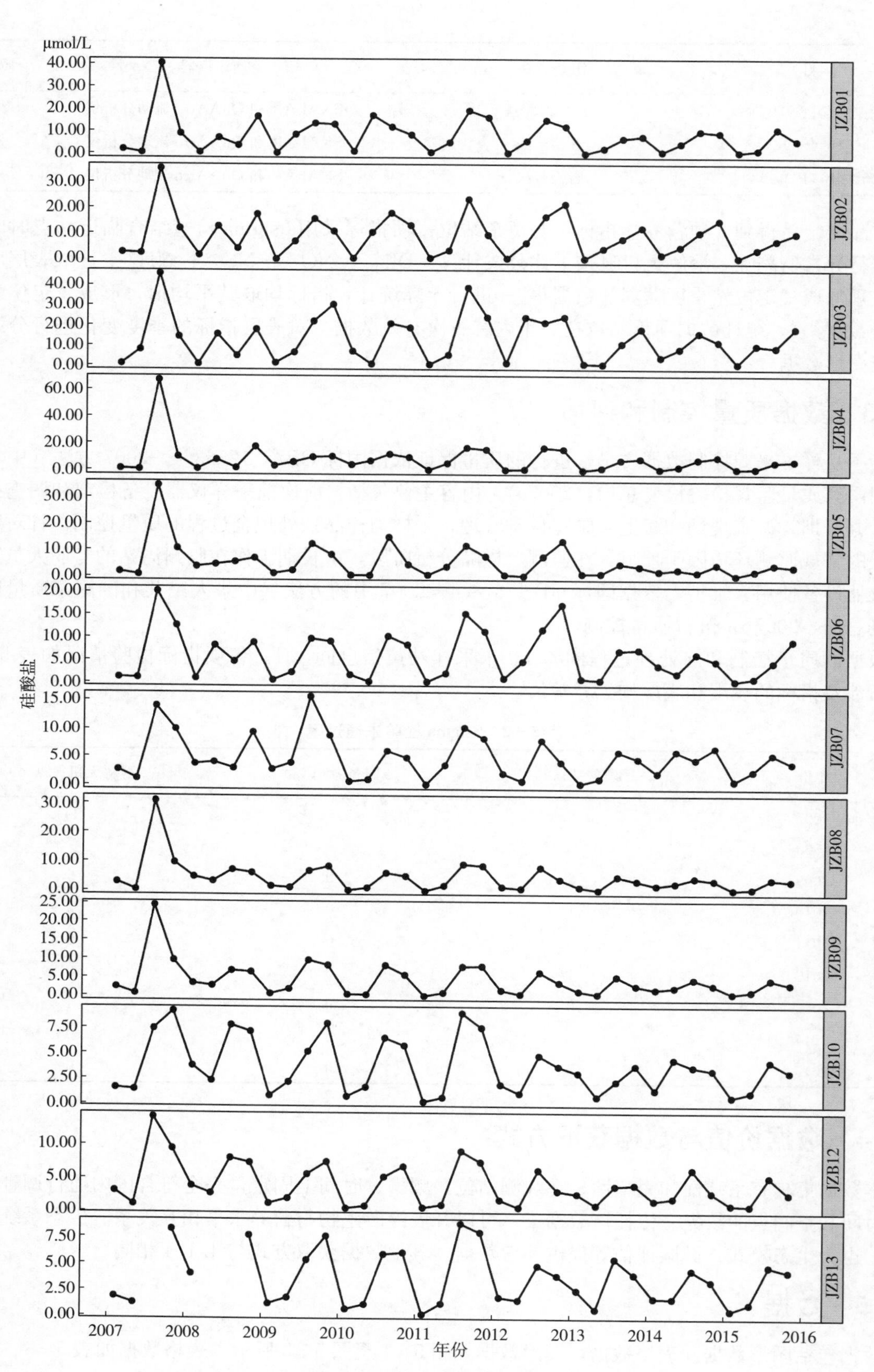

图 5-1 胶州湾定位站季度硅酸盐表层变化

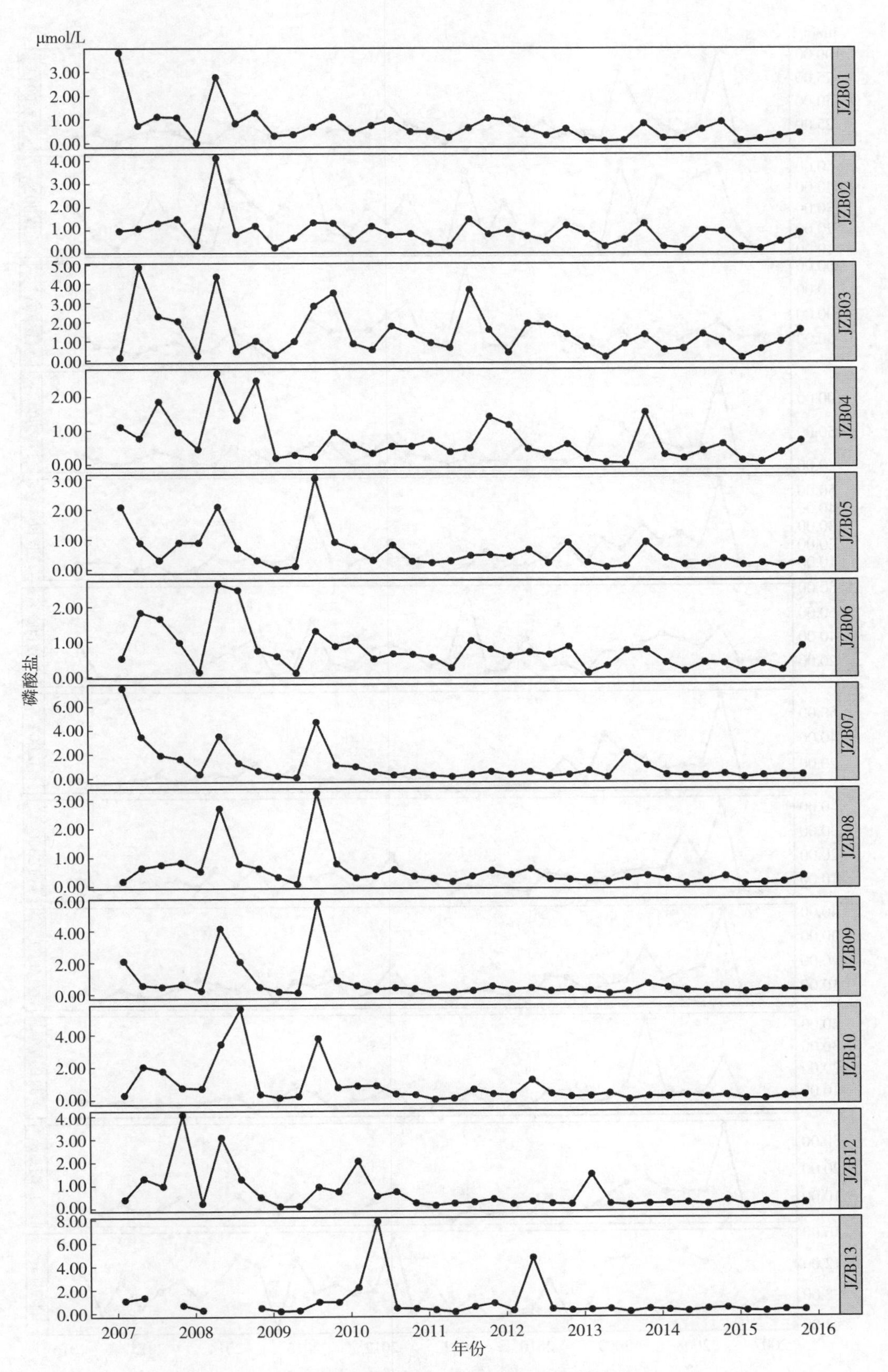

图 5－2　胶州湾定位站季度磷酸盐表层变化

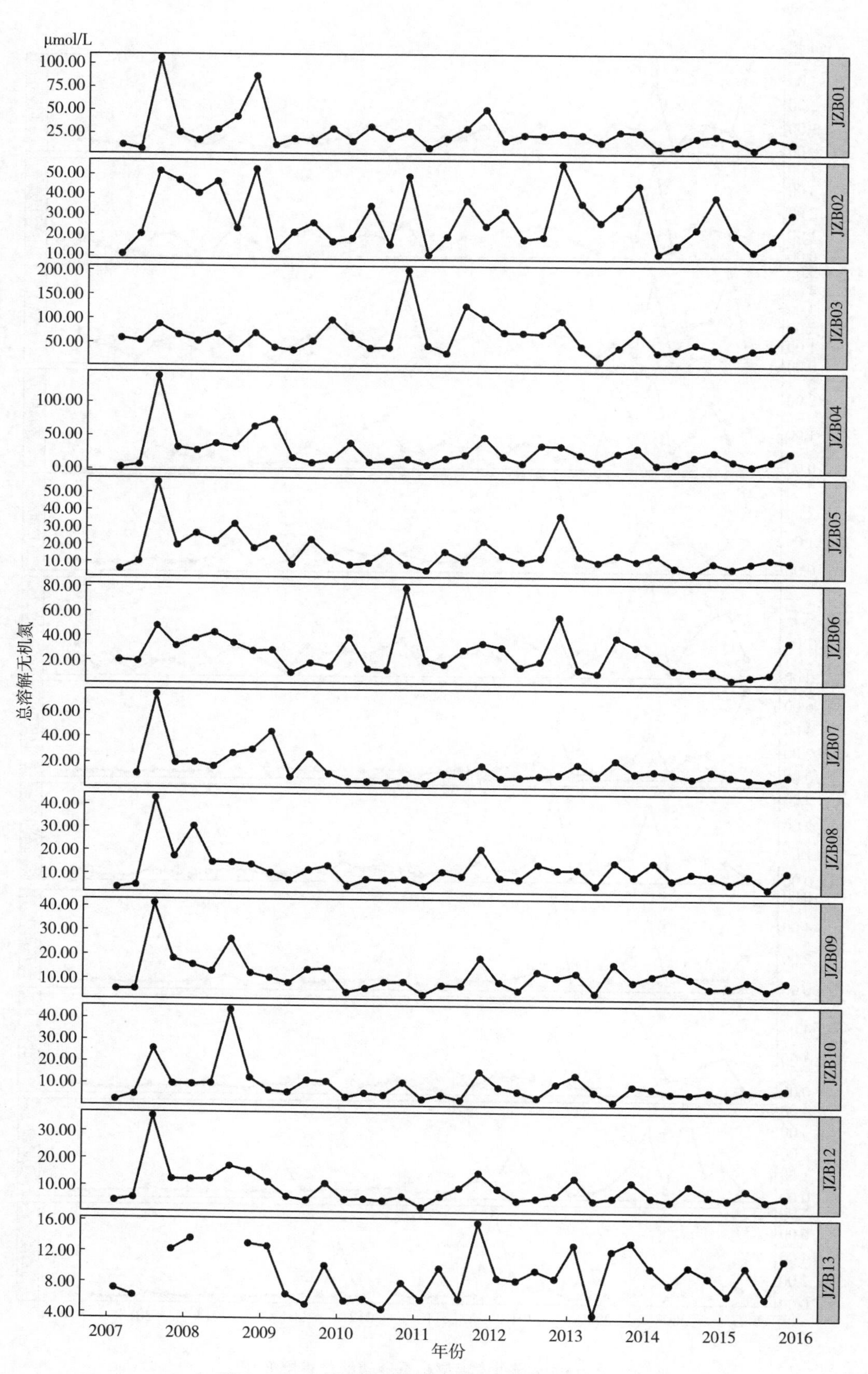

图 5－3　胶州湾定位站季度溶解无机氮表层变化

表5-3 定位站季度营养盐数据集

年份	月份	站位	表层硅酸盐(μmol/L)	底层硅酸盐(μmol/L)	表层磷酸盐(μmol/L)	底层磷酸盐(μmol/L)	表层总溶解无机氮(μmol/L)	底层总溶解无机氮(μmol/L)
2007	2	JZB01	1.98		3.81		12.19	
2007	2	JZB02	2.66		0.95		10.15	
2007	2	JZB03	0.83	1.23	0.13	0.50	58.59	50.78
2007	2	JZB04	1.11		1.11		3.71	
2007	2	JZB05	1.90	2.43	2.09	1.88	6.01	5.54
2007	2	JZB06	1.29		0.52		20.99	
2007	2	JZB07	2.62	3.18	7.49	2.72		4.16
2007	2	JZB08	3.33		0.19		4.01	
2007	2	JZB09	2.54	2.62	2.11	0.92	5.69	4.49
2007	2	JZB10	1.59	2.41	0.29	0.50	2.65	7.20
2007	2	JZB12	3.08	2.14	0.39	0.54	4.33	5.53
2007	2	JZB13	1.87	1.81	1.02	0.43	7.18	5.22
2007	5	JZB01	0.55		0.74		7.83	
2007	5	JZB02	2.35		1.06		20.14	
2007	5	JZB03	7.77	3.94	4.82	3.14	53.67	33.22
2007	5	JZB04	0.60		0.77		7.20	
2007	5	JZB05	0.84	1.09	0.88	3.38	10.42	10.08
2007	5	JZB06	1.19		1.84		19.76	
2007	5	JZB07	1.07	0.82	3.46	0.12	11.98	4.00
2007	5	JZB08	0.75		0.65		4.96	
2007	5	JZB09	0.80	0.96	0.58	1.32	5.74	5.24
2007	5	JZB10	1.43	1.27	2.03	1.12	5.02	6.59
2007	5	JZB12	1.09	1.01	1.30	2.85	5.43	5.05
2007	5	JZB13	1.26	0.81	1.30	0.47	6.24	5.10
2007	8	JZB01	40.51		1.12		105.64	
2007	8	JZB02	35.42		1.28		51.52	
2007	8	JZB03	45.55	33.63	2.27	1.57	87.75	60.56
2007	8	JZB04	67.41		1.85		138.90	
2007	8	JZB05	34.57	13.76	0.31	0.47	55.73	20.60
2007	8	JZB06	20.28		1.66		48.65	
2007	8	JZB07	14.01	13.98	1.91	0.42	73.58	22.28
2007	8	JZB08	31.08	14.22	0.76	0.61	42.72	27.28
2007	8	JZB09	24.49	13.03	0.48	0.53	41.33	20.76

（续）

年份	月份	站位	表层硅酸盐（μmol/L）	底层硅酸盐（μmol/L）	表层磷酸盐（μmol/L）	底层磷酸盐（μmol/L）	表层总溶解无机氮（μmol/L）	底层总溶解无机氮（μmol/L）
2007	8	JZB10	7.43	7.89	1.76	0.42	25.96	12.66
2007	8	JZB12	14.17	5.68	0.97	0.42	35.64	11.63
2007	11	JZB01	8.98		1.09		25.51	
2007	11	JZB02	12.02		1.47		46.83	
2007	11	JZB03	14.19	15.31	2.02	1.48	65.69	47.81
2007	11	JZB04	10.00		0.95		32.90	
2007	11	JZB05	10.67	9.98	0.89	0.72	19.51	22.29
2007	11	JZB06	12.69		0.97		32.38	
2007	11	JZB07	10.01	9.56	1.62	1.38	20.22	16.20
2007	11	JZB08	9.92		0.83		17.32	
2007	11	JZB09	9.71	9.36	0.65	0.63	18.28	15.52
2007	11	JZB10	9.15	9.00	0.73	0.72	9.89	15.36
2007	11	JZB12	9.39	8.65	4.06	1.50	12.26	11.17
2007	11	JZB13	8.26	7.86	0.64	1.24	12.22	11.23
2008	2	JZB01	0.67		0.02		17.20	
2008	2	JZB02	1.59		0.32		40.42	
2008	2	JZB03	0.70	0.66	0.21	0.10	53.02	43.32
2008	2	JZB04	0.99		0.44		28.38	
2008	2	JZB05	3.87	5.18	0.89	0.82	26.40	26.46
2008	2	JZB06	1.08		0.14		38.30	
2008	2	JZB07	3.69	3.32	0.36	0.16	20.66	25.25
2008	2	JZB08	5.12	5.03	0.53	0.69	30.31	27.29
2008	2	JZB09	3.60	4.24	0.24	0.10	15.84	15.16
2008	2	JZB10	3.78	4.22	0.70	0.20	9.74	14.73
2008	2	JZB12	3.85	3.33	0.22	0.34	12.16	11.75
2008	2	JZB13	4.05	3.56	0.21	0.64	13.65	13.88
2008	5	JZB01	7.19		2.77		28.73	
2008	5	JZB02	12.85		4.11		46.44	
2008	5	JZB03	15.43	14.99	4.34	4.77	67.06	63.49
2008	5	JZB04	7.79		2.68		38.62	
2008	5	JZB05	4.71	4.21	2.09	2.14	21.80	20.17
2008	5	JZB06	8.36		2.63		43.28	

（续）

年份	月份	站位	表层硅酸盐 (μmol/L)	底层硅酸盐 (μmol/L)	表层磷酸盐 (μmol/L)	底层磷酸盐 (μmol/L)	表层总溶解无机氮 (μmol/L)	底层总溶解无机氮 (μmol/L)
2008	5	JZB07	4.00	2.85	3.50	2.05	17.46	13.22
2008	5	JZB08	3.67	3.80	2.71	7.40	14.73	17.36
2008	5	JZB09	2.95	2.43	4.15	4.16	13.21	8.99
2008	5	JZB10	2.31	2.39	3.40	3.66	10.11	9.85
2008	5	JZB12	2.74	2.15	3.07	3.39	12.33	8.94
2008	8	JZB01	3.83		0.83		42.58	
2008	8	JZB02	4.24		0.81		22.87	
2008	8	JZB03	4.85	18.40	0.44	1.47	34.78	53.22
2008	8	JZB04	1.83		1.30		33.94	
2008	8	JZB05	5.66	9.32	0.70	1.05	31.84	24.10
2008	8	JZB06	4.82		2.46		34.81	
2008	8	JZB07	2.94	4.71	1.26	1.29	27.60	19.64
2008	8	JZB08	7.52	8.36	0.79	1.38	14.65	23.37
2008	8	JZB09	7.02	6.98	2.06	1.96	26.32	19.23
2008	8	JZB10	7.80	9.10	5.55	0.93	43.75	12.27
2008	8	JZB12	8.02	8.59	1.27	1.84	17.10	11.88
2008	11	JZB01	16.69		1.27		86.70	
2008	11	JZB02	17.57		1.17		52.63	
2008	11	JZB03	17.85	16.78	0.98	1.80	69.17	68.86
2008	11	JZB04	17.53		2.46		64.07	
2008	11	JZB05	7.07	7.09	0.30	0.48	17.80	17.00
2008	11	JZB06	8.98		0.73		28.32	
2008	11	JZB07	9.48	9.87	0.60	0.60	30.48	31.39
2008	11	JZB08	6.52		0.62		13.78	
2008	11	JZB09	6.65	6.00	0.47	0.29	12.46	7.54
2008	11	JZB10	7.16	6.66	0.34	0.76	12.71	10.71
2008	11	JZB12	7.34	8.22	0.49	0.55	15.31	15.70
2008	11	JZB13	7.69	6.85	0.40	0.40	13.02	12.47
2009	2	JZB01	0.43		0.31		12.10	
2009	2	JZB02	0.07		0.23		11.61	
2009	2	JZB03	1.33	1.27	0.24	0.11	39.57	27.37
2009	2	JZB04	3.26		0.18		74.19	

（续）

年份	月份	站位	表层硅酸盐 (μmol/L)	底层硅酸盐 (μmol/L)	表层磷酸盐 (μmol/L)	底层磷酸盐 (μmol/L)	表层总溶解无机氮 (μmol/L)	底层总溶解无机氮 (μmol/L)
2009	2	JZB05	1.33	0.11	0.01	0.17	23.28	5.18
2009	2	JZB06	0.73		0.58		28.93	
2009	2	JZB07	2.74	1.69	0.19	0.18	44.64	22.09
2009	2	JZB08	2.00		0.33		10.28	
2009	2	JZB09	0.77	0.22	0.17	0.36	10.52	1.88
2009	2	JZB10	0.86	0.15	0.12	0.14	6.92	0.83
2009	2	JZB12	1.25	0.57	0.08	0.12	11.19	6.19
2009	2	JZB13	1.20	0.15	0.11	0.19	12.64	1.82
2009	5	JZB01	8.58		0.37		18.85	
2009	5	JZB02	6.99		0.65		20.96	
2009	5	JZB03	6.51	5.13	0.95	0.80	34.20	26.08
2009	5	JZB04	6.11		0.26		17.57	
2009	5	JZB05	2.45	1.45	0.10	0.04	8.70	6.03
2009	5	JZB06	2.41	3.84	0.11	0.38	10.65	13.05
2009	5	JZB07	3.87	1.90	0.06	0.15	9.70	8.69
2009	5	JZB08	1.54		0.09		7.14	
2009	5	JZB09	2.06	1.33	0.11	0.21	8.33	15.32
2009	5	JZB10	2.18	1.99	0.21	0.84	6.06	36.96
2009	5	JZB12	2.00	1.25	0.09	0.06	5.90	4.05
2009	5	JZB13	1.78	1.45	0.17	0.19	6.42	5.40
2009	8	JZB01	13.61		0.68		16.54	
2009	8	JZB02	15.76		1.30		25.70	
2009	8	JZB03	21.88	14.42	2.79	1.47	52.96	33.26
2009	8	JZB04	9.76		0.21		10.29	
2009	8	JZB05	12.38	6.75	3.03	1.48	22.87	7.09
2009	8	JZB06	9.82		1.30		18.54	
2009	8	JZB07	15.67	8.49	4.68	0.91	26.95	8.16
2009	8	JZB08	7.15		3.25		11.52	
2009	8	JZB09	9.78	6.26	5.78	5.59	13.87	6.04
2009	8	JZB10	5.19	5.32	3.74	0.60	11.62	2.10
2009	8	JZB12	5.63	5.27	0.93	1.73	4.66	4.60
2009	8	JZB13	5.35	5.49	0.90	0.91	5.08	6.41

（续）

年份	月份	站位	表层硅酸盐 (μmol/L)	底层硅酸盐 (μmol/L)	表层磷酸盐 (μmol/L)	底层磷酸盐 (μmol/L)	表层总溶解无机氮 (μmol/L)	底层总溶解无机氮 (μmol/L)
2009	11	JZB01	13.16		1.10		29.66	
2009	11	JZB02	10.94		1.28		16.37	
2009	11	JZB03	30.24	26.99	3.47	2.64	97.05	86.19
2009	11	JZB04	10.29		0.93		15.22	
2009	11	JZB05	8.36	8.88	0.90	0.88	12.63	13.68
2009	11	JZB06	9.23		0.85		15.64	
2009	11	JZB07	8.86	9.27	1.08	0.85	12.17	11.38
2009	11	JZB08	8.69		0.79		13.32	
2009	11	JZB09	8.46	9.80	0.86	1.13	14.37	16.82
2009	11	JZB10	7.95	8.12	0.74	0.65	11.09	11.00
2009	11	JZB12	7.46	8.41	0.73	0.71	10.76	9.90
2009	11	JZB13	7.60	7.58	0.88	0.73	10.16	10.06
2010	2	JZB01	1.19		0.44		16.18	
2010	2	JZB02	0.36		0.53		18.13	
2010	2	JZB03	7.06	2.04	0.83	0.50	60.02	24.68
2010	2	JZB04	4.12		0.56		39.60	
2010	2	JZB05	0.66	0.70	0.65	0.49	8.56	5.19
2010	2	JZB06	1.87		1.00		39.43	
2010	2	JZB07	0.62	0.69	0.95	1.30	6.32	5.16
2010	2	JZB08	0.57	0.56	0.30	0.43	4.67	5.08
2010	2	JZB09	0.60	0.44	0.54	0.33	4.42	4.33
2010	2	JZB10	0.77	1.04	0.83	0.96	3.95	8.04
2010	2	JZB12	0.52	0.47	2.04	0.87	4.89	5.38
2010	2	JZB13	0.70	0.83	2.14	2.41	5.54	5.36
2010	5	JZB01	17.14		0.74		31.94	
2010	5	JZB02	10.54		1.15		34.22	
2010	5	JZB03	0.75	0.46	0.52	0.50	38.83	25.52
2010	5	JZB04	7.00		0.31		11.21	
2010	5	JZB05	0.61	0.68	0.29	0.36	9.53	7.55
2010	5	JZB06	0.36		0.50		13.76	
2010	5	JZB07	0.93	0.89	0.54	0.35	6.28	5.67
2010	5	JZB08	1.43		0.37		7.59	

（续）

年份	月份	站位	表层硅酸盐（μmol/L）	底层硅酸盐（μmol/L）	表层磷酸盐（μmol/L）	底层磷酸盐（μmol/L）	表层总溶解无机氮（μmol/L）	底层总溶解无机氮（μmol/L）
2010	5	JZB09	0.50	0.57	0.31	0.48	6.22	5.67
2010	5	JZB10	1.68	2.11	0.85	3.16	5.83	6.94
2010	5	JZB12	0.86	1.29	0.53	0.61	5.11	4.69
2010	5	JZB13	1.14	1.18	7.71	3.51	5.81	5.29
2010	8	JZB01	11.96		0.95		19.71	
2010	8	JZB02	18.00		0.78		14.93	
2010	8	JZB03	20.75	12.32	1.74	0.81	39.65	16.69
2010	8	JZB04	12.00		0.52		13.01	
2010	8	JZB05	14.93	8.75	0.80	0.34	16.80	6.16
2010	8	JZB06	10.36		0.64		12.76	
2010	8	JZB07	6.00	5.71	0.25	1.97	5.47	9.38
2010	8	JZB08	6.43		0.58		7.28	
2010	8	JZB09	8.39	5.89	0.41	0.29	8.72	3.91
2010	8	JZB10	6.54	6.79	0.34	1.22	4.88	5.51
2010	8	JZB12	5.21	4.82	0.71	0.49	4.46	3.15
2010	8	JZB13	5.89	6.04	0.36	0.38	4.47	4.51
2010	11	JZB01	8.49		0.48		26.87	
2010	11	JZB02	13.21		0.82		49.09	
2010	11	JZB03	18.67	12.83	1.32	0.85	200.33	154.03
2010	11	JZB04	9.63		0.52		16.01	
2010	11	JZB05	4.62	7.50	0.26	0.43	8.59	12.55
2010	11	JZB06	8.50		0.62		79.84	
2010	11	JZB07	4.78	6.78	0.46	0.30	7.99	7.33
2010	11	JZB08	5.36		0.35		7.60	
2010	11	JZB09	5.86	4.62	0.34	0.24	8.89	8.92
2010	11	JZB10	5.78	5.52	0.29	0.44	10.64	7.91
2010	11	JZB12	6.76	4.53	0.22	0.48	6.08	6.88
2010	11	JZB13	6.04	4.81	0.33	0.30	7.94	8.60
2011	2	JZB01	0.72		0.48		9.08	
2011	2	JZB02	0.47		0.39		9.89	
2011	2	JZB03	0.56	0.41	0.87	0.99	43.47	46.14
2011	2	JZB04	0.27		0.69		7.26	

（续）

年份	月份	站位	表层硅酸盐（μmol/L）	底层硅酸盐（μmol/L）	表层磷酸盐（μmol/L）	底层磷酸盐（μmol/L）	表层总溶解无机氮（μmol/L）	底层总溶解无机氮（μmol/L）
2011	2	JZB05	0.77	0.17	0.21	0.27	5.41	4.91
2011	2	JZB06	0.32		0.54		20.87	
2011	2	JZB07	0.08	0.10	0.22	0.20	4.82	4.97
2011	2	JZB08	0.34	0.19	0.27	0.25	4.74	4.44
2011	2	JZB09	0.16	0.66	0.09	0.96	3.44	4.65
2011	2	JZB10	0.26	0.24	0.01	0.03	3.05	2.00
2011	2	JZB12	0.61	0.36	0.12	0.28	2.13	1.50
2011	2	JZB13	0.19	0.57	0.21	0.17	5.73	3.17
2011	5	JZB01	5.18		0.24		19.20	
2011	5	JZB02	3.43		0.31		18.80	
2011	5	JZB03	5.32	3.01	0.62	0.36	28.18	24.18
2011	5	JZB04	5.22		0.36		16.72	
2011	5	JZB05	3.86	4.00	0.27	0.20	16.07	13.85
2011	5	JZB06	2.18		0.24		17.30	
2011	5	JZB07	3.45	3.44	0.13	0.16	12.34	10.63
2011	5	JZB08	2.14	2.30	0.16	0.11	10.82	12.23
2011	5	JZB09	1.04	0.87	0.11	0.02	7.48	7.04
2011	5	JZB10	0.67	1.75	0.08	0.13	5.03	6.36
2011	5	JZB12	1.03	1.60	0.21	0.07	6.12	5.76
2011	5	JZB13	1.22	0.96	0.04	0.22	9.87	5.51
2011	8	JZB01	19.41		0.64		29.94	
2011	8	JZB02	23.48		1.46		37.03	
2011	8	JZB03	38.70	20.31	3.64	1.54	126.28	48.02
2011	8	JZB04	16.87		0.46		22.44	
2011	8	JZB05	11.78	10.18	0.45	0.36	10.61	9.57
2011	8	JZB06	15.32		1.02		29.28	
2011	8	JZB07	10.31	9.98	0.29	0.29	10.59	10.94
2011	8	JZB08	9.41	8.56	0.35	0.36	8.87	10.78
2011	8	JZB09	8.09	7.63	0.22	0.19	7.26	5.02
2011	8	JZB10	8.96	8.74	0.62	0.24	2.76	6.26
2011	8	JZB12	9.07	8.31	0.25	0.26	9.20	15.14
2011	8	JZB13	8.81	8.96	0.48	0.33	5.87	7.58

（续）

年份	月份	站位	表层硅酸盐（μmol/L）	底层硅酸盐（μmol/L）	表层磷酸盐（μmol/L）	底层磷酸盐（μmol/L）	表层总溶解无机氮（μmol/L）	底层总溶解无机氮（μmol/L）
2011	11	JZB01	16.33		1.04		50.71	
2011	11	JZB02	9.57		0.81		24.05	
2011	11	JZB03	23.89	22.56	1.56	1.86	100.16	89.99
2011	11	JZB04	15.56		1.40		48.53	
2011	11	JZB05	7.77	8.52	0.48	0.66	22.07	21.95
2011	11	JZB06	11.43		0.77		34.75	
2011	11	JZB07	8.34	8.25	0.53	0.37	18.36	17.95
2011	11	JZB08	8.89	8.32	0.55	0.46	20.66	20.58
2011	11	JZB09	8.23	7.69	0.50	0.74	18.76	15.66
2011	11	JZB10	7.55	7.68	0.34	0.49	15.67	16.32
2011	11	JZB12	7.44	7.74	0.39	0.35	14.79	17.83
2011	11	JZB13	7.98	7.55	0.77	0.51	15.77	15.03
2012	2	JZB01	0.48		0.96		16.96	
2012	2	JZB02	0.42		0.99		31.56	
2012	2	JZB03	1.32	1.18	0.37	0.36	71.41	38.67
2012	2	JZB04	0.47		1.15		19.76	
2012	2	JZB05	0.80	0.88	0.42	0.43	13.87	12.04
2012	2	JZB06	1.08		0.58		31.37	
2012	2	JZB07	2.01	2.04	0.28	0.80	8.85	8.12
2012	2	JZB08	1.76	1.69	0.40	0.19	8.23	8.34
2012	2	JZB09	1.74	1.70	0.30	0.27	8.76	9.02
2012	2	JZB10	1.94	1.96	0.26	0.24	8.54	10.19
2012	2	JZB12	1.80	1.65	0.18	0.25	8.92	7.38
2012	2	JZB13	1.85	1.81	0.16	0.18	8.62	8.38
2012	5	JZB01	5.85		0.61		23.01	
2012	5	JZB02	6.50		0.73		17.62	
2012	5	JZB03	23.84	27.61	1.88	1.18	70.50	54.90
2012	5	JZB04	0.87		0.44		10.08	
2012	5	JZB05	0.44	1.99	0.64	0.43	10.36	13.65
2012	5	JZB06	4.83		0.69		15.16	
2012	5	JZB07	0.70	0.94	0.51	0.41	9.49	10.97
2012	5	JZB08	1.21	1.04	0.61	0.68	7.69	13.72

（续）

年份	月份	站位	表层硅酸盐（μmol/L）	底层硅酸盐（μmol/L）	表层磷酸盐（μmol/L）	底层磷酸盐（μmol/L）	表层总溶解无机氮（μmol/L）	底层总溶解无机氮（μmol/L）
2012	5	JZB09	0.69	0.67	0.39	1.15	5.26	10.16
2012	5	JZB10	1.08	0.68	1.20	2.98	6.69	5.76
2012	5	JZB12	0.67	0.64	0.29	0.29	4.67	4.12
2012	5	JZB13	1.58	0.65	4.63	0.79	8.31	6.21
2012	8	JZB01	15.14		0.33		22.61	
2012	8	JZB02	16.69		0.52		18.75	
2012	8	JZB03	21.32	19.36	1.82	0.60	68.08	27.26
2012	8	JZB04	16.93		0.31		36.34	
2012	8	JZB05	7.69	5.78	0.21	0.15	12.57	8.33
2012	8	JZB06	11.82		0.62		19.86	
2012	8	JZB07	7.98	6.90	0.17	0.16	10.73	9.34
2012	8	JZB08	8.32	7.79	0.25	0.24	14.01	13.34
2012	8	JZB09	6.59	6.56	0.20	0.20	13.14	13.02
2012	8	JZB10	4.79	5.63	0.36	0.05	3.81	6.22
2012	8	JZB12	6.25	5.73	0.20	0.14	5.45	6.19
2012	8	JZB13	4.83	5.74	0.29	0.22	9.60	16.06
2012	11	JZB01	12.23		0.61		24.93	
2012	11	JZB02	21.61		1.19		55.12	
2012	11	JZB03	24.03	18.37	1.32	0.93	95.52	61.17
2012	11	JZB04	15.70		0.59		35.53	
2012	11	JZB05	13.52	15.82	0.88	0.88	36.72	39.98
2012	11	JZB06	17.28		0.85		56.26	
2012	11	JZB07	3.96	8.09	0.29	0.26	11.53	10.05
2012	11	JZB08	4.27		0.23		11.66	
2012	11	JZB09	3.78	3.76	0.27	0.26	10.71	9.70
2012	11	JZB10	3.72	4.12	0.20	0.63	10.06	10.10
2012	11	JZB12	3.12	3.15	0.18	0.33	6.50	6.53
2012	11	JZB13	3.89	4.87	0.19	0.25	8.60	12.55
2013	2	JZB01	0.27		0.13		23.45	
2013	2	JZB02	0.29		0.81		35.51	
2013	2	JZB03	0.93	0.85	0.68	0.53	43.11	41.27
2013	2	JZB04	0.13		0.15		22.70	

（续）

年份	月份	站位	表层硅酸盐（μmol/L）	底层硅酸盐（μmol/L）	表层磷酸盐（μmol/L）	底层磷酸盐（μmol/L）	表层总溶解无机氮（μmol/L）	底层总溶解无机氮（μmol/L）
2013	2	JZB05	1.19	1.03	0.22	0.40	13.48	11.60
2013	2	JZB06	0.98	1.00	0.11	0.24	13.19	12.08
2013	2	JZB07	0.26	0.46	0.62	0.13	19.38	18.07
2013	2	JZB08	1.66		0.19		11.83	
2013	2	JZB09	1.50	1.59	0.22	0.25	12.65	12.68
2013	2	JZB10	3.08	3.09	0.23	0.30	14.12	14.75
2013	2	JZB12	2.70	2.76	1.47	0.27	12.95	13.42
2013	2	JZB13	2.51	2.34	0.23	0.24	12.91	11.71
2013	5	JZB01	2.48		0.10		15.36	
2013	5	JZB02	4.20		0.28		26.05	
2013	5	JZB03	0.66	3.97	0.15	0.18	11.60	21.45
2013	5	JZB04	1.75		0.05		11.65	
2013	5	JZB05	1.31	0.94	0.07	0.03	10.19	3.71
2013	5	JZB06	0.67		0.31		10.44	
2013	5	JZB07	1.09	0.75	0.10	0.13	10.40	5.05
2013	5	JZB08	0.71	0.88	0.16	0.18	5.04	4.31
2013	5	JZB09	0.69	0.69	0.05	0.15	4.26	3.64
2013	5	JZB10	0.76	1.09	0.39	0.16	6.47	4.34
2013	5	JZB12	1.01	0.86	0.20	0.12	4.71	3.92
2013	5	JZB13	0.71	1.09	0.30	0.23	3.81	7.66
2013	8	JZB01	6.90		0.13		26.63	
2013	8	JZB02	8.02		0.57		33.99	
2013	8	JZB03	10.85	7.59	0.82	0.40	39.95	26.93
2013	8	JZB04	7.56		0.03		25.04	
2013	8	JZB05	4.93	5.02	0.10	0.09	14.21	13.95
2013	8	JZB06	7.19		0.74		39.51	
2013	8	JZB07	5.85	4.01	2.05	0.45	22.51	15.72
2013	8	JZB08	5.26	4.75	0.29	0.10	14.96	12.71
2013	8	JZB09	5.45	4.86	0.17	0.25	16.32	18.72
2013	8	JZB10	2.23	3.07	0.02	0.28	2.12	9.09
2013	8	JZB12	3.88	4.01	0.14	0.12	5.73	7.39
2013	8	JZB13	5.49	5.63	0.05	0.09	12.14	10.00

（续）

年份	月份	站位	表层硅酸盐 (μmol/L)	底层硅酸盐 (μmol/L)	表层磷酸盐 (μmol/L)	底层磷酸盐 (μmol/L)	表层总溶解无机氮 (μmol/L)	底层总溶解无机氮 (μmol/L)
2013	11	JZB01	7.85		0.82		25.75	
2013	11	JZB02	12.27		1.26		44.54	
2013	11	JZB03	18.05	13.82	1.30	1.54	73.18	61.46
2013	11	JZB04	8.72		1.53		33.14	
2013	11	JZB05	3.92	3.14	0.90	0.60	10.83	10.44
2013	11	JZB06	7.41		0.75		31.82	
2013	11	JZB07	4.56	3.70	1.05	0.28	12.64	15.14
2013	11	JZB08	3.81	4.10	0.36	0.32	9.02	9.18
2013	11	JZB09	2.94	4.14	0.65	0.59	8.90	9.80
2013	11	JZB10	3.79	3.91	0.21	0.18	9.07	9.34
2013	11	JZB12	4.05	3.21	0.19	0.75	11.47	7.76
2013	11	JZB13	4.01	3.74	0.30	0.36	13.25	8.84
2014	2	JZB01	0.99		0.21		8.38	
2014	2	JZB02	1.80		0.27		10.56	
2014	2	JZB03	4.07		0.51		30.23	
2014	2	JZB04	0.90		0.28		7.64	
2014	2	JZB05	2.18	2.29	0.36	0.40	14.05	16.02
2014	2	JZB06	3.95		0.39		23.09	
2014	2	JZB07	2.07	2.18	0.28	0.19	14.35	15.17
2014	2	JZB08	2.24	2.26	0.25	0.25	14.89	13.76
2014	2	JZB09	1.97	1.71	0.40	0.44	11.55	9.96
2014	2	JZB10	1.40	0.93	0.18	0.60	8.02	5.35
2014	2	JZB12	1.68	1.38	0.21	0.19	5.94	5.88
2014	2	JZB13	1.77	1.98	0.21	0.25	9.96	8.14
2014	5	JZB01	4.66		0.20		10.69	
2014	5	JZB02	4.80		0.21		14.93	
2014	5	JZB03	8.21	5.44	0.58	0.57	32.85	21.14
2014	5	JZB04	2.80		0.17		9.63	
2014	5	JZB05	2.85	2.24	0.16	0.14	7.23	6.46
2014	5	JZB06	2.18		0.16		13.19	
2014	5	JZB07	5.93	4.03	0.21	0.16	12.20	10.23
2014	5	JZB08	3.00		0.10		7.36	

（续）

年份	月份	站位	表层硅酸盐（μmol/L）	底层硅酸盐（μmol/L）	表层磷酸盐（μmol/L）	底层磷酸盐（μmol/L）	表层总溶解无机氮（μmol/L）	底层总溶解无机氮（μmol/L）
2014	5	JZB09	2.49	2.22	0.24	0.13	13.61	7.24
2014	5	JZB10	4.42	2.45	0.24	0.23	5.93	4.03
2014	5	JZB12	2.04	2.20	0.24	0.12	4.44	4.89
2014	5	JZB13	1.72	1.64	0.11	0.37	7.78	3.77
2014	8	JZB01	10.10		0.58		20.19	
2014	8	JZB02	10.52		0.96		22.69	
2014	8	JZB03	16.03	10.42	1.32	0.66	47.14	22.93
2014	8	JZB04	8.04		0.39		19.85	
2014	8	JZB05	1.76	4.37	0.17	0.28	4.17	7.70
2014	8	JZB06	6.43	5.99	0.40	0.22	12.02	12.85
2014	8	JZB07	4.46	4.68	0.21	0.22	8.98	9.57
2014	8	JZB08	4.77	4.38	0.18	0.17	10.34	8.93
2014	8	JZB09	4.70	4.49	0.19	0.30	10.46	9.93
2014	8	JZB10	3.68	4.46	0.17	0.36	5.69	8.90
2014	8	JZB12	6.32	5.04	0.18	0.25	10.23	7.43
2014	8	JZB13	4.41	4.37	0.30	0.14	10.11	8.92
2014	11	JZB01	9.32		0.89		22.58	
2014	11	JZB02	15.05		0.93		38.73	
2014	11	JZB03	11.71	9.84	0.90	0.73	36.80	29.30
2014	11	JZB04	9.92		0.59		27.03	
2014	11	JZB05	4.64	4.48	0.34	0.27	9.86	9.65
2014	11	JZB06	4.87		0.38		12.57	
2014	11	JZB07	6.58	5.86	0.35	0.53	14.34	13.29
2014	11	JZB08	3.96		0.35		9.25	
2014	11	JZB09	3.10	3.29	0.19	0.25	6.37	6.91
2014	11	JZB10	3.34	3.90	0.27	0.24	6.67	8.18
2014	11	JZB12	2.87	2.59	0.35	0.30	6.27	5.25
2014	11	JZB13	3.34	3.64	0.38	0.34	8.74	9.84
2015	2	JZB01	0.78		0.11		16.93	
2015	2	JZB02	0.52		0.25		19.77	
2015	2	JZB03	0.83	0.49	0.10	0.03	22.03	20.04
2015	2	JZB04	1.17		0.10		13.56	

（续）

年份	月份	站位	表层硅酸盐（μmol/L）	底层硅酸盐（μmol/L）	表层磷酸盐（μmol/L）	底层磷酸盐（μmol/L）	表层总溶解无机氮（μmol/L）	底层总溶解无机氮（μmol/L）
2015	2	JZB05	0.57	0.41	0.14	0.10	6.77	5.17
2015	2	JZB06	0.53		0.15		5.34	
2015	2	JZB07	0.70	0.77	0.07	0.06	10.52	11.85
2015	2	JZB08	0.84		0.09		6.01	
2015	2	JZB09	0.85	0.61	0.14	0.16	6.70	4.69
2015	2	JZB10	0.74	0.45	0.06	0.26	4.29	3.62
2015	2	JZB12	1.04	0.61	0.10	0.17	5.05	2.66
2015	2	JZB13	0.58	0.76	0.12	0.08	6.43	6.27
2015	5	JZB01	1.71		0.19		7.69	
2015	5	JZB02	3.77		0.18		11.85	
2015	5	JZB03	9.97	9.99	0.55	0.57	35.39	31.47
2015	5	JZB04	1.38		0.06		6.48	
2015	5	JZB05	2.19	1.65	0.20	0.17	9.73	8.52
2015	5	JZB06	1.11	1.12	0.35	0.34	7.70	7.00
2015	5	JZB07	2.39	0.96	0.23	0.12	8.51	6.96
2015	5	JZB08	1.14	1.94	0.12	0.22	9.44	8.30
2015	5	JZB09	1.46	1.85	0.28	0.06	9.43	9.53
2015	5	JZB10	1.18	1.04	0.05	0.48	6.92	8.01
2015	5	JZB12	0.91	0.75	0.27	0.06	8.55	6.21
2015	5	JZB13	1.21	1.14	0.09	0.21	10.07	8.06
2015	8	JZB01	11.14		0.31		19.16	
2015	8	JZB02	7.32		0.49		17.57	
2015	8	JZB03	8.93	6.18	0.93	0.33	39.10	14.17
2015	8	JZB04	6.23		0.34		13.74	
2015	8	JZB05	4.56	4.44	0.07	0.41	12.04	3.97
2015	8	JZB06	4.59		0.19		9.87	
2015	8	JZB07	5.35	4.62	0.27	0.41	7.41	5.91
2015	8	JZB08	4.35	4.31	0.16	0.10	3.93	4.21
2015	8	JZB09	4.62	4.34	0.27	0.33	5.51	4.96
2015	8	JZB10	4.21	3.72	0.20	0.11	5.88	6.32
2015	8	JZB12	5.20	3.76	0.11	0.12	4.63	3.11
2015	8	JZB13	4.77	4.41	0.22	0.12	6.04	4.12

（续）

年份	月份	站位	表层硅酸盐（μmol/L）	底层硅酸盐（μmol/L）	表层磷酸盐（μmol/L）	底层磷酸盐（μmol/L）	表层总溶解无机氮（μmol/L）	底层总溶解无机氮（μmol/L）
2015	11	JZB01	5.92		0.41		14.21	
2015	11	JZB02	10.11		0.85		30.32	
2015	11	JZB03	18.31	16.85	1.54	1.37	83.01	80.19
2015	11	JZB04	7.05		0.68		26.02	
2015	11	JZB05	3.82	4.44	0.27	0.36	10.21	11.61
2015	11	JZB06	9.36		0.86		36.05	
2015	11	JZB07	3.78	3.70	0.27	0.32	10.60	8.99
2015	11	JZB08	3.81		0.36		10.84	
2015	11	JZB09	3.39	3.23	0.26	0.22	9.06	8.52
2015	11	JZB10	3.18	2.86	0.28	0.20	7.65	7.28
2015	11	JZB12	2.67	2.64	0.23	0.34	5.92	8.03
2015	11	JZB13	4.29	3.74	0.21	0.49	11.02	10.01

表 5-4 定位站年际营养盐数据集

年份	站位	表层硅酸盐（μmol/L）	底层硅酸盐（μmol/L）	表层磷酸盐（μmol/L）	底层磷酸盐（μmol/L）	表层总溶解无机氮（μmol/L）	底层总溶解无机氮（μmol/L）
2007	JZB01	13.00		1.69		37.79	
2007	JZB02	13.11		1.19		32.16	
2007	JZB03	17.08	13.53	2.31	1.67	66.43	48.09
2007	JZB04	19.78		1.17		45.68	
2007	JZB05	12.00	6.81	1.04	1.61	22.92	14.63
2007	JZB06	8.86		1.25		30.44	
2007	JZB07	6.93	6.89	3.62	1.16		11.66
2007	JZB08	11.27		0.61		17.25	
2007	JZB09	9.39	6.49	0.96	0.85	17.76	11.50
2007	JZB10	4.90	5.14	1.20	0.69	10.88	10.45
2007	JZB12	6.93	4.37	1.68	1.33	14.41	8.34
2007	JZB13						
2008	JZB01	7.09		1.22		43.80	
2008	JZB02	9.06		1.60		40.59	
2008	JZB03	9.71	12.71	1.49	2.03	56.01	57.22
2008	JZB04	7.03		1.72		41.25	

（续）

年份	站位	表层硅酸盐（μmol/L）	底层硅酸盐（μmol/L）	表层磷酸盐（μmol/L）	底层磷酸盐（μmol/L）	表层总溶解无机氮（μmol/L）	底层总溶解无机氮（μmol/L）
2008	JZB05	5.33	6.45	0.99	1.12	24.46	21.93
2008	JZB06	5.81		1.49		36.17	
2008	JZB07	5.03	5.19	1.43	1.02	24.05	22.38
2008	JZB08	5.71		1.17		18.37	
2008	JZB09	5.05	4.91	1.73	1.62	16.96	12.73
2008	JZB10	5.26	5.59	2.50	1.39	19.08	11.89
2008	JZB12	5.49	5.57	1.26	1.53	14.22	12.06
2008	JZB13						
2009	JZB01	8.95		0.61		19.29	
2009	JZB02	8.44		0.87		18.66	
2009	JZB03	14.99	11.95	1.86	1.26	55.94	43.22
2009	JZB04	7.35		0.39		29.32	
2009	JZB05	6.13	4.29	1.01	0.64	16.87	8.00
2009	JZB06	5.55		0.71		18.44	
2009	JZB07	7.78	5.34	1.50	0.52	23.37	12.58
2009	JZB08	4.85		1.11		10.57	
2009	JZB09	5.27	4.40	1.73	1.82	11.77	10.02
2009	JZB10	4.04	3.89	1.20	0.56	8.92	12.72
2009	JZB12	4.09	3.88	0.46	0.65	8.13	6.18
2009	JZB13	3.98	3.67	0.51	0.50	8.58	5.92
2010	JZB01	9.70		0.65		23.68	
2010	JZB02	10.53		0.82		29.09	
2010	JZB03	11.81	6.91	1.10	0.67	84.71	55.23
2010	JZB04	8.19		0.48		19.96	
2010	JZB05	5.20	4.41	0.50	0.41	10.87	7.86
2010	JZB06	5.27		0.69		36.45	
2010	JZB07	3.08	3.52	0.55	0.98	6.52	6.89
2010	JZB08	3.45		0.40		6.79	
2010	JZB09	3.84	2.88	0.40	0.34	7.06	5.71
2010	JZB10	3.69	3.86	0.58	1.44	6.32	7.10
2010	JZB12	3.34	2.78	0.87	0.61	5.14	5.02
2010	JZB13	3.44	3.21	2.64	1.65	5.94	5.94

（续）

年份	站位	表层硅酸盐（μmol/L）	底层硅酸盐（μmol/L）	表层磷酸盐（μmol/L）	底层磷酸盐（μmol/L）	表层总溶解无机氮（μmol/L）	底层总溶解无机氮（μmol/L）
2011	JZB01	10.41		0.60		27.23	
2011	JZB02	9.24		0.74		22.44	
2011	JZB03	17.12	11.57	1.67	1.18	74.52	52.08
2011	JZB04	9.48		0.73		23.74	
2011	JZB05	6.05	5.72	0.35	0.37	13.54	12.57
2011	JZB06	7.31		0.64		25.55	
2011	JZB07	5.55	5.44	0.29	0.25	11.53	11.12
2011	JZB08	5.20	4.84	0.33	0.29	11.27	12.01
2011	JZB09	4.38	4.21	0.23	0.48	9.24	8.09
2011	JZB10	4.36	4.60	0.26	0.22	6.63	7.73
2011	JZB12	4.54	4.50	0.24	0.24	8.06	10.06
2011	JZB13	4.55	4.51	0.37	0.31	9.31	7.82
2012	JZB01	8.43		0.63		21.88	
2012	JZB02	11.30		0.86		30.76	
2012	JZB03	17.63	16.63	1.35	0.77	76.38	45.50
2012	JZB04	8.49		0.62		25.43	
2012	JZB05	5.61	6.12	0.54	0.47	18.38	18.50
2012	JZB06	8.75		0.68		30.66	
2012	JZB07	3.66	4.49	0.31	0.41	10.15	9.62
2012	JZB08	3.89		0.37		10.40	
2012	JZB09	3.20	3.17	0.29	0.47	9.47	10.47
2012	JZB10	2.88	3.10	0.50	0.97	7.27	8.07
2012	JZB12	2.96	2.79	0.21	0.25	6.38	6.05
2012	JZB13	3.04	3.26	1.32	0.36	8.78	10.80
2013	JZB01	4.37		0.29		22.80	
2013	JZB02	6.19		0.73		35.02	
2013	JZB03	7.62	6.56	0.73	0.66	41.96	37.77
2013	JZB04	4.54		0.44		23.13	
2013	JZB05	2.84	2.53	0.32	0.28	12.18	9.93
2013	JZB06	4.06		0.48		23.74	
2013	JZB07	2.94	2.23	0.96	0.24	16.23	13.49
2013	JZB08	2.86		0.25		10.21	

（续）

年份	站位	表层硅酸盐 (μmol/L)	底层硅酸盐 (μmol/L)	表层磷酸盐 (μmol/L)	底层磷酸盐 (μmol/L)	表层总溶解无机氮 (μmol/L)	底层总溶解无机氮 (μmol/L)
2013	JZB09	2.65	2.82	0.27	0.31	10.54	11.21
2013	JZB10	2.46	2.79	0.21	0.23	7.95	9.38
2013	JZB12	2.91	2.71	0.50	0.31	8.72	8.12
2013	JZB13	3.18	3.20	0.22	0.23	10.53	9.55
2014	JZB01	6.27		0.47		15.46	
2014	JZB02	8.04		0.59		21.72	
2014	JZB03	10.00		0.83		36.75	
2014	JZB04	5.41		0.36		16.04	
2014	JZB05	2.86	3.34	0.26	0.27	8.83	9.96
2014	JZB06	4.36		0.33		15.22	
2014	JZB07	4.76	4.19	0.27	0.28	12.47	12.06
2014	JZB08	3.49		0.22		10.46	
2014	JZB09	3.07	2.93	0.26	0.28	10.50	8.51
2014	JZB10	3.21	2.93	0.21	0.36	6.58	6.61
2014	JZB12	3.23	2.80	0.24	0.22	6.72	5.86
2014	JZB13	2.81	2.91	0.25	0.28	9.15	7.67
2015	JZB01	4.89		0.25		14.50	
2015	JZB02	5.43		0.44		19.88	
2015	JZB03	9.51	8.38	0.78	0.57	44.88	36.47
2015	JZB04	3.96		0.30		14.95	
2015	JZB05	2.78	2.73	0.17	0.26	9.69	7.32
2015	JZB06	3.90		0.39		14.74	
2015	JZB07	3.06	2.51	0.21	0.23	9.26	8.43
2015	JZB08	2.53		0.18		7.55	
2015	JZB09	2.58	2.51	0.24	0.19	7.67	6.92
2015	JZB10	2.32	2.02	0.15	0.26	6.18	6.31
2015	JZB12	2.45	1.94	0.18	0.17	6.04	5.00
2015	JZB13	2.71	2.51	0.16	0.23	8.39	7.11

5.2 pH 数据集

5.2.1 概述

pH 是表征水质好坏的基本指标。pH 指示水体的酸碱度，是评估水体状态、研究海洋生物生长繁殖规律的基础数据，对海洋资源开发利用具有十分重要的意义。

pH 数据集基于 2007—2015 年胶州湾生态站在 12 个定位监测站对 pH 监测的数据整理形成。数据的质控和前处理过程同 5.1。整理统计形成两个数据表，为“定位站季度 pH 数据集”和“定位站年际 pH 数据集”。

5.2.2 数据采集和处理方法

pH 采用电极法测定，水样的采集与预处理严格按照《海洋调查规范》（中华人民共和国国家质量监督检验检疫总局，2007c）方法执行质量保证和质量控制。航次及分水层情况见 4.3.2。水样 pH 采用 pH 计现场测定并记录。

数据的质控和前处理过程见 5.1.2。选取表层和底层数据整理形成“定位站季度 pH 数据集”，进行年际统计，指标均取其平均值，形成“定位站年际 pH 数据集”，各统计数据项需站位在一年内有 4 次有效数据。对表层指标的季度变化分站位绘制形成图形数据。

5.2.3 数据质量控制和评估

质量控制在监测人员及野外样品采集等各方面的要求同 5.1.3。

数据的质控和前处理过程同 4.1。pH 数据集没有异常值。未采样站位信息同 4.1。2014 年 5 月 JZB12 由于现场 pH 计故障未进行测量。指标检验情况如表 5-5 所示，所涉及指标的表层和底层均无异常值。

表 5-5 指标 3sigma 检验未通过率

年份	数值未通过率（%）
2007	6
2008	18
2009	1
2010	1
2011	3
2012	0
2013	0
2014	0
2015	0

5.2.4 数据价值与数据获取方式

依托本数据集，可以开展水质状况、浮游生物 pH 的相互关系等研究，也为水产养殖、健康评估等提供参考数据。本数据集仅包含 2007—2015 年表层和底层数据，其他数据获取方式同 4.1.4。

5.2.5 数据

数据包括图形数据和表格数据，图形数据如图 5-4 所示，表格数据如表 5-6、表 5-7 所示。

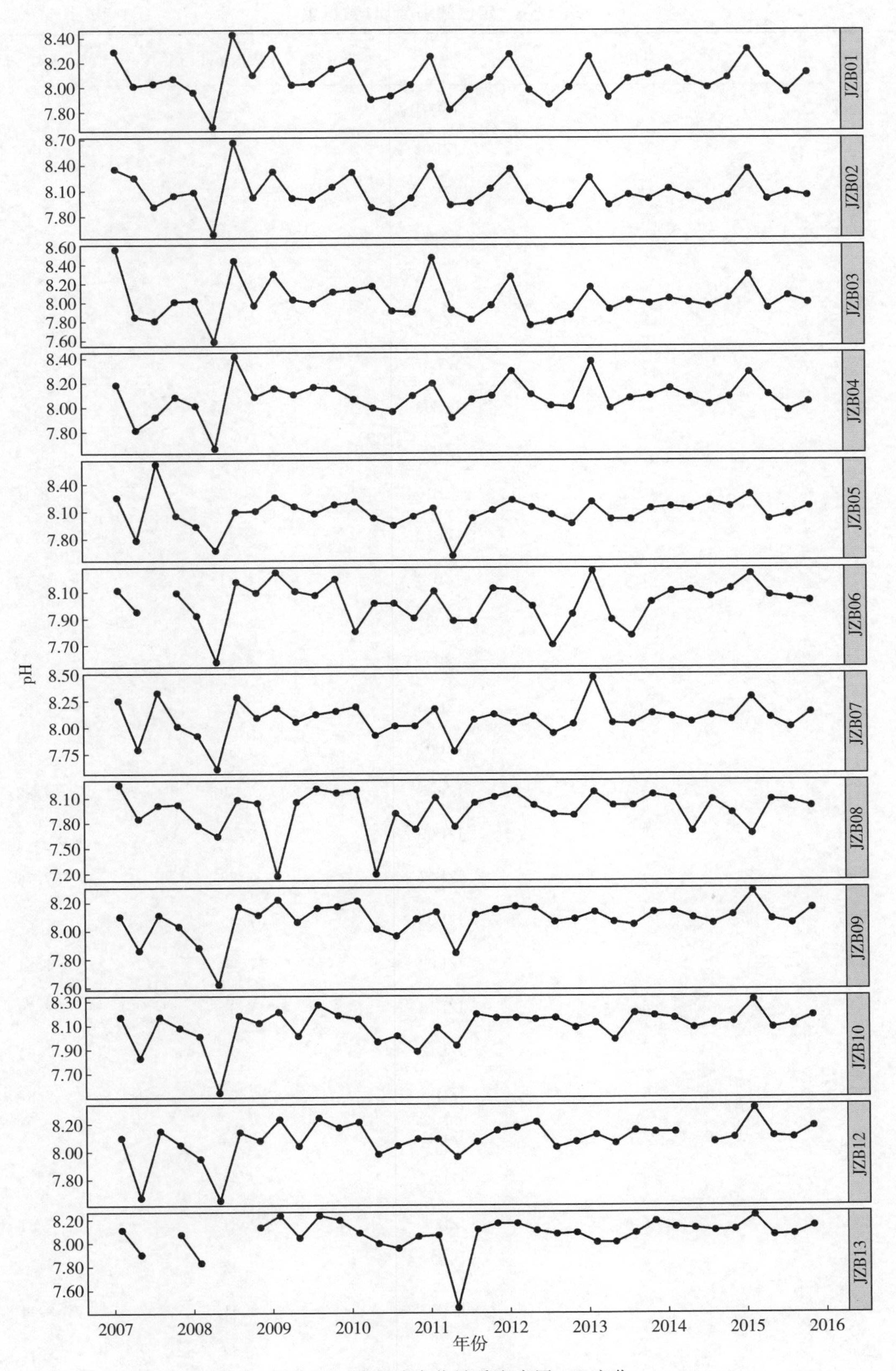

图 5-4　胶州湾定位站季度表层 pH 变化

表 5-6 定位站季度 pH 数据集

年份	月份	站位	表层 pH	底层 pH
2007	2	JZB01	8.29	
2007	2	JZB02	8.36	
2007	2	JZB03	8.56	8.56
2007	2	JZB04	8.18	
2007	2	JZB05	8.25	8.27
2007	2	JZB06	8.11	
2007	2	JZB07	8.25	8.24
2007	2	JZB08	8.26	
2007	2	JZB09	8.10	8.15
2007	2	JZB10	8.17	8.19
2007	2	JZB12	8.10	8.16
2007	2	JZB13	8.11	8.12
2007	5	JZB01	8.01	
2007	5	JZB02	8.26	
2007	5	JZB03	7.85	7.95
2007	5	JZB04	7.81	
2007	5	JZB05	7.78	7.82
2007	5	JZB06	7.95	
2007	5	JZB07	7.79	7.76
2007	5	JZB08	7.85	
2007	5	JZB09	7.86	7.84
2007	5	JZB10	7.83	7.79
2007	5	JZB12	7.67	7.64
2007	5	JZB13	7.90	7.87
2007	8	JZB01	8.03	
2007	8	JZB02	7.92	
2007	8	JZB03	7.81	7.81
2007	8	JZB04	7.92	
2007	8	JZB05	8.61	8.11
2007	8	JZB06	8.32	8.14
2007	8	JZB07	8.01	8.02

（续）

年份	月份	站位	表层 pH	底层 pH
2007	8	JZB08	8.11	8.11
2007	8	JZB09	8.17	8.18
2007	8	JZB10	8.15	8.18
2007	8	JZB12	8.07	
2007	11	JZB01	8.05	
2007	11	JZB02	8.01	8.01
2007	11	JZB03	8.08	
2007	11	JZB04	8.05	8.06
2007	11	JZB05	8.09	
2007	11	JZB07	8.01	8.00
2007	11	JZB08	8.02	
2007	11	JZB09	8.03	8.03
2007	11	JZB10	8.08	8.08
2007	11	JZB12	8.05	8.05
2007	11	JZB13	8.07	8.07
2008	2	JZB01	7.96	
2008	2	JZB02	8.09	
2008	2	JZB03	8.02	7.95
2008	2	JZB04	8.01	
2008	2	JZB05	7.93	7.92
2008	2	JZB06	7.92	
2008	2	JZB07	7.92	7.95
2008	2	JZB08	7.77	7.86
2008	2	JZB09	7.88	7.88
2008	2	JZB10	8.01	7.80
2008	2	JZB12	7.95	7.80
2008	2	JZB13	7.83	7.83
2008	5	JZB01	7.68	
2008	5	JZB02	7.60	
2008	5	JZB03	7.59	7.57
2008	5	JZB04	7.66	
2008	5	JZB05	7.67	7.63
2008	5	JZB06	7.57	

（续）

年份	月份	站位	表层 pH	底层 pH
2008	5	JZB07	7.61	7.62
2008	5	JZB08	7.64	7.62
2008	5	JZB09	7.62	7.64
2008	5	JZB10	7.54	7.62
2008	5	JZB12	7.65	7.65
2008	8	JZB01	8.43	
2008	8	JZB02	8.67	
2008	8	JZB03	8.44	8.03
2008	8	JZB04	8.41	
2008	8	JZB05	8.09	8.10
2008	8	JZB06	8.17	
2008	8	JZB07	8.28	8.15
2008	8	JZB08	8.08	8.11
2008	8	JZB09	8.17	8.10
2008	8	JZB10	8.18	8.00
2008	8	JZB12	8.14	7.99
2008	11	JZB01	8.10	
2008	11	JZB02	8.03	
2008	11	JZB03	7.97	7.97
2008	11	JZB04	8.08	
2008	11	JZB05	8.10	8.09
2008	11	JZB06	8.09	
2008	11	JZB07	8.09	8.10
2008	11	JZB08	8.04	
2008	11	JZB09	8.11	8.13
2008	11	JZB10	8.12	8.10
2008	11	JZB12	8.08	8.11
2008	11	JZB13	8.13	8.12
2009	2	JZB01	8.32	
2009	2	JZB02	8.33	
2009	2	JZB03	8.30	8.28
2009	2	JZB04	8.15	
2009	2	JZB05	8.25	8.24

（续）

年份	月份	站位	表层 pH	底层 pH
2009	2	JZB06	8.24	
2009	2	JZB07	8.18	8.23
2009	2	JZB08	7.17	
2009	2	JZB09	8.22	8.23
2009	2	JZB10	8.21	8.22
2009	2	JZB12	8.23	8.23
2009	2	JZB13	8.23	8.23
2009	5	JZB01	8.02	
2009	5	JZB02	8.02	
2009	5	JZB03	8.03	8.06
2009	5	JZB04	8.10	
2009	5	JZB05	8.15	8.17
2009	5	JZB06	8.10	8.10
2009	5	JZB07	8.05	8.09
2009	5	JZB08	8.05	
2009	5	JZB09	8.06	8.10
2009	5	JZB10	8.01	8.08
2009	5	JZB12	8.04	8.07
2009	5	JZB13	8.04	8.07
2009	8	JZB01	8.03	
2009	8	JZB02	8.00	
2009	8	JZB03	7.99	8.00
2009	8	JZB04	8.16	
2009	8	JZB05	8.07	8.21
2009	8	JZB06	8.07	
2009	8	JZB07	8.12	8.14
2009	8	JZB08	8.21	
2009	8	JZB09	8.16	8.22
2009	8	JZB10	8.27	8.27
2009	8	JZB12	8.24	8.25
2009	8	JZB13	8.23	8.24
2009	11	JZB01	8.15	
2009	11	JZB02	8.15	

（续）

年份	月份	站位	表层 pH	底层 pH
2009	11	JZB03	8.11	8.12
2009	11	JZB04	8.15	
2009	11	JZB05	8.17	8.19
2009	11	JZB06	8.19	
2009	11	JZB07	8.15	8.19
2009	11	JZB08	8.16	
2009	11	JZB09	8.17	8.19
2009	11	JZB10	8.18	8.18
2009	11	JZB12	8.17	8.19
2009	11	JZB13	8.19	8.18
2010	2	JZB01	8.21	
2010	2	JZB02	8.32	
2010	2	JZB03	8.13	8.13
2010	2	JZB04	8.06	
2010	2	JZB05	8.20	8.21
2010	2	JZB06	7.80	
2010	2	JZB07	8.19	8.20
2010	2	JZB08	8.20	8.21
2010	2	JZB09	8.21	8.22
2010	2	JZB10	8.15	8.21
2010	2	JZB12	8.21	8.22
2010	2	JZB13	8.08	8.18
2010	5	JZB01	7.90	
2010	5	JZB02	7.91	
2010	5	JZB03	8.17	8.11
2010	5	JZB04	7.99	
2010	5	JZB05	8.02	8.01
2010	5	JZB06	8.01	
2010	5	JZB07	7.92	7.94
2010	5	JZB08	7.19	
2010	5	JZB09	8.01	8.02
2010	5	JZB10	7.96	7.98
2010	5	JZB12	7.98	8.00

（续）

年份	月份	站位	表层 pH	底层 pH
2010	5	JZB13	7.99	8.01
2010	8	JZB01	7.93	
2010	8	JZB02	7.85	
2010	8	JZB03	7.91	7.89
2010	8	JZB04	7.96	
2010	8	JZB05	7.94	7.99
2010	8	JZB06	8.01	
2010	8	JZB07	8.01	7.92
2010	8	JZB08	7.91	
2010	8	JZB09	7.96	8.01
2010	8	JZB10	8.01	8.01
2010	8	JZB12	8.04	8.03
2010	8	JZB13	7.95	7.99
2010	11	JZB01	8.02	
2010	11	JZB02	8.02	
2010	11	JZB03	7.90	8.00
2010	11	JZB04	8.09	
2010	11	JZB05	8.04	8.09
2010	11	JZB06	7.90	
2010	11	JZB07	8.01	8.05
2010	11	JZB08	7.72	
2010	11	JZB09	8.08	8.12
2010	11	JZB10	7.88	8.05
2010	11	JZB12	8.09	8.13
2010	11	JZB13	8.05	8.15
2011	2	JZB01	8.25	
2011	2	JZB02	8.39	
2011	2	JZB03	8.47	8.55
2011	2	JZB04	8.19	
2011	2	JZB05	8.13	8.21
2011	2	JZB06	8.10	
2011	2	JZB07	8.17	8.21
2011	2	JZB08	8.10	8.14

（续）

年份	月份	站位	表层 pH	底层 pH
2011	2	JZB09	8.13	8.23
2011	2	JZB10	8.08	8.17
2011	2	JZB12	8.09	8.21
2011	2	JZB13	8.06	8.15
2011	5	JZB01	7.82	
2011	5	JZB02	7.94	
2011	5	JZB03	7.92	7.93
2011	5	JZB04	7.91	
2011	5	JZB05	7.61	7.79
2011	5	JZB06	7.88	
2011	5	JZB07	7.77	7.85
2011	5	JZB08	7.75	7.88
2011	5	JZB09	7.84	7.95
2011	5	JZB10	7.93	8.03
2011	5	JZB12	7.96	8.02
2011	5	JZB13	7.45	7.62
2011	8	JZB01	7.98	
2011	8	JZB02	7.96	
2011	8	JZB03	7.82	7.83
2011	8	JZB04	8.06	
2011	8	JZB05	8.02	7.93
2011	8	JZB06	7.88	
2011	8	JZB07	8.07	8.06
2011	8	JZB08	8.04	8.06
2011	8	JZB09	8.11	8.10
2011	8	JZB10	8.19	8.10
2011	8	JZB12	8.07	8.07
2011	8	JZB13	8.11	8.08
2011	11	JZB01	8.08	
2011	11	JZB02	8.13	
2011	11	JZB03	7.97	7.98
2011	11	JZB04	8.09	
2011	11	JZB05	8.11	8.14

（续）

年份	月份	站位	表层 pH	底层 pH
2011	11	JZB06	8.12	
2011	11	JZB07	8.12	8.15
2011	11	JZB08	8.11	8.15
2011	11	JZB09	8.15	8.15
2011	11	JZB10	8.16	8.16
2011	11	JZB12	8.15	8.12
2011	11	JZB13	8.16	8.17
2012	2	JZB01	8.27	
2012	2	JZB02	8.36	
2012	2	JZB03	8.27	8.15
2012	2	JZB04	8.29	
2012	2	JZB05	8.22	8.23
2012	2	JZB06	8.11	
2012	2	JZB07	8.04	8.16
2012	2	JZB08	8.18	8.18
2012	2	JZB09	8.17	8.16
2012	2	JZB10	8.16	8.18
2012	2	JZB12	8.17	8.18
2012	2	JZB13	8.16	8.18
2012	5	JZB01	7.98	
2012	5	JZB02	7.98	
2012	5	JZB03	7.76	7.80
2012	5	JZB04	8.10	
2012	5	JZB05	8.14	8.12
2012	5	JZB06	7.99	
2012	5	JZB07	8.10	8.13
2012	5	JZB08	8.01	8.09
2012	5	JZB09	8.16	8.17
2012	5	JZB10	8.15	8.16
2012	5	JZB12	8.21	8.19
2012	5	JZB13	8.10	8.12
2012	8	JZB01	7.86	
2012	8	JZB02	7.89	

（续）

年份	月份	站位	表层 pH	底层 pH
2012	8	JZB03	7.80	7.84
2012	8	JZB04	8.01	
2012	8	JZB05	8.06	8.08
2012	8	JZB06	7.70	
2012	8	JZB07	7.94	8.01
2012	8	JZB08	7.90	7.92
2012	8	JZB09	8.06	8.07
2012	8	JZB10	8.16	8.16
2012	8	JZB12	8.03	8.06
2012	8	JZB13	8.07	8.10
2012	11	JZB01	8.00	
2012	11	JZB02	7.93	
2012	11	JZB03	7.87	7.92
2012	11	JZB04	8.00	
2012	11	JZB05	7.96	7.95
2012	11	JZB06	7.93	
2012	11	JZB07	8.03	8.07
2012	11	JZB08	7.89	
2012	11	JZB09	8.08	8.03
2012	11	JZB10	8.08	8.07
2012	11	JZB12	8.07	8.09
2012	11	JZB13	8.08	8.04
2013	2	JZB01	8.25	
2013	2	JZB02	8.26	
2013	2	JZB03	8.16	8.16
2013	2	JZB04	8.37	
2013	2	JZB05	8.20	8.20
2013	2	JZB06	8.25	8.24
2013	2	JZB07	8.46	8.35
2013	2	JZB08	8.17	
2013	2	JZB09	8.13	8.14
2013	2	JZB10	8.12	8.13
2013	2	JZB12	8.12	8.12

（续）

年份	月份	站位	表层 pH	底层 pH
2013	2	JZB13	8.00	8.06
2013	5	JZB01	7.92	
2013	5	JZB02	7.94	
2013	5	JZB03	7.93	7.96
2013	5	JZB04	7.99	
2013	5	JZB05	8.01	8.05
2013	5	JZB06	7.89	
2013	5	JZB07	8.04	8.05
2013	5	JZB08	8.01	8.06
2013	5	JZB09	8.06	8.07
2013	5	JZB10	7.98	8.05
2013	5	JZB12	8.06	8.07
2013	5	JZB13	8.00	8.05
2013	8	JZB01	8.07	
2013	8	JZB02	8.06	
2013	8	JZB03	8.02	8.03
2013	8	JZB04	8.07	
2013	8	JZB05	8.01	8.00
2013	8	JZB06	7.77	
2013	8	JZB07	8.03	8.04
2013	8	JZB08	8.01	8.03
2013	8	JZB09	8.04	8.05
2013	8	JZB10	8.20	8.12
2013	8	JZB12	8.15	8.12
2013	8	JZB13	8.08	8.08
2013	11	JZB01	8.10	
2013	11	JZB02	8.01	
2013	11	JZB03	7.99	7.99
2013	11	JZB04	8.09	
2013	11	JZB05	8.13	8.14
2013	11	JZB06	8.02	
2013	11	JZB07	8.13	8.13
2013	11	JZB08	8.14	8.17

（续）

年份	月份	站位	表层 pH	底层 pH
2013	11	JZB09	8.13	8.16
2013	11	JZB10	8.18	8.18
2013	11	JZB12	8.14	8.17
2013	11	JZB13	8.18	8.20
2014	2	JZB01	8.15	
2014	2	JZB02	8.13	
2014	2	JZB03	8.04	
2014	2	JZB04	8.15	
2014	2	JZB05	8.15	8.16
2014	2	JZB06	8.10	
2014	2	JZB07	8.10	8.14
2014	2	JZB08	8.10	8.13
2014	2	JZB09	8.14	8.19
2014	2	JZB10	8.16	8.17
2014	2	JZB12	8.14	8.19
2014	2	JZB13	8.13	8.18
2014	5	JZB01	8.06	
2014	5	JZB02	8.04	
2014	5	JZB03	8.00	8.02
2014	5	JZB04	8.08	
2014	5	JZB05	8.13	8.13
2014	5	JZB06	8.11	
2014	5	JZB07	8.05	8.05
2014	5	JZB08	7.70	
2014	5	JZB09	8.09	8.11
2014	5	JZB10	8.08	
2014	5	JZB12		
2014	5	JZB13	8.12	8.14
2014	8	JZB01	8.00	
2014	8	JZB02	7.97	
2014	8	JZB03	7.96	7.96
2014	8	JZB04	8.02	
2014	8	JZB05	8.21	8.06

（续）

年份	月份	站位	表层 pH	底层 pH
2014	8	JZB06	8.06	8.05
2014	8	JZB07	8.11	8.08
2014	8	JZB08	8.08	8.07
2014	8	JZB09	8.05	8.09
2014	8	JZB10	8.12	8.09
2014	8	JZB12	8.07	8.05
2014	8	JZB13	8.10	8.09
2014	11	JZB01	8.08	
2014	11	JZB02	8.05	
2014	11	JZB03	8.05	8.07
2014	11	JZB04	8.08	
2014	11	JZB05	8.15	8.14
2014	11	JZB06	8.12	
2014	11	JZB07	8.07	8.05
2014	11	JZB08	7.92	
2014	11	JZB09	8.11	8.13
2014	11	JZB10	8.13	8.13
2014	11	JZB12	8.10	8.15
2014	11	JZB13	8.11	8.13
2015	2	JZB01	8.31	
2015	2	JZB02	8.36	
2015	2	JZB03	8.29	8.28
2015	2	JZB04	8.28	
2015	2	JZB05	8.28	8.28
2015	2	JZB06	8.23	
2015	2	JZB07	8.28	8.28
2015	2	JZB08	7.67	
2015	2	JZB09	8.28	8.27
2015	2	JZB10	8.31	8.28
2015	2	JZB12	8.31	8.32
2015	2	JZB13	8.23	8.29
2015	5	JZB01	8.10	
2015	5	JZB02	8.01	

（续）

年份	月份	站位	表层 pH	底层 pH
2015	5	JZB03	7.94	7.90
2015	5	JZB04	8.10	
2015	5	JZB05	8.01	8.04
2015	5	JZB06	8.07	8.09
2015	5	JZB07	8.09	8.09
2015	5	JZB08	8.08	8.09
2015	5	JZB09	8.08	8.11
2015	5	JZB10	8.08	8.10
2015	5	JZB12	8.11	8.11
2015	5	JZB13	8.06	8.09
2015	8	JZB01	7.96	
2015	8	JZB02	8.09	
2015	8	JZB03	8.07	8.08
2015	8	JZB04	7.97	
2015	8	JZB05	8.06	7.96
2015	8	JZB06	8.05	
2015	8	JZB07	8.00	8.02
2015	8	JZB08	8.07	8.07
2015	8	JZB09	8.05	8.09
2015	8	JZB10	8.11	8.21
2015	8	JZB12	8.10	8.07
2015	8	JZB13	8.07	8.06
2015	11	JZB01	8.12	
2015	11	JZB02	8.05	
2015	11	JZB03	8.00	8.00
2015	11	JZB04	8.04	
2015	11	JZB05	8.15	8.14
2015	11	JZB06	8.03	
2015	11	JZB07	8.14	8.15
2015	11	JZB08	8.00	
2015	11	JZB09	8.16	8.17
2015	11	JZB10	8.18	8.18
2015	11	JZB12	8.18	8.18
2015	11	JZB13	8.14	8.15

表 5-7 定位站年际 pH 数据集

年份	站位	表层 pH	底层 pH
2007	JZB01	8.10	
2007	JZB02	8.15	
2007	JZB03	8.06	
2007	JZB04	8.00	
2007	JZB05	8.17	
2007	JZB06	8.05	
2007	JZB07	8.09	8.04
2007	JZB08	8.04	
2007	JZB09	8.03	8.03
2007	JZB10	8.06	8.06
2007	JZB12	7.99	8.01
2007	JZB13	8.03	
2008	JZB01	8.04	
2008	JZB02	8.10	
2008	JZB03	8.01	7.88
2008	JZB04	8.04	
2008	JZB05	7.95	7.94
2008	JZB06	7.94	
2008	JZB07	7.98	7.96
2008	JZB08	7.88	
2008	JZB09	7.95	7.94
2008	JZB10	7.96	7.88
2008	JZB12	7.96	7.89
2008	JZB13	7.98	
2009	JZB01	8.13	
2009	JZB02	8.13	
2009	JZB03	8.11	8.12
2009	JZB04	8.14	
2009	JZB05	8.16	8.20
2009	JZB06	8.15	
2009	JZB07	8.13	8.16

（续）

年份	站位	表层 pH	底层 pH
2009	JZB08	7.90	
2009	JZB09	8.15	8.19
2009	JZB10	8.17	8.19
2009	JZB12	8.17	8.19
2009	JZB13	8.17	8.18
2010	JZB01	8.02	
2010	JZB02	8.03	
2010	JZB03	8.03	8.03
2010	JZB04	8.03	
2010	JZB05	8.05	8.08
2010	JZB06	7.93	
2010	JZB07	8.03	8.03
2010	JZB08	7.76	
2010	JZB09	8.07	8.09
2010	JZB10	8.00	8.06
2010	JZB12	8.08	8.10
2010	JZB13	8.02	8.08
2011	JZB01	8.03	
2011	JZB02	8.11	
2011	JZB03	8.05	8.07
2011	JZB04	8.06	
2011	JZB05	7.97	8.02
2011	JZB06	8.00	
2011	JZB07	8.03	8.07
2011	JZB08	8.00	8.06
2011	JZB09	8.06	8.11
2011	JZB10	8.09	8.12
2011	JZB12	8.07	8.11

（续）

年份	站位	表层 pH	底层 pH
2011	JZB13	7.95	8.01
2012	JZB01	8.03	
2012	JZB02	8.04	
2012	JZB03	7.93	7.93
2012	JZB04	8.10	
2012	JZB05	8.10	8.10
2012	JZB06	7.93	
2012	JZB07	8.03	8.09
2012	JZB08	8.00	
2012	JZB09	8.12	8.11
2012	JZB10	8.14	8.14
2012	JZB12	8.12	8.13
2012	JZB13	8.10	8.11
2013	JZB01	8.09	
2013	JZB02	8.07	
2013	JZB03	8.03	8.04
2013	JZB04	8.13	
2013	JZB05	8.09	8.10
2013	JZB06	7.98	
2013	JZB07	8.17	8.14
2013	JZB08	8.08	
2013	JZB09	8.09	8.11
2013	JZB10	8.12	8.12
2013	JZB12	8.12	8.12
2013	JZB13	8.07	8.10
2014	JZB01	8.07	
2014	JZB02	8.05	
2014	JZB03	8.01	

（续）

年份	站位	表层 pH	底层 pH
2014	JZB04	8.08	
2014	JZB05	8.16	8.12
2014	JZB06	8.10	
2014	JZB07	8.08	8.08
2014	JZB08	7.95	
2014	JZB09	8.10	8.13
2014	JZB10	8.12	
2014	JZB12		
2014	JZB13	8.12	8.14
2015	JZB01	8.12	
2015	JZB02	8.13	
2015	JZB03	8.08	8.07
2015	JZB04	8.10	
2015	JZB05	8.13	8.11
2015	JZB06	8.10	
2015	JZB07	8.13	8.14
2015	JZB08	7.96	
2015	JZB09	8.14	8.16
2015	JZB10	8.17	8.19
2015	JZB12	8.18	8.17
2015	JZB13	8.13	8.15

5.3 总磷总氮数据集

5.3.1 概述

总磷和总氮是反映水质状况的首要指标。总磷是水样经消解后将各种形态的磷转变成正磷酸盐后测定的结果，总氮是水中各种形态无机氮和有机氮的总量。两者是评估水体富营养化状况、研究赤潮等灾害爆发的基础数据，对海洋旅游业、养殖业等具有重要的意义。

总磷、总氮数据集基于 2007—2015 年胶州湾生态站在 12 个定位监测站对总磷、总氮监测的数据整理形成。数据的质控和前处理过程同 4.1。整理统计形成两个数据表，为“定位站季度总氮、总磷数据集”和“定位站年际总氮、总磷数据集”。

5.3.2　数据采集和处理方法

航次及分水层情况见 4.3.2。样品瓶均事先在体积分数为 1%的盐酸中浸泡 7 d 后用蒸馏水冲洗至中性，烘干待用。样品用过硫酸钾氧化法同时氧化总磷和总氮，消解成磷酸盐和硝酸盐，然后使用营养盐自动分析仪进行分析（赵卫红等，1999），2009 年之前为 SKALAR 流动分析仪（荷兰），2009 年之后为 QuAAtro 连续流动分析仪（德国）。

数据的质量控制和前处理过程同 4.1。选取表层和底层数据整理形成“定位站季度总氮、总磷数据集”，进行年际统计，指标均取其平均值，形成“定位站年际总氮、总磷数据集”，表中数据项需站位在一年内有 4 次有效数据。对表层指标的季度变化分站位绘制形成图形数据。

5.3.3　数据质量控制和评估

质量控制在监测人员及野外样品采集等各方面的要求同 5.1.3，数据的质控和前处理过程同 4.1，未采样站位信息同 4.1。各项指标检验情况如表 5-8 所示，其中 2010 年 8 月 JZB04 表层数据、2012 年 8 月 JZB02 数据确定为异常值进行剔除操作。

表 5-8　指标 3 sigma 检验未通过率

年份	总磷（%）	总氮（%）
2007	21	4
2008	1	1
2009	1	0
2010	1	0
2011	1	0
2012	1	0
2013	0	0
2014	0	1
2015	0	0

5.3.4　数据价值与数据获取方式

依托本数据集，可以开展评估水体富营养化状况、浮游生物与总磷、总氮的相互关系等研究，也为水产养殖、健康评估等提供参考数据。其他数据获取方式同 4.1.4。

5.3.5　数据

数据包括图形数据和表格数据，图形数据如图 5-5、图 5-6 所示，表格数据如表 5-9、表 5-10 所示。

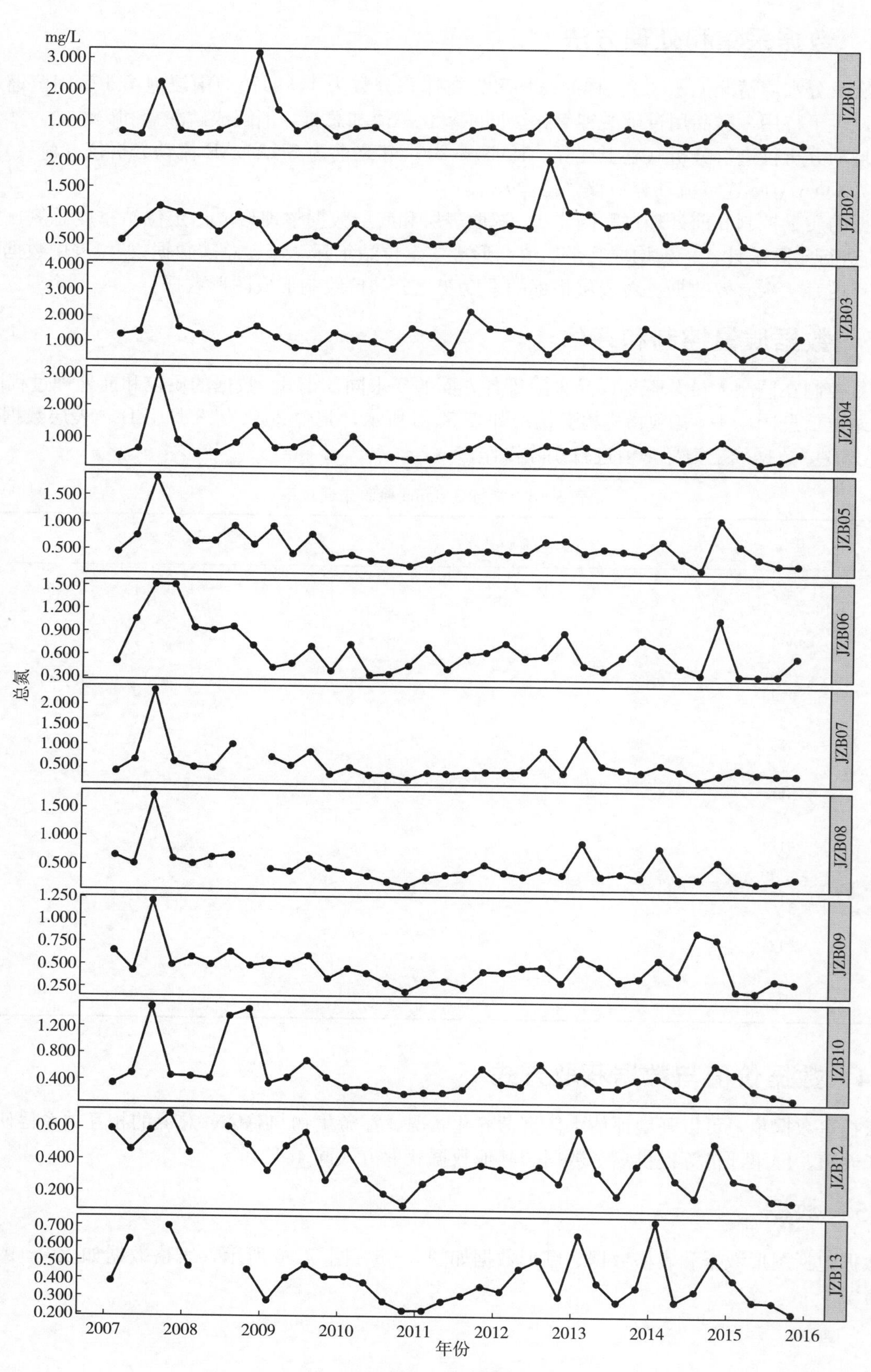

图 5-5 胶州湾定位站季度表层总氮变化

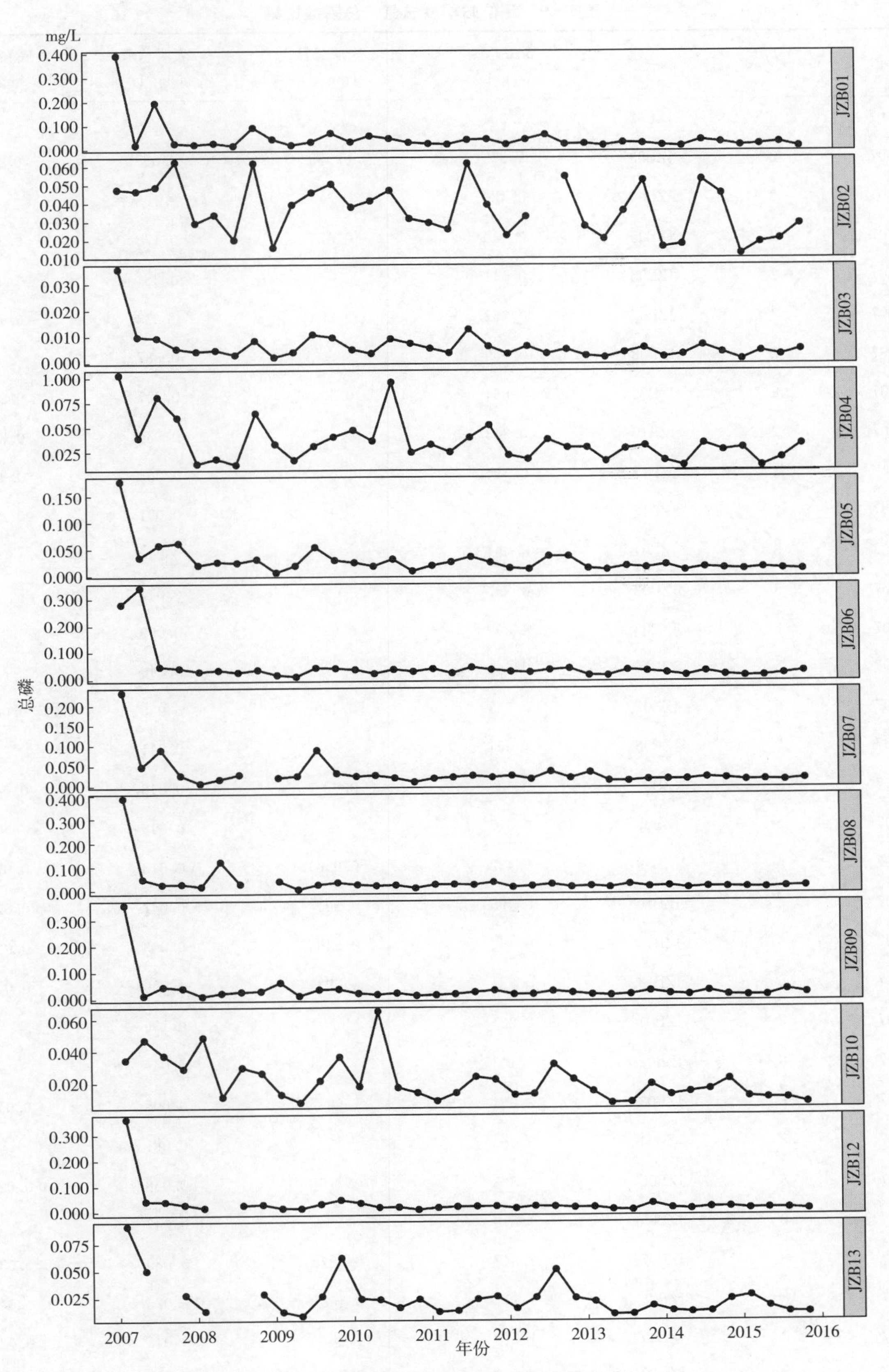

图 5-6　胶州湾定位站季度表层总磷变化

表 5-9 定位站季度总氮、总磷数据集

年份	月份	站位	表层总氮 (mg/L)	底层总氮 (mg/L)	表层总磷 (mg/L)	底层总磷 (mg/L)
2007	2	JZB02	0.504		0.048	
2007	2	JZB03	1.279	0.955	0.358	0.112
2007	2	JZB04	0.436		0.103	
2007	2	JZB05	0.440	0.675	0.178	0.347
2007	2	JZB06	0.511		0.281	
2007	2	JZB07	0.352	0.293	0.233	0.191
2007	2	JZB08	0.659		0.387	
2007	2	JZB09	0.654	0.534	0.357	0.253
2007	2	JZB10	0.343	0.635	0.035	0.314
2007	2	JZB12	0.594	1.056	0.363	0.095
2007	2	JZB13	0.383	0.445	0.091	0.279
2007	5	JZB01	0.594		0.020	
2007	5	JZB02	0.857		0.047	
2007	5	JZB03	1.392	0.933	0.099	0.053
2007	5	JZB04	0.661		0.040	
2007	5	JZB05	0.748	0.489	0.035	0.083
2007	5	JZB06	1.064		0.341	
2007	5	JZB07	0.632	0.628	0.048	0.047
2007	5	JZB08	0.517		0.048	
2007	5	JZB09	0.432	0.936	0.013	0.078
2007	5	JZB10	0.495	0.521	0.047	0.022
2007	5	JZB12	0.462	0.543	0.043	0.023
2007	5	JZB13	0.621	0.683	0.050	0.040
2007	8	JZB01	2.231		0.196	
2007	8	JZB02	1.143		0.049	
2007	8	JZB03	3.964	1.688	0.095	0.051
2007	8	JZB04	3.050		0.081	
2007	8	JZB05	1.823	0.779	0.058	0.022
2007	8	JZB06	1.519		0.047	
2007	8	JZB07	2.347	0.887	0.089	0.032
2007	8	JZB08	1.717	3.462	0.025	0.044
2007	8	JZB09	1.213	1.081	0.045	0.027
2007	8	JZB10	1.501	0.532	0.037	0.018

（续）

年份	月份	站位	表层总氮（mg/L）	底层总氮（mg/L）	表层总磷（mg/L）	底层总磷（mg/L）
2007	8	JZB12	0.584	0.530	0.040	0.025
2007	11	JZB01	0.698		0.027	
2007	11	JZB02	1.028		0.063	
2007	11	JZB03	1.581	1.211	0.054	0.041
2007	11	JZB04	0.916		0.060	
2007	11	JZB05	1.026	0.664	0.062	0.059
2007	11	JZB06	1.512		0.041	
2007	11	JZB07	0.584	0.519	0.027	0.024
2007	11	JZB08	0.602		0.027	
2007	11	JZB09	0.498	0.488	0.040	0.035
2007	11	JZB10	0.460	0.359	0.029	0.030
2007	11	JZB12	0.689	0.456	0.028	0.025
2007	11	JZB13	0.698	0.711	0.028	0.027
2008	2	JZB01	0.635		0.022	
2008	2	JZB02	0.955		0.029	
2008	2	JZB03	1.286	1.201	0.044	0.042
2008	2	JZB04	0.482		0.014	
2008	2	JZB05	0.631	0.511	0.021	0.018
2008	2	JZB06	0.951		0.029	
2008	2	JZB07	0.448	0.450	0.007	0.014
2008	2	JZB08	0.516	0.526	0.016	0.010
2008	2	JZB09	0.583	0.488	0.010	0.015
2008	2	JZB10	0.449	0.696	0.049	0.018
2008	2	JZB12	0.444	0.653	0.016	0.014
2008	2	JZB13	0.468	0.533	0.013	0.015
2008	5	JZB01	0.722		0.028	
2008	5	JZB02	0.663		0.034	
2008	5	JZB03	0.917	1.984	0.048	0.053
2008	5	JZB04	0.536		0.019	
2008	5	JZB05	0.647	0.512	0.027	0.019
2008	5	JZB06	0.917		0.034	
2008	5	JZB07	0.429	0.428	0.017	0.016

（续）

年份	月份	站位	表层总氮 (mg/L)	底层总氮 (mg/L)	表层总磷 (mg/L)	底层总磷 (mg/L)
2008	5	JZB08	0.631	0.501	0.120	0.022
2008	5	JZB09	0.501	0.647	0.022	0.027
2008	5	JZB10	0.418	0.369	0.011	0.014
2008	5	JZB12		0.370		0.013
2008	8	JZB01	0.992		0.017	
2008	8	JZB02	0.985		0.020	
2008	8	JZB03	1.276	0.974	0.031	0.022
2008	8	JZB04	0.846		0.013	
2008	8	JZB05	0.927	0.506	0.025	0.007
2008	8	JZB06	0.965		0.026	
2008	8	JZB07	1.013	0.698	0.028	0.022
2008	8	JZB08	0.668	0.849	0.027	0.028
2008	8	JZB09	0.641	0.897	0.027	0.050
2008	8	JZB10	1.358	0.822	0.030	0.026
2008	8	JZB12	0.607	0.686	0.026	0.034
2008	11	JZB01	3.165		0.093	
2008	11	JZB02	0.827		0.062	
2008	11	JZB03	1.609	1.737	0.085	0.083
2008	11	JZB04	1.377		0.064	
2008	11	JZB05	0.578	0.678	0.032	0.033
2008	11	JZB06	0.723		0.035	
2008	11	JZB07		0.820		0.047
2008	11	JZB09	0.489		0.029	
2008	11	JZB10	1.465	0.553	0.026	0.026
2008	11	JZB12	0.494	0.689	0.028	0.033
2008	11	JZB13	0.449	0.474	0.029	0.027
2009	2	JZB01	1.367		0.044	
2009	2	JZB02	0.307		0.016	
2009	2	JZB03	1.186	0.655	0.022	0.014
2009	2	JZB04	0.682		0.033	
2009	2	JZB05	0.923	0.408	0.007	0.008
2009	2	JZB06	0.431		0.016	

（续）

年份	月份	站位	表层总氮 (mg/L)	底层总氮 (mg/L)	表层总磷 (mg/L)	底层总磷 (mg/L)
2009	2	JZB07	0.698	0.504	0.021	0.009
2009	2	JZB08	0.425		0.038	
2009	2	JZB09	0.520	0.294	0.061	0.010
2009	2	JZB10	0.344	0.458	0.013	0.013
2009	2	JZB12	0.328	0.344	0.013	0.010
2009	2	JZB13	0.276	0.264	0.012	0.013
2009	5	JZB01	0.709		0.019	
2009	5	JZB02	0.555		0.039	
2009	5	JZB03	0.766	0.804	0.040	0.245
2009	5	JZB04	0.717		0.017	
2009	5	JZB05	0.407	0.393	0.019	0.011
2009	5	JZB06	0.487	0.430	0.010	0.015
2009	5	JZB07	0.492	0.590	0.025	0.012
2009	5	JZB08	0.385		0.003	
2009	5	JZB09	0.506	0.531	0.011	0.010
2009	5	JZB10	0.434	0.434	0.008	0.008
2009	5	JZB12	0.485	0.552	0.012	0.010
2009	5	JZB13	0.404	0.430	0.008	0.011
2009	8	JZB01	1.031		0.033	
2009	8	JZB02	0.589		0.046	
2009	8	JZB03	0.731	0.589	0.108	0.080
2009	8	JZB04	1.015		0.031	
2009	8	JZB05	0.772	0.765	0.054	0.037
2009	8	JZB06	0.710		0.042	
2009	8	JZB07	0.827	0.438	0.088	0.023
2009	8	JZB08	0.605		0.023	
2009	8	JZB09	0.598	0.411	0.034	0.018
2009	8	JZB10	0.686	0.521	0.021	0.028
2009	8	JZB12	0.572	0.610	0.030	0.024
2009	8	JZB13	0.479	0.714	0.027	0.031
2009	11	JZB01	0.547		0.069	
2009	11	JZB02	0.398		0.051	

（续）

年份	月份	站位	表层总氮 (mg/L)	底层总氮 (mg/L)	表层总磷 (mg/L)	底层总磷 (mg/L)
2009	11	JZB03	1.365	1.335	0.096	0.092
2009	11	JZB04	0.415		0.040	
2009	11	JZB05	0.338	0.354	0.030	0.038
2009	11	JZB06	0.391		0.040	
2009	11	JZB07	0.286	0.301	0.031	0.033
2009	11	JZB08	0.440		0.032	
2009	11	JZB09	0.344	0.421	0.036	0.043
2009	11	JZB10	0.432	0.391	0.036	0.040
2009	11	JZB12	0.267	0.292	0.045	0.039
2009	11	JZB13	0.410	0.384	0.062	0.047
2010	2	JZB01	0.784		0.032	
2010	2	JZB02	0.824		0.038	
2010	2	JZB03	1.064	0.896	0.050	0.053
2010	2	JZB04	1.047		0.047	
2010	2	JZB05	0.384	0.224	0.025	0.012
2010	2	JZB06	0.739		0.035	
2010	2	JZB07	0.446	0.410	0.024	0.018
2010	2	JZB08	0.375	0.501	0.023	0.032
2010	2	JZB09	0.458	0.251	0.020	0.019
2010	2	JZB10	0.287	0.452	0.018	0.034
2010	2	JZB12	0.473	0.428	0.033	0.029
2010	2	JZB13	0.411	0.463	0.024	0.034
2010	5	JZB01	0.834		0.057	
2010	5	JZB02	0.570		0.041	
2010	5	JZB03	1.025	0.716	0.035	0.033
2010	5	JZB04	0.444		0.036	
2010	5	JZB05	0.283	0.271	0.018	0.026
2010	5	JZB06	0.333		0.021	
2010	5	JZB07	0.268	0.373	0.026	0.022
2010	5	JZB08	0.304		0.019	
2010	5	JZB09	0.406	0.495	0.015	0.026
2010	5	JZB10	0.295	0.328	0.065	0.045

（续）

年份	月份	站位	表层总氮 (mg/L)	底层总氮 (mg/L)	表层总磷 (mg/L)	底层总磷 (mg/L)
2010	5	JZB12	0.280	0.540	0.016	0.037
2010	5	JZB13	0.378	0.379	0.023	0.020
2010	8	JZB01	0.460		0.046	
2010	8	JZB02	0.452		0.047	
2010	8	JZB03	0.740	0.363	0.091	0.053
2010	8	JZB04	0.421		0.095	
2010	8	JZB05	0.250	0.258	0.031	0.063
2010	8	JZB06	0.350		0.036	
2010	8	JZB07	0.260	0.212	0.020	0.032
2010	8	JZB08	0.199		0.021	
2010	8	JZB09	0.298	0.201	0.020	0.025
2010	8	JZB10	0.248	0.277	0.017	0.069
2010	8	JZB12	0.183	0.131	0.017	0.008
2010	8	JZB13	0.270	0.471	0.016	0.040
2010	11	JZB01	0.437		0.030	
2010	11	JZB02	0.537		0.032	
2010	11	JZB03	1.554	0.518	0.073	0.032
2010	11	JZB04	0.340		0.025	
2010	11	JZB05	0.185	0.401	0.009	0.017
2010	11	JZB06	0.458		0.028	
2010	11	JZB07	0.150	0.177	0.010	0.008
2010	11	JZB08	0.131		0.008	
2010	11	JZB09	0.200	0.132	0.012	0.008
2010	11	JZB10	0.194	0.182	0.014	0.015
2010	11	JZB12	0.109	0.129	0.007	0.013
2010	11	JZB13	0.218	0.235	0.023	0.022
2011	2	JZB01	0.453		0.024	
2011	2	JZB02	0.446		0.029	
2011	2	JZB03	1.306	1.518	0.054	0.063
2011	2	JZB04	0.350		0.033	
2011	2	JZB05	0.303	0.363	0.019	0.024
2011	2	JZB06	0.703		0.038	

（续）

年份	月份	站位	表层总氮 (mg/L)	底层总氮 (mg/L)	表层总磷 (mg/L)	底层总磷 (mg/L)
2011	2	JZB07	0.325	0.434	0.018	0.021
2011	2	JZB08	0.282	0.360	0.023	0.021
2011	2	JZB09	0.310	0.439	0.013	0.040
2011	2	JZB10	0.212	0.259	0.009	0.014
2011	2	JZB12	0.248	0.221	0.014	0.020
2011	2	JZB13	0.219	0.317	0.012	0.018
2011	5	JZB01	0.480		0.022	
2011	5	JZB02	0.460		0.026	
2011	5	JZB03	0.605	0.463	0.037	0.029
2011	5	JZB04	0.472		0.025	
2011	5	JZB05	0.444	0.420	0.026	0.022
2011	5	JZB06	0.418		0.022	
2011	5	JZB07	0.305	0.361	0.021	0.020
2011	5	JZB08	0.326	0.458	0.024	0.020
2011	5	JZB09	0.319	0.218	0.017	0.015
2011	5	JZB10	0.210	0.299	0.014	0.021
2011	5	JZB12	0.327	0.231	0.018	0.015
2011	5	JZB13	0.272	0.385	0.013	0.020
2011	8	JZB01	0.760		0.040	
2011	8	JZB02	0.876		0.062	
2011	8	JZB03	2.217	0.906	0.127	0.068
2011	8	JZB04	0.692		0.040	
2011	8	JZB05	0.456	0.355	0.036	0.029
2011	8	JZB06	0.604		0.043	
2011	8	JZB07	0.342	0.288	0.025	0.022
2011	8	JZB08	0.348	0.364	0.021	0.024
2011	8	JZB09	0.251	0.256	0.024	0.020
2011	8	JZB10	0.258	0.211	0.024	0.019
2011	8	JZB12	0.330	0.613	0.019	0.019
2011	8	JZB13	0.305	0.337	0.023	0.022
2011	11	JZB01	0.864		0.043	
2011	11	JZB02	0.696		0.039	

（续）

年份	月份	站位	表层总氮 (mg/L)	底层总氮 (mg/L)	表层总磷 (mg/L)	底层总磷 (mg/L)
2011	11	JZB03	1.564	1.727	0.062	0.068
2011	11	JZB04	1.006		0.052	
2011	11	JZB05	0.467	0.523	0.025	0.029
2011	11	JZB06	0.638		0.034	
2011	11	JZB07	0.349	0.436	0.021	0.024
2011	11	JZB08	0.506	0.475	0.033	0.027
2011	11	JZB09	0.428	0.465	0.030	0.043
2011	11	JZB10	0.575	0.383	0.022	0.022
2011	11	JZB12	0.367	0.333	0.020	0.021
2011	11	JZB13	0.358	0.403	0.026	0.021
2012	2	JZB01	0.535		0.022	
2012	2	JZB02	0.804		0.022	
2012	2	JZB03	1.484	0.766	0.033	0.025
2012	2	JZB04	0.535		0.022	
2012	2	JZB05	0.415	0.347	0.015	0.013
2012	2	JZB06	0.756		0.027	
2012	2	JZB07	0.351	0.352	0.025	0.018
2012	2	JZB08	0.366	0.611	0.012	0.015
2012	2	JZB09	0.422	0.398	0.015	0.021
2012	2	JZB10	0.344	0.319	0.012	0.021
2012	2	JZB12	0.344	0.303	0.012	0.016
2012	2	JZB13	0.330	0.342	0.015	0.014
2012	5	JZB01	0.682		0.042	
2012	5	JZB02	0.755		0.033	
2012	5	JZB03	1.292	1.244	0.062	0.072
2012	5	JZB04	0.573		0.018	
2012	5	JZB05	0.413	0.249	0.013	0.013
2012	5	JZB06	0.561		0.025	
2012	5	JZB07	0.358	0.455	0.016	0.018
2012	5	JZB08	0.300	0.336	0.017	0.015
2012	5	JZB09	0.471	0.327	0.016	0.012
2012	5	JZB10	0.310	0.318	0.013	0.015

（续）

年份	月份	站位	表层总氮 (mg/L)	底层总氮 (mg/L)	表层总磷 (mg/L)	底层总磷 (mg/L)
2012	5	JZB12	0.306	0.310	0.020	0.011
2012	5	JZB13	0.458	0.281	0.025	0.014
2012	8	JZB01	1.276		0.062	
2012	8	JZB02	2.022			
2012	8	JZB03	0.578	1.183	0.034	0.080
2012	8	JZB04	0.800		0.038	
2012	8	JZB05	0.650	0.811	0.037	0.037
2012	8	JZB06	0.585		0.034	
2012	8	JZB07	0.865	0.649	0.035	0.036
2012	8	JZB08	0.430	0.797	0.024	0.031
2012	8	JZB09	0.479	0.516	0.027	0.037
2012	8	JZB10	0.647	0.647	0.031	0.031
2012	8	JZB12	0.359	0.640	0.019	0.028
2012	8	JZB13	0.509	0.545	0.051	0.041
2012	11	JZB01	0.389		0.023	
2012	11	JZB02	1.052		0.055	
2012	11	JZB03	1.199	0.877	0.050	0.043
2012	11	JZB04	0.651		0.030	
2012	11	JZB05	0.669	0.686	0.037	0.042
2012	11	JZB06	0.892		0.039	
2012	11	JZB07	0.332	0.522	0.019	0.026
2012	11	JZB08	0.335		0.012	
2012	11	JZB09	0.306	0.337	0.021	0.024
2012	11	JZB10	0.348	0.249	0.022	0.022
2012	11	JZB12	0.254	0.242	0.015	0.016
2012	11	JZB13	0.302	0.382	0.024	0.054
2013	2	JZB01	0.673		0.025	
2013	2	JZB02	1.022		0.027	
2013	2	JZB03	1.156	1.237	0.026	0.033
2013	2	JZB04	0.757		0.030	
2013	2	JZB05	0.437	0.658	0.014	0.018
2013	2	JZB06	0.464	0.695	0.014	0.020

（续）

年份	月份	站位	表层总氮 (mg/L)	底层总氮 (mg/L)	表层总磷 (mg/L)	底层总磷 (mg/L)
2013	2	JZB07	1.191	0.797	0.033	0.023
2013	2	JZB08	0.893		0.017	
2013	2	JZB09	0.587	0.621	0.014	0.019
2013	2	JZB10	0.486	0.584	0.015	0.019
2013	2	JZB12	0.587	0.513	0.016	0.022
2013	2	JZB13	0.651	0.532	0.021	0.020
2013	5	JZB01	0.558		0.017	
2013	5	JZB02	0.777		0.021	
2013	5	JZB03	0.608	0.413	0.020	0.012
2013	5	JZB04	0.580		0.016	
2013	5	JZB05	0.509	0.345	0.012	0.007
2013	5	JZB06	0.400		0.013	
2013	5	JZB07	0.500	0.367	0.012	0.009
2013	5	JZB08	0.309	0.228	0.010	0.004
2013	5	JZB09	0.489	0.355	0.012	0.008
2013	5	JZB10	0.291	0.322	0.007	0.008
2013	5	JZB12	0.325	0.326	0.007	0.010
2013	5	JZB13	0.380	0.376	0.009	0.013
2013	8	JZB01	0.826		0.029	
2013	8	JZB02	0.812		0.036	
2013	8	JZB03	0.635	0.530	0.039	0.023
2013	8	JZB04	0.936		0.028	
2013	8	JZB05	0.467	0.370	0.018	0.014
2013	8	JZB06	0.577		0.033	
2013	8	JZB07	0.406	0.584	0.012	0.013
2013	8	JZB08	0.356	0.426	0.024	0.016
2013	8	JZB09	0.320	0.380	0.014	0.014
2013	8	JZB10	0.294	0.271	0.008	0.009
2013	8	JZB12	0.175	0.335	0.004	0.014
2013	8	JZB13	0.272	0.380	0.009	0.012
2013	11	JZB01	0.694		0.026	
2013	11	JZB02	1.100		0.052	

（续）

年份	月份	站位	表层总氮 (mg/L)	底层总氮 (mg/L)	表层总磷 (mg/L)	底层总磷 (mg/L)
2013	11	JZB03	1.613	1.495	0.056	0.078
2013	11	JZB04	0.723		0.031	
2013	11	JZB05	0.419	0.551	0.016	0.016
2013	11	JZB06	0.806		0.029	
2013	11	JZB07	0.351	0.480	0.016	0.016
2013	11	JZB08	0.291	0.340	0.013	0.014
2013	11	JZB09	0.357	0.349	0.028	0.016
2013	11	JZB10	0.415	0.346	0.019	0.017
2013	11	JZB12	0.366	0.338	0.031	0.025
2013	11	JZB13	0.354	0.356	0.017	0.025
2014	2	JZB01	0.414		0.018	
2014	2	JZB02	0.481		0.016	
2014	2	JZB03	1.127		0.022	
2014	2	JZB04	0.551		0.017	
2014	2	JZB05	0.654	0.660	0.021	0.036
2014	2	JZB06	0.689		0.022	
2014	2	JZB07	0.523	0.742	0.016	0.016
2014	2	JZB08	0.801	0.576	0.016	0.014
2014	2	JZB09	0.564	0.468	0.017	0.018
2014	2	JZB10	0.443	0.472	0.012	0.026
2014	2	JZB12	0.499	0.535	0.012	0.012
2014	2	JZB13	0.728	0.465	0.012	0.012
2014	5	JZB01	0.301		0.015	
2014	5	JZB02	0.511		0.018	
2014	5	JZB03	0.722	0.772	0.032	0.025
2014	5	JZB04	0.292		0.012	
2014	5	JZB05	0.335	0.340	0.011	0.010
2014	5	JZB06	0.444		0.013	
2014	5	JZB07	0.376	0.316	0.016	0.013
2014	5	JZB08	0.260		0.008	
2014	5	JZB09	0.391	0.258	0.013	0.012
2014	5	JZB10	0.290	0.332	0.014	0.011

（续）

年份	月份	站位	表层总氮 (mg/L)	底层总氮 (mg/L)	表层总磷 (mg/L)	底层总磷 (mg/L)
2014	5	JZB12	0.275	0.221	0.008	0.010
2014	5	JZB13	0.275	0.273	0.011	0.018
2014	8	JZB01	0.469		0.040	
2014	8	JZB02	0.384		0.053	
2014	8	JZB03	0.740	0.366	0.066	0.035
2014	8	JZB04	0.539		0.034	
2014	8	JZB05	0.127	0.540	0.017	0.012
2014	8	JZB06	0.348	0.221	0.029	0.024
2014	8	JZB07	0.144	0.407	0.020	0.009
2014	8	JZB08	0.263	0.323	0.013	0.010
2014	8	JZB09	0.868	0.768	0.028	0.018
2014	8	JZB10	0.172	0.168	0.016	0.013
2014	8	JZB12	0.167	0.178	0.016	0.013
2014	8	JZB13	0.335	0.162	0.012	0.006
2014	11	JZB01	1.045		0.031	
2014	11	JZB02	1.196		0.045	
2014	11	JZB03	1.056	0.540	0.039	0.026
2014	11	JZB04	0.930		0.027	
2014	11	JZB05	1.053	0.752	0.014	0.011
2014	11	JZB06	1.067		0.016	
2014	11	JZB07	0.286	0.572	0.018	0.030
2014	11	JZB08	0.570		0.011	
2014	11	JZB09	0.795	0.678	0.013	0.016
2014	11	JZB10	0.640	0.647	0.022	0.021
2014	11	JZB12	0.511	0.962	0.017	0.020
2014	11	JZB13	0.522	0.648	0.023	0.036
2015	2	JZB01	0.575		0.018	
2015	2	JZB02	0.429		0.012	
2015	2	JZB03	0.407	0.642	0.013	0.041
2015	2	JZB04	0.540		0.029	
2015	2	JZB05	0.573	0.604	0.013	0.018
2015	2	JZB06	0.337		0.011	

（续）

年份	月份	站位	表层总氮 (mg/L)	底层总氮 (mg/L)	表层总磷 (mg/L)	底层总磷 (mg/L)
2015	2	JZB07	0.407	0.408	0.014	0.013
2015	2	JZB08	0.241		0.010	
2015	2	JZB09	0.219	0.633	0.011	0.016
2015	2	JZB10	0.509	0.447	0.011	0.011
2015	2	JZB12	0.277	0.345	0.010	0.010
2015	2	JZB13	0.400	0.154	0.027	0.008
2015	5	JZB01	0.300		0.023	
2015	5	JZB02	0.334		0.019	
2015	5	JZB03	0.786	0.694	0.044	0.043
2015	5	JZB04	0.233		0.011	
2015	5	JZB05	0.332	0.250	0.016	0.013
2015	5	JZB06	0.334	0.246	0.012	0.011
2015	5	JZB07	0.311	0.209	0.015	0.011
2015	5	JZB08	0.191	0.262	0.009	0.014
2015	5	JZB09	0.202	0.263	0.011	0.014
2015	5	JZB10	0.265	0.274	0.010	0.031
2015	5	JZB12	0.253	0.302	0.012	0.013
2015	5	JZB13	0.278	0.210	0.017	0.011
2015	8	JZB01	0.539		0.031	
2015	8	JZB02	0.311		0.021	
2015	8	JZB03	0.439	0.286	0.030	0.016
2015	8	JZB04	0.316		0.019	
2015	8	JZB05	0.217	0.212	0.013	0.014
2015	8	JZB06	0.341		0.020	
2015	8	JZB07	0.292	0.251	0.013	0.014
2015	8	JZB08	0.209	0.236	0.013	0.018
2015	8	JZB09	0.338	0.192	0.032	0.011
2015	8	JZB10	0.182	0.231	0.010	0.014
2015	8	JZB12	0.149	0.206	0.011	0.018
2015	8	JZB13	0.272	0.152	0.011	0.011
2015	11	JZB01	0.317		0.013	
2015	11	JZB02	0.399		0.029	

（续）

年份	月份	站位	表层总氮（mg/L）	底层总氮（mg/L）	表层总磷（mg/L）	底层总磷（mg/L）
2015	11	JZB03	1.228	1.260	0.050	0.063
2015	11	JZB04	0.566		0.033	
2015	11	JZB05	0.210	0.240	0.012	0.012
2015	11	JZB06	0.574		0.028	
2015	11	JZB07	0.294	0.310	0.017	0.021
2015	11	JZB08	0.276		0.015	
2015	11	JZB09	0.305	0.211	0.020	0.009
2015	11	JZB10	0.122	0.256	0.007	0.022
2015	11	JZB12	0.140	0.289	0.007	0.018
2015	11	JZB13	0.211	0.306	0.011	0.027

表 5-10 定位站年际总氮、总磷数据集

年份	站位	表层总氮（mg/L）	底层总氮（mg/L）	表层总磷（mg/L）	底层总磷（mg/L）
2007	JZB01	1.052		0.159	
2007	JZB02	0.883		0.051	
2007	JZB03	2.054	1.197	0.151	0.064
2007	JZB04	1.266		0.071	
2007	JZB05	1.009	0.652	0.083	0.128
2007	JZB06	1.152		0.177	
2007	JZB07	0.979	0.582	0.099	0.074
2007	JZB08	0.874		0.122	
2007	JZB09	0.699	0.760	0.114	0.098
2007	JZB10	0.700	0.512	0.037	0.096
2007	JZB12	0.583	0.646	0.119	0.042
2007	JZB13				
2008	JZB01	1.378		0.040	
2008	JZB02	0.857		0.036	
2008	JZB03	1.272	1.474	0.052	0.050
2008	JZB04	0.810		0.027	
2008	JZB05	0.696	0.552	0.026	0.019

（续）

年份	站位	表层总氮（mg/L）	底层总氮（mg/L）	表层总磷（mg/L）	底层总磷（mg/L）
2008	JZB06	0.889		0.031	
2008	JZB07		0.599		0.025
2008	JZB08				
2008	JZB09	0.553		0.022	
2008	JZB10	0.923	0.610	0.029	0.021
2008	JZB12		0.599		0.024
2008	JZB13				
2009	JZB01	0.913		0.041	
2009	JZB02	0.462		0.038	
2009	JZB03	1.012	0.846	0.066	0.108
2009	JZB04	0.707		0.030	
2009	JZB05	0.610	0.480	0.028	0.023
2009	JZB06	0.505		0.027	
2009	JZB07	0.576	0.458	0.041	0.019
2009	JZB08	0.464		0.024	
2009	JZB09	0.492	0.414	0.035	0.020
2009	JZB10	0.474	0.451	0.020	0.022
2009	JZB12	0.413	0.450	0.025	0.021
2009	JZB13	0.392	0.448	0.027	0.025
2010	JZB01	0.629		0.041	
2010	JZB02	0.596		0.039	
2010	JZB03	1.096	0.623	0.062	0.043
2010	JZB04	0.563		0.051	
2010	JZB05	0.275	0.288	0.021	0.029
2010	JZB06	0.470		0.030	
2010	JZB07	0.281	0.293	0.020	0.020
2010	JZB08	0.252		0.018	
2010	JZB09	0.340	0.270	0.017	0.019
2010	JZB10	0.256	0.310	0.028	0.041
2010	JZB12	0.261	0.307	0.018	0.022
2010	JZB13	0.319	0.387	0.022	0.029
2011	JZB01	0.639		0.032	

（续）

年份	站位	表层总氮 (mg/L)	底层总氮 (mg/L)	表层总磷 (mg/L)	底层总磷 (mg/L)
2011	JZB02	0.620		0.039	
2011	JZB03	1.423	1.154	0.070	0.057
2011	JZB04	0.630		0.037	
2011	JZB05	0.418	0.415	0.027	0.026
2011	JZB06	0.591		0.034	
2011	JZB07	0.330	0.379	0.021	0.022
2011	JZB08	0.366	0.414	0.025	0.023
2011	JZB09	0.327	0.344	0.021	0.029
2011	JZB10	0.314	0.288	0.017	0.019
2011	JZB12	0.318	0.349	0.018	0.019
2011	JZB13	0.288	0.361	0.018	0.020
2012	JZB01	0.721		0.037	
2012	JZB02	1.158			
2012	JZB03	1.138	1.017	0.045	0.055
2012	JZB04	0.640		0.027	
2012	JZB05	0.537	0.523	0.025	0.026
2012	JZB06	0.698		0.031	
2012	JZB07	0.476	0.494	0.024	0.024
2012	JZB08	0.358		0.016	
2012	JZB09	0.419	0.394	0.020	0.024
2012	JZB10	0.412	0.383	0.020	0.023
2012	JZB12	0.316	0.374	0.016	0.018
2012	JZB13	0.400	0.387	0.029	0.031
2013	JZB01	0.688		0.025	
2013	JZB02	0.928		0.034	
2013	JZB03	1.003	0.919	0.035	0.036
2013	JZB04	0.749		0.026	
2013	JZB05	0.458	0.481	0.015	0.014
2013	JZB06	0.562		0.022	
2013	JZB07	0.612	0.557	0.018	0.015
2013	JZB08	0.462		0.016	
2013	JZB09	0.438	0.426	0.017	0.014

（续）

年份	站位	表层总氮 (mg/L)	底层总氮 (mg/L)	表层总磷 (mg/L)	底层总磷 (mg/L)
2013	JZB10	0.371	0.381	0.012	0.013
2013	JZB12	0.364	0.378	0.014	0.018
2013	JZB13	0.414	0.411	0.014	0.017
2014	JZB01	0.557		0.026	
2014	JZB02	0.643		0.033	
2014	JZB03	0.911		0.040	
2014	JZB04	0.578		0.022	
2014	JZB05	0.542	0.573	0.016	0.017
2014	JZB06	0.637		0.020	
2014	JZB07	0.332	0.509	0.018	0.017
2014	JZB08	0.473		0.012	
2014	JZB09	0.654	0.543	0.018	0.016
2014	JZB10	0.386	0.405	0.016	0.018
2014	JZB12	0.363	0.474	0.013	0.014
2014	JZB13	0.465	0.387	0.015	0.018
2015	JZB01	0.433		0.021	
2015	JZB02	0.368		0.020	
2015	JZB03	0.715	0.721	0.034	0.041
2015	JZB04	0.414		0.023	
2015	JZB05	0.333	0.326	0.013	0.014
2015	JZB06	0.397		0.018	
2015	JZB07	0.326	0.295	0.015	0.015
2015	JZB08	0.229		0.012	
2015	JZB09	0.266	0.325	0.018	0.013
2015	JZB10	0.269	0.302	0.010	0.019
2015	JZB12	0.205	0.285	0.010	0.015
2015	JZB13	0.290	0.205	0.016	0.014

5.4 颗粒有机碳数据集

5.4.1 概述

颗粒有机碳是指不溶解于水体中的颗粒有机物所含的碳，是海洋碳循环的关键控制环节之一。海洋颗粒有机物参与海洋生物地球化学过程，贯穿于整个海洋生物泵-动力作用-物理化学作用过程，其碳含量是研究区域物质循环过程的重要基础数据。

颗粒有机碳数据集基于 2007—2015 年胶州湾生态站在 12 个定位监测站对颗粒有机碳监测的数据整理形成。数据的质控和前处理过程同 4.1。整理统计形成两个数据表，为“定位站季度颗粒有机碳数据集”和“定位站年际颗粒有机碳数据集”。

5.4.2　数据采集和处理方法

航次及分水层情况见 4.3.2。水样立即用 Whatman GF/F 玻璃纤维滤膜（0.45 μm，直径 25 mm，预先在 450 ℃下灼烧 5 h）进行抽滤，200 mL 水样过滤后，以少量的去离子水洗盐，然后滤膜置于−20 ℃冰柜冷冻保存至分析。样品前处理按照 GB/T 12763.4 海洋调查规范（中华人民共和国国家质量监督检验检疫总局，2007c）的方法进行，采用元素分析仪进行测定。每个样品测定 2 个平行样，取其平均值，每 20 个样品运行 1 个标准样以检测仪器的稳定性，每 10 个样品做 1 次空白样测定。重复样品的相对误差小于 10%。2014 年开始使用德国 Elementar 公司 vario Macrocube 元素分析仪，之前的分析仪为美国 PerkinElmer 公司的 PE240C。

指标的数据的质量控制和前处理过程同 4.1。选取表层和底层数据整理形成“定位站季度颗粒有机碳数据集”，进行年际统计，指标均取其平均值，形成“定位站年际颗粒有机碳数据集”，表中数据项需站位在一年内有 4 次有效数据。对表层指标的季度变化进行分站位绘制，形成图形数据。

5.4.3　数据质量控制和评估

质量控制在监测人员及野外样品采集等各方面的要求同 5.1.3，数据的质量控制和前处理过程同 4.1，未采样站位信息同 4.1。由于测定仪器在 2010 年损坏，外送样品测定基准不一，定为缺测的数据为 2010 年 11 月全部站位、8 月的 JZB13 号站表层。由于样品损坏未测定的数据为 2012 年 8 月 JZB04 号站、JZB13 号站以及 2013 年 2 月 JZB12 号站表层样。测定指标检验情况如表 5－11 所示，所涉及指标的表层和底层均无异常值。

表 5－11　指标 sigma 检验未通过率

年份	颗粒有机碳（%）
2007	7
2008	7
2009	2
2010	3
2011	3
2012	0
2013	3
2014	0
2015	2

5.4.4　数据价值与数据获取方式

依托本数据集，可以开展区域碳来源、循环以及地球化学过程等研究，也为区域碳储备评估等提供参考数据。本数据集仅包含 2007—2015 年表层和底层数据，其他数据获取方式同 4.1.4。

5.4.5　数据

数据包括图形数据和表格数据，图形数据如图 5－7 所示，表格数据如表 5－12、表 5－13 所示。

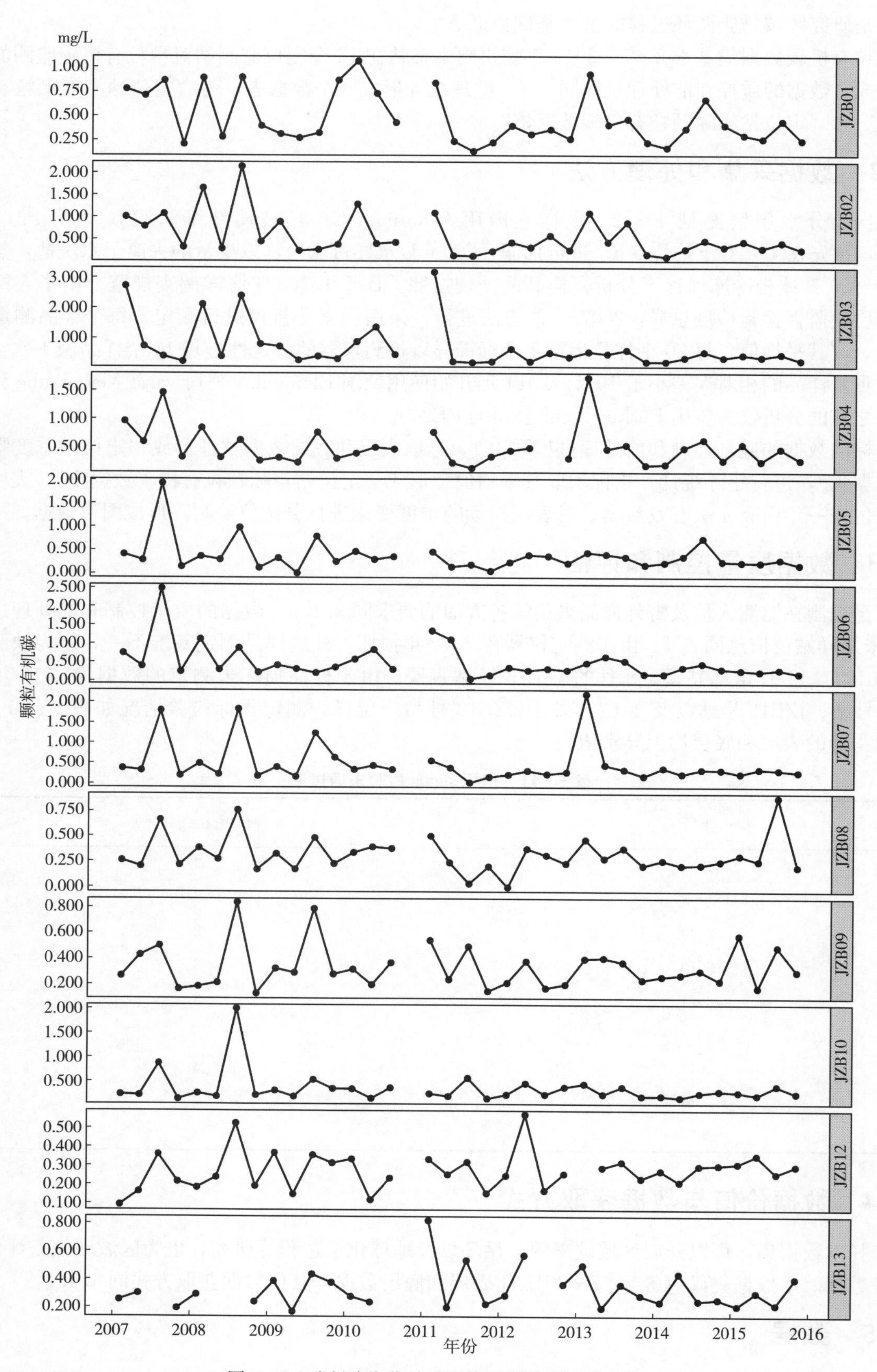

图5-7　胶州湾定位站季度表层颗粒有机碳变化

表5-12　定位站季度颗粒有机碳数据集

年份	月份	站位	表层颗粒有机碳 (mg/L)	底层颗粒有机碳 (mg/L)
2007	2	JZB01	0.776	
2007	2	JZB02	1.007	
2007	2	JZB03	2.718	2.484
2007	2	JZB04	0.956	
2007	2	JZB05	0.400	0.562
2007	2	JZB06	0.747	
2007	2	JZB07	0.365	0.567
2007	2	JZB08	0.260	
2007	2	JZB09	0.266	0.486
2007	2	JZB10	0.231	
2007	2	JZB12	0.093	0.417
2007	2	JZB13	0.255	0.347
2007	5	JZB01	0.708	
2007	5	JZB02	0.790	
2007	5	JZB03	0.734	0.510
2007	5	JZB04	0.591	
2007	5	JZB05	0.275	0.163
2007	5	JZB06	0.398	
2007	5	JZB07	0.316	0.209
2007	5	JZB08	0.204	
2007	5	JZB09	0.428	0.230
2007	5	JZB10	0.214	0.229
2007	5	JZB12	0.163	0.153
2007	5	JZB13	0.301	0.255
2007	8	JZB01	0.863	
2007	8	JZB02	1.073	
2007	8	JZB03	0.402	0.291
2007	8	JZB04	1.457	
2007	8	JZB05	1.924	0.350
2007	8	JZB06	2.475	
2007	8	JZB07	1.795	0.466
2007	8	JZB08	0.665	0.431
2007	8	JZB09	0.501	0.093

（续）

年份	月份	站位	表层颗粒有机碳 (mg/L)	底层颗粒有机碳 (mg/L)
2007	8	JZB10	0.875	0.093
2007	8	JZB12	0.361	0.466
2007	11	JZB01	0.205	
2007	11	JZB02	0.325	
2007	11	JZB03	0.228	0.376
2007	11	JZB04	0.319	
2007	11	JZB05	0.137	0.250
2007	11	JZB06	0.250	
2007	11	JZB07	0.194	0.137
2007	11	JZB08	0.216	
2007	11	JZB09	0.165	0.296
2007	11	JZB10	0.137	0.114
2007	11	JZB12	0.216	0.205
2007	11	JZB13	0.194	0.239
2008	2	JZB01	0.890	
2008	2	JZB02	1.653	
2008	2	JZB03	2.111	1.678
2008	2	JZB04	0.839	
2008	2	JZB05	0.356	0.331
2008	2	JZB06	1.119	
2008	2	JZB07	0.483	0.407
2008	2	JZB08	0.382	0.407
2008	2	JZB09	0.185	0.547
2008	2	JZB10	0.254	0.337
2008	2	JZB12	0.185	0.299
2008	2	JZB13	0.293	0.401
2008	5	JZB01	0.281	
2008	5	JZB02	0.289	
2008	5	JZB03	0.396	0.297
2008	5	JZB04	0.314	
2008	5	JZB05	0.289	0.206
2008	5	JZB06	0.306	

（续）

年份	月份	站位	表层颗粒有机碳（mg/L）	底层颗粒有机碳（mg/L）
2008	5	JZB07	0.223	0.181
2008	5	JZB08	0.272	0.206
2008	5	JZB09	0.215	0.173
2008	5	JZB10	0.186	0.231
2008	5	JZB12	0.239	0.182
2008	8	JZB01	0.896	
2008	8	JZB02	2.143	
2008	8	JZB03	2.396	0.380
2008	8	JZB04	0.624	
2008	8	JZB05	0.974	0.253
2008	8	JZB06	0.885	
2008	8	JZB07	1.831	0.414
2008	8	JZB08	0.760	0.653
2008	8	JZB09	0.838	0.258
2008	8	JZB10	2.002	0.127
2008	8	JZB12	0.526	0.322
2008	11	JZB01	0.395	
2008	11	JZB02	0.450	
2008	11	JZB03	0.807	1.057
2008	11	JZB04	0.258	
2008	11	JZB05	0.115	0.199
2008	11	JZB06	0.230	
2008	11	JZB07	0.181	0.192
2008	11	JZB08	0.172	
2008	11	JZB09	0.131	0.295
2008	11	JZB10	0.214	0.254
2008	11	JZB12	0.192	0.185
2008	11	JZB13	0.240	0.240
2009	2	JZB01	0.311	
2009	2	JZB02	0.893	
2009	2	JZB03	0.725	0.557
2009	2	JZB04	0.311	

（续）

年份	月份	站位	表层颗粒有机碳 (mg/L)	底层颗粒有机碳 (mg/L)
2009	2	JZB05	0.322	0.343
2009	2	JZB06	0.421	
2009	2	JZB07	0.395	0.460
2009	2	JZB08	0.324	
2009	2	JZB09	0.324	0.375
2009	2	JZB10	0.311	0.479
2009	2	JZB12	0.369	0.375
2009	2	JZB13	0.388	0.440
2009	5	JZB01	0.271	
2009	5	JZB02	0.244	
2009	5	JZB03	0.271	0.244
2009	5	JZB04	0.227	
2009	5	JZB05	0.000	0.227
2009	5	JZB06	0.324	0.244
2009	5	JZB07	0.162	0.240
2009	5	JZB08	0.175	
2009	5	JZB09	0.291	0.188
2009	5	JZB10	0.188	0.188
2009	5	JZB12	0.149	0.214
2009	5	JZB13	0.169	0.214
2009	8	JZB01	0.322	
2009	8	JZB02	0.269	
2009	8	JZB03	0.401	0.259
2009	8	JZB04	0.762	
2009	8	JZB05	0.786	0.259
2009	8	JZB06	0.216	
2009	8	JZB07	1.240	0.312
2009	8	JZB08	0.480	
2009	8	JZB09	0.788	0.294
2009	8	JZB10	0.536	0.273
2009	8	JZB12	0.357	0.394
2009	8	JZB13	0.436	0.342

（续）

年份	月份	站位	表层颗粒有机碳 (mg/L)	底层颗粒有机碳 (mg/L)
2009	11	JZB01	0.867	
2009	11	JZB02	0.385	
2009	11	JZB03	0.315	0.357
2009	11	JZB04	0.298	
2009	11	JZB05	0.245	0.298
2009	11	JZB06	0.368	
2009	11	JZB07	0.631	0.315
2009	11	JZB08	0.228	
2009	11	JZB09	0.280	0.333
2009	11	JZB10	0.351	0.455
2009	11	JZB12	0.315	0.587
2009	11	JZB13	0.378	0.731
2010	2	JZB01	1.062	
2010	2	JZB02	1.292	
2010	2	JZB03	0.885	0.566
2010	2	JZB04	0.389	
2010	2	JZB05	0.460	0.336
2010	2	JZB06	0.584	
2010	2	JZB07	0.336	0.318
2010	2	JZB08	0.336	0.265
2010	2	JZB09	0.318	0.319
2010	2	JZB10	0.345	0.518
2010	2	JZB12	0.336	0.637
2010	2	JZB13	0.279	0.504
2010	5	JZB01	0.730	
2010	5	JZB02	0.405	
2010	5	JZB03	1.367	1.124
2010	5	JZB04	0.495	
2010	5	JZB05	0.292	0.272
2010	5	JZB06	0.843	
2010	5	JZB07	0.432	0.433
2010	5	JZB08	0.392	

（续）

年份	月份	站位	表层颗粒有机碳 (mg/L)	底层颗粒有机碳 (mg/L)
2010	5	JZB09	0.199	0.412
2010	5	JZB10	0.151	0.743
2010	5	JZB12	0.120	0.319
2010	5	JZB13	0.239	0.266
2010	8	JZB01	0.429	
2010	8	JZB02	0.430	
2010	8	JZB03	0.456	1.181
2010	8	JZB04	0.463	
2010	8	JZB05	0.349	0.411
2010	8	JZB06	0.309	
2010	8	JZB07	0.336	0.403
2010	8	JZB08	0.376	
2010	8	JZB09	0.369	0.302
2010	8	JZB10	0.369	1.033
2010	8	JZB12	0.235	0.262
2010	8	JZB13		0.872
2011	2	JZB01	0.838	
2011	2	JZB02	1.094	
2011	2	JZB03	3.182	3.295
2011	2	JZB04	0.765	
2011	2	JZB05	0.450	0.643
2011	2	JZB06	1.342	
2011	2	JZB07	0.548	0.553
2011	2	JZB08	0.498	0.479
2011	2	JZB09	0.542	0.631
2011	2	JZB10	0.248	0.393
2011	2	JZB12	0.335	0.507
2011	2	JZB13	0.822	0.691
2011	5	JZB01	0.235	
2011	5	JZB02	0.136	
2011	5	JZB03	0.226	0.329
2011	5	JZB04	0.220	

（续）

年份	月份	站位	表层颗粒有机碳 (mg/L)	底层颗粒有机碳 (mg/L)
2011	5	JZB05	0.135	0.103
2011	5	JZB06	1.107	
2011	5	JZB07	0.377	0.158
2011	5	JZB08	0.239	0.199
2011	5	JZB09	0.240	0.197
2011	5	JZB10	0.194	0.270
2011	5	JZB12	0.254	0.175
2011	5	JZB13	0.199	0.233
2011	8	JZB01	0.132	
2011	8	JZB02	0.125	
2011	8	JZB03	0.195	0.109
2011	8	JZB04	0.127	
2011	8	JZB05	0.179	0.136
2011	8	JZB06	0.056	
2011	8	JZB07	0.018	0.011
2011	8	JZB08	0.036	0.036
2011	8	JZB09	0.494	0.312
2011	8	JZB10	0.574	0.282
2011	8	JZB12	0.320	0.248
2011	8	JZB13	0.536	0.530
2011	11	JZB01	0.223	
2011	11	JZB02	0.229	
2011	11	JZB03	0.222	0.246
2011	11	JZB04	0.330	
2011	11	JZB05	0.048	0.165
2011	11	JZB06	0.148	
2011	11	JZB07	0.155	0.166
2011	11	JZB08	0.202	0.196
2011	11	JZB09	0.149	0.239
2011	11	JZB10	0.150	0.171
2011	11	JZB12	0.154	0.207
2011	11	JZB13	0.224	0.233

（续）

年份	月份	站位	表层颗粒有机碳 (mg/L)	底层颗粒有机碳 (mg/L)
2012	2	JZB01	0.396	
2012	2	JZB02	0.429	
2012	2	JZB03	0.643	0.416
2012	2	JZB04	0.437	
2012	2	JZB05	0.232	0.277
2012	2	JZB06	0.356	
2012	2	JZB07	0.210	0.297
2012	2	JZB08	0.000	0.599
2012	2	JZB09	0.214	0.331
2012	2	JZB10	0.227	0.317
2012	2	JZB12	0.248	0.247
2012	2	JZB13	0.287	0.367
2012	5	JZB01	0.308	
2012	5	JZB02	0.319	
2012	5	JZB03	0.224	0.283
2012	5	JZB04	0.487	
2012	5	JZB05	0.386	0.181
2012	5	JZB06	0.277	
2012	5	JZB07	0.306	0.294
2012	5	JZB08	0.372	0.314
2012	5	JZB09	0.380	0.278
2012	5	JZB10	0.461	0.334
2012	5	JZB12	0.573	0.256
2012	5	JZB13	0.573	0.266
2012	8	JZB01	0.358	
2012	8	JZB02	0.582	
2012	8	JZB03	0.515	0.469
2012	8	JZB05	0.363	0.180
2012	8	JZB06	0.327	
2012	8	JZB07	0.224	0.244
2012	8	JZB08	0.309	0.209
2012	8	JZB09	0.173	0.260

（续）

年份	月份	站位	表层颗粒有机碳（mg/L）	底层颗粒有机碳（mg/L）
2012	8	JZB10	0.229	
2012	8	JZB12	0.169	0.158
2012	8	JZB13		0.204
2012	11	JZB01	0.261	
2012	11	JZB02	0.257	
2012	11	JZB03	0.370	0.289
2012	11	JZB04	0.303	
2012	11	JZB05	0.212	0.276
2012	11	JZB06	0.285	
2012	11	JZB07	0.272	0.258
2012	11	JZB08	0.231	
2012	11	JZB09	0.202	0.234
2012	11	JZB10	0.383	0.276
2012	11	JZB12	0.258	0.230
2012	11	JZB13	0.365	0.457
2013	2	JZB01	0.931	
2013	2	JZB02	1.092	
2013	2	JZB03	0.546	0.536
2013	2	JZB04	1.723	
2013	2	JZB05	0.437	0.483
2013	2	JZB06	0.482	0.425
2013	2	JZB07	2.181	1.310
2013	2	JZB08	0.461	
2013	2	JZB09	0.399	0.479
2013	2	JZB10	0.449	0.526
2013	2	JZB12		0.489
2013	2	JZB13	0.500	0.532
2013	5	JZB01	0.407	
2013	5	JZB02	0.438	
2013	5	JZB03	0.479	0.460
2013	5	JZB04	0.464	
2013	5	JZB05	0.402	0.238

（续）

年份	月份	站位	表层颗粒有机碳（mg/L）	底层颗粒有机碳（mg/L）
2013	5	JZB06	0.653	
2013	5	JZB07	0.442	0.301
2013	5	JZB08	0.278	0.311
2013	5	JZB09	0.405	0.246
2013	5	JZB10	0.235	0.289
2013	5	JZB12	0.290	0.239
2013	5	JZB13	0.196	0.276
2013	8	JZB01	0.466	
2013	8	JZB02	0.878	
2013	8	JZB03	0.604	0.302
2013	8	JZB04	0.535	
2013	8	JZB05	0.345	0.261
2013	8	JZB06	0.538	
2013	8	JZB07	0.331	0.296
2013	8	JZB08	0.376	0.256
2013	8	JZB09	0.371	0.414
2013	8	JZB10	0.386	0.267
2013	8	JZB12	0.320	0.252
2013	8	JZB13	0.364	0.314
2013	11	JZB01	0.223	
2013	11	JZB02	0.164	
2013	11	JZB03	0.217	0.237
2013	11	JZB04	0.179	
2013	11	JZB05	0.177	0.187
2013	11	JZB06	0.185	
2013	11	JZB07	0.175	0.167
2013	11	JZB08	0.209	0.206
2013	11	JZB09	0.236	0.194
2013	11	JZB10	0.194	0.231
2013	11	JZB12	0.232	0.294
2013	11	JZB13	0.285	0.249
2014	2	JZB01	0.169	

（续）

年份	月份	站位	表层颗粒有机碳 (mg/L)	底层颗粒有机碳 (mg/L)
2014	2	JZB02	0.109	
2014	2	JZB03	0.220	
2014	2	JZB04	0.193	
2014	2	JZB05	0.223	0.328
2014	2	JZB06	0.180	
2014	2	JZB07	0.365	0.286
2014	2	JZB08	0.257	0.286
2014	2	JZB09	0.261	0.220
2014	2	JZB10	0.200	0.337
2014	2	JZB12	0.273	0.179
2014	2	JZB13	0.239	0.220
2014	5	JZB01	0.367	
2014	5	JZB02	0.278	
2014	5	JZB03	0.349	0.324
2014	5	JZB04	0.483	
2014	5	JZB05	0.353	0.267
2014	5	JZB06	0.357	
2014	5	JZB07	0.224	0.319
2014	5	JZB08	0.210	
2014	5	JZB09	0.273	0.273
2014	5	JZB10	0.166	0.290
2014	5	JZB12	0.213	0.272
2014	5	JZB13	0.439	0.448
2014	8	JZB01	0.670	
2014	8	JZB02	0.471	
2014	8	JZB03	0.539	0.304
2014	8	JZB04	0.628	
2014	8	JZB05	0.737	0.162
2014	8	JZB06	0.460	0.346
2014	8	JZB07	0.330	0.311
2014	8	JZB08	0.214	0.244
2014	8	JZB09	0.306	0.249

（续）

年份	月份	站位	表层颗粒有机碳 (mg/L)	底层颗粒有机碳 (mg/L)
2014	8	JZB10	0.253	0.152
2014	8	JZB12	0.298	0.228
2014	8	JZB13	0.246	0.201
2014	11	JZB01	0.401	
2014	11	JZB02	0.321	
2014	11	JZB03	0.347	0.436
2014	11	JZB04	0.262	
2014	11	JZB05	0.246	0.222
2014	11	JZB06	0.315	
2014	11	JZB07	0.318	0.428
2014	11	JZB08	0.247	
2014	11	JZB09	0.228	0.235
2014	11	JZB10	0.297	0.450
2014	11	JZB12	0.302	0.295
2014	11	JZB13	0.258	0.290
2015	2	JZB01	0.297	
2015	2	JZB02	0.446	
2015	2	JZB03	0.441	0.982
2015	2	JZB04	0.543	
2015	2	JZB05	0.227	0.431
2015	2	JZB06	0.277	
2015	2	JZB07	0.228	0.348
2015	2	JZB08	0.304	
2015	2	JZB09	0.577	0.360
2015	2	JZB10	0.273	0.417
2015	2	JZB12	0.310	1.099
2015	2	JZB13	0.210	0.367
2015	5	JZB01	0.259	
2015	5	JZB02	0.297	
2015	5	JZB03	0.362	0.358
2015	5	JZB04	0.243	
2015	5	JZB05	0.219	0.171

（续）

年份	月份	站位	表层颗粒有机碳 (mg/L)	底层颗粒有机碳 (mg/L)
2015	5	JZB06	0.245	0.299
2015	5	JZB07	0.339	0.242
2015	5	JZB08	0.250	0.247
2015	5	JZB09	0.172	0.161
2015	5	JZB10	0.212	0.457
2015	5	JZB12	0.354	0.277
2015	5	JZB13	0.305	0.192
2015	8	JZB01	0.442	
2015	8	JZB02	0.423	
2015	8	JZB03	0.462	0.359
2015	8	JZB04	0.466	
2015	8	JZB05	0.283	0.254
2015	8	JZB06	0.296	
2015	8	JZB07	0.313	0.283
2015	8	JZB08	0.875	0.473
2015	8	JZB09	0.489	0.392
2015	8	JZB10	0.403	0.344
2015	8	JZB12	0.257	0.504
2015	8	JZB13	0.218	0.629
2015	11	JZB01	0.242	
2015	11	JZB02	0.265	
2015	11	JZB03	0.258	0.267
2015	11	JZB04	0.267	
2015	11	JZB05	0.172	0.354
2015	11	JZB06	0.194	
2015	11	JZB07	0.267	0.307
2015	11	JZB08	0.195	
2015	11	JZB09	0.299	0.251
2015	11	JZB10	0.251	0.355
2015	11	JZB12	0.297	0.455
2015	11	JZB13	0.405	0.757

表 5-13　定位站年际颗粒有机碳数据集

年份	站位	表层颗粒有机碳 (mg/L)	底层颗粒有机碳 (mg/L)
2007	JZB01	0.638	
2007	JZB02	0.799	
2007	JZB03	1.020	0.915
2007	JZB04	0.831	
2007	JZB05	0.684	0.331
2007	JZB06	0.967	
2007	JZB07	0.667	0.345
2007	JZB08	0.336	
2007	JZB09	0.340	0.277
2007	JZB10	0.364	
2007	JZB12	0.208	0.310
2007	JZB13	0.250	
2008	JZB01	0.615	
2008	JZB02	1.134	
2008	JZB03	1.428	0.853
2008	JZB04	0.508	
2008	JZB05	0.434	0.247
2008	JZB06	0.635	
2008	JZB07	0.680	0.299
2008	JZB08	0.396	
2008	JZB09	0.342	0.318
2008	JZB10	0.664	0.237
2008	JZB12	0.285	0.247
2008	JZB13	0.266	
2009	JZB01	0.443	
2009	JZB02	0.448	
2009	JZB03	0.428	0.354
2009	JZB04	0.399	
2009	JZB05	0.338	0.282
2009	JZB06	0.332	
2009	JZB07	0.607	0.331
2009	JZB08	0.302	
2009	JZB09	0.421	0.297

（续）

年份	站位	表层颗粒有机碳 (mg/L)	底层颗粒有机碳 (mg/L)
2009	JZB10	0.346	0.349
2009	JZB12	0.298	0.392
2009	JZB13	0.343	0.432
2011	JZB01	0.357	
2011	JZB02	0.396	
2011	JZB03	0.956	0.995
2011	JZB04	0.360	
2011	JZB05	0.203	0.262
2011	JZB06	0.663	
2011	JZB07	0.274	0.222
2011	JZB08	0.244	0.228
2011	JZB09	0.356	0.345
2011	JZB10	0.291	0.279
2011	JZB12	0.266	0.284
2011	JZB13	0.445	0.422
2012	JZB01	0.331	
2012	JZB02	0.397	
2012	JZB03	0.438	0.364
2012	JZB04		
2012	JZB05	0.298	0.228
2012	JZB06	0.311	
2012	JZB07	0.253	0.273
2012	JZB08	0.228	
2012	JZB09	0.242	0.276
2012	JZB10	0.325	
2012	JZB12	0.312	0.222
2012	JZB13	0.408	0.323
2013	JZB01	0.506	
2013	JZB02	0.643	
2013	JZB03	0.461	0.384
2013	JZB04	0.725	
2013	JZB05	0.340	0.292

（续）

年份	站位	表层颗粒有机碳 (mg/L)	底层颗粒有机碳 (mg/L)
2013	JZB06	0.464	
2013	JZB07	0.782	0.518
2013	JZB08	0.331	
2013	JZB09	0.353	0.333
2013	JZB10	0.316	0.328
2013	JZB12		0.318
2013	JZB13	0.336	0.342
2014	JZB01	0.401	
2014	JZB02	0.295	
2014	JZB03	0.364	
2014	JZB04	0.391	
2014	JZB05	0.389	0.244
2014	JZB06	0.328	
2014	JZB07	0.309	0.336
2014	JZB08	0.232	
2014	JZB09	0.267	0.244
2014	JZB10	0.229	0.307
2014	JZB12	0.272	0.243
2014	JZB13	0.295	0.290
2015	JZB01	0.310	
2015	JZB02	0.357	
2015	JZB03	0.381	0.491
2015	JZB04	0.380	
2015	JZB05	0.225	0.302
2015	JZB06	0.253	
2015	JZB07	0.286	0.295
2015	JZB08	0.406	
2015	JZB09	0.384	0.291
2015	JZB10	0.285	0.393
2015	JZB12	0.305	0.584
2015	JZB13	0.284	0.486

第6章

海湾生物长期监测数据

6.1 叶绿素 a 数据集

6.1.1 概述

叶绿素 a 是植物光合作用中的重要光合色素，其含量是浮游植物现存生物量的指标之一（潘友联等，1995；孙晓霞等，2011），海水中的叶绿素 a 浓度是浮游植物现存量的重要指标，其浓度能够反映水体中浮游植物的丰度（李超伦等，2005），表征水域初级生产者通过光合作用生产有机碳的能力，是海洋生物链的重要环节，是海洋生态系统研究的重要内容，也是海域生物资源评估的重要依据。

叶绿素 a 数据集基于 2007—2015 年胶州湾站 12 个定位监测站长期叶绿素 a 测定数据整理形成。数据的质控和前处理过程同 4.1。整理统计形成两个数据表，为“定位站季度叶绿素 a 数据集”和“定位站年际叶绿素 a 数据集”。

6.1.2 数据采集和处理方法

航次及分水层情况见 4.3.2。水样立刻使用 0.2 mm 孔径的筛绢去除浮游动物，使用醋酸纤维滤膜（0.45 μm，47 mm）过滤（负压<0.030 MPa），所获滤膜样用锡箔纸包好后避光、−20 ℃冷冻保存，于 1 个月内完成叶绿素 a 含量的测定。样品测定按海洋调查规范（中华人民共和国国家质量监督检验检疫总局，2007 d）规定的萃取荧光法，使用 Turner Designs Model - 10 荧光光度计进行测定，计算叶绿素 a 含量。荧光光度计每半年标定 1 次，所用标准品采用 Sigma-Aldrich Chlorophyll a 标准品（C - 5753≥85.0%，HPLC 级，1 mg）。

6.1.3 数据质量控制和评估

在水体叶绿素 a 样品的采集、室内分析以及数据处理过程中，严格按照 CERN 统一的水域生态系统观测规范（中国生态系统研究网络科学委员会，2007）和调查规范（中华人民共和国国家质量监督检验检疫总局，2007a）来开展相关工作。胶州湾站设有专门的叶绿素 a 监测技术和质量负责人，每次样品分析测试前都要对样品测试人员进行技术培训，以保证分析数据的质量。荧光光度计每半年标定 1 次。纸质资料录入完成后进行核对，保证资料无误、不重、不漏，样品损失无法获取的数据确定为缺失值。

数据的质控和前处理过程同 4.1，未采样站位信息同 4.1。各项指标 3sigma 检验情况见表 6 - 1，所涉及指标的表层和底层均无异常值，叶绿素 a 数据相邻定位站趋势一致性好。

表 6-1 叶绿素 a 3sigma 检验未通过率

年份	叶绿素 a（%）
2007	1
2008	11
2009	0
2010	0
2011	3
2012	0
2013	2
2014	0
2015	0

6.1.4 数据价值与数据获取方式

叶绿素 a 数据集为 2007—2015 年胶州湾 9 年的长期定位叶绿素 a 监测数据，这些长期定点观测数据是进行评价海湾生态健康、研究生产力长期变化、揭示海湾生态系统演变规律的基础数据，也为水色遥感获取叶绿素 a 浓度提供基准参数，为政府部门有效制定环境质量限值和防治措施提供数据支撑。其他数据获取方式同 4.1.4。

6.1.5 数据

数据包括图形数据和表格数据，表格数据如表 6-2、表 6-3 所示，图形数据如图 6-1 所示。

表 6-2 定位站季度叶绿素 a 数据集

年份	月份	站位	表层叶绿素 a（μg/L）	底层叶绿素 a（μg/L）
2007	2	JZB01	0.95	
2007	2	JZB02	3.34	
2007	2	JZB03	2.69	2.94
2007	2	JZB04	2.01	
2007	2	JZB05	1.10	1.32
2007	2	JZB06	1.17	
2007	2	JZB07	0.86	1.23
2007	2	JZB08	0.44	
2007	2	JZB09	1.47	1.20
2007	2	JZB10	0.80	2.15
2007	2	JZB12	0.46	2.21
2007	2	JZB13	1.10	1.04
2007	5	JZB01	2.76	
2007	5	JZB02	3.92	

（续）

年份	月份	站位	表层叶绿素 a（μg/L）	底层叶绿素 a（μg/L）
2007	5	JZB03	1.24	3.14
2007	5	JZB04	3.04	
2007	5	JZB05	1.38	1.86
2007	5	JZB06	3.26	
2007	5	JZB07	1.97	2.11
2007	5	JZB08	1.95	
2007	5	JZB09	1.98	1.46
2007	5	JZB10	1.03	1.34
2007	5	JZB12	0.89	0.30
2007	5	JZB13	1.20	1.18
2007	8	JZB01	0.36	
2007	8	JZB02	1.18	
2007	8	JZB03	0.27	0.71
2007	8	JZB04	0.19	
2007	8	JZB05	2.19	0.14
2007	8	JZB06	3.26	
2007	8	JZB07	2.46	0.43
2007	8	JZB08	0.72	0.44
2007	8	JZB09	0.44	0.19
2007	8	JZB10	0.25	0.04
2007	8	JZB12	0.67	0.04
2007	8	JZB13	1.20	1.18
2007	11	JZB01	1.69	
2007	11	JZB02	2.31	
2007	11	JZB03	1.64	0.12
2007	11	JZB04	20.30	
2007	11	JZB05	0.81	0.73
2007	11	JZB06	1.41	
2007	11	JZB07	0.67	0.75
2007	11	JZB08	0.78	
2007	11	JZB09	0.81	0.77
2007	11	JZB10	0.60	0.55
2007	11	JZB12	0.62	0.60

（续）

年份	月份	站位	表层叶绿素 a（μg/L）	底层叶绿素 a（μg/L）
2007	11	JZB13	0.75	0.63
2008	2	JZB01	6.96	
2008	2	JZB02	12.62	
2008	2	JZB03	14.01	17.48
2008	2	JZB04	6.02	
2008	2	JZB05	3.95	3.90
2008	2	JZB06	11.48	
2008	2	JZB07	3.47	4.48
2008	2	JZB08	3.10	3.65
2008	2	JZB09	1.78	3.55
2008	2	JZB10	2.19	2.69
2008	2	JZB12	1.84	2.80
2008	2	JZB13	2.01	2.81
2008	5	JZB01	0.84	
2008	5	JZB02	1.77	
2008	5	JZB03	1.92	1.44
2008	5	JZB04	2.72	
2008	5	JZB05	1.35	1.70
2008	5	JZB06	1.00	
2008	5	JZB07	0.90	0.95
2008	5	JZB08	0.69	0.77
2008	5	JZB09	0.85	0.63
2008	5	JZB10	0.51	0.94
2008	5	JZB12	0.44	0.53
2008	8	JZB01	7.92	
2008	8	JZB02	12.66	
2008	8	JZB03	19.84	5.58
2008	8	JZB04	4.28	
2008	8	JZB05	12.57	1.61
2008	8	JZB06	13.24	
2008	8	JZB07	12.32	8.01
2008	8	JZB08	7.08	4.20
2008	8	JZB09	8.14	1.96

（续）

年份	月份	站位	表层叶绿素 a（μg/L）	底层叶绿素 a（μg/L）
2008	8	JZB10	5.24	0.58
2008	8	JZB12	5.19	0.68
2008	11	JZB01	0.12	
2008	11	JZB02	0.28	
2008	11	JZB03	0.47	0.15
2008	11	JZB04	0.12	
2008	11	JZB05	0.32	0.09
2008	11	JZB06	0.23	
2008	11	JZB07	0.77	0.57
2008	11	JZB08	0.40	
2008	11	JZB09	0.30	0.24
2008	11	JZB10	0.18	0.16
2008	11	JZB12	0.19	0.09
2008	11	JZB13	0.08	0.09
2009	2	JZB01	1.57	
2009	2	JZB02	11.46	
2009	2	JZB03	0.99	1.96
2009	2	JZB04	1.77	
2009	2	JZB05	0.98	0.56
2009	2	JZB06	0.33	
2009	2	JZB07	0.77	0.73
2009	2	JZB08	0.72	
2009	2	JZB09	1.65	0.97
2009	2	JZB10	0.68	0.61
2009	2	JZB12	1.17	0.36
2009	2	JZB13	3.20	0.71
2009	5	JZB01	0.18	
2009	5	JZB02	0.53	
2009	5	JZB03	0.82	0.78
2009	5	JZB04	0.72	
2009	5	JZB05	0.78	0.52
2009	5	JZB06	0.89	0.59
2009	5	JZB07	0.25	0.28

（续）

年份	月份	站位	表层叶绿素 a（μg/L）	底层叶绿素 a（μg/L）
2009	5	JZB08	0.60	
2009	5	JZB09	0.37	0.48
2009	5	JZB10	0.86	0.44
2009	5	JZB12	0.61	0.61
2009	5	JZB13	0.79	1.37
2009	8	JZB01	1.79	
2009	8	JZB02	0.71	
2009	8	JZB03	1.31	0.79
2009	8	JZB04	2.12	
2009	8	JZB05	0.66	0.79
2009	8	JZB06	0.80	
2009	8	JZB07	5.34	0.80
2009	8	JZB08	0.84	
2009	8	JZB09	1.41	0.30
2009	8	JZB10	2.22	0.78
2009	8	JZB12	1.13	0.58
2009	8	JZB13	0.30	0.40
2009	11	JZB01	0.01	
2009	11	JZB02	0.14	
2009	11	JZB03	0.03	0.14
2009	11	JZB04	0.03	
2009	11	JZB05	0.05	0.07
2009	11	JZB06	0.04	
2009	11	JZB07	0.07	0.07
2009	11	JZB08	0.19	
2009	11	JZB09	0.02	0.03
2009	11	JZB10	0.01	0.01
2009	11	JZB12	0.02	0.01
2009	11	JZB13	0.04	0.12
2010	2	JZB01	2.07	
2010	2	JZB02	0.98	
2010	2	JZB03	0.13	0.06
2010	2	JZB04	0.04	

（续）

年份	月份	站位	表层叶绿素 a（μg/L）	底层叶绿素 a（μg/L）
2010	2	JZB05	1.05	0.02
2010	2	JZB06	0.27	
2010	2	JZB07	0.20	0.04
2010	2	JZB08	0.11	0.46
2010	2	JZB09	0.04	0.01
2010	2	JZB10	0.27	0.03
2010	2	JZB12	0.10	0.03
2010	2	JZB13	0.46	0.22
2010	5	JZB01	0.96	
2010	5	JZB02	0.69	
2010	5	JZB03	6.13	3.17
2010	5	JZB04	0.80	
2010	5	JZB05	0.47	0.42
2010	5	JZB06	1.46	
2010	5	JZB07	0.46	0.47
2010	5	JZB08	0.27	
2010	5	JZB09	0.50	0.72
2010	5	JZB10	0.20	0.29
2010	5	JZB12	0.07	0.07
2010	5	JZB13	0.29	0.32
2010	8	JZB01	3.84	
2010	8	JZB02	0.82	
2010	8	JZB03	2.37	0.51
2010	8	JZB04	6.36	
2010	8	JZB05	2.11	0.46
2010	8	JZB06	0.70	
2010	8	JZB07	0.41	0.41
2010	8	JZB08	0.36	
2010	8	JZB09	1.23	0.30
2010	8	JZB10	0.33	0.31
2010	8	JZB12	0.45	0.52
2010	8	JZB13	0.20	1.34
2010	11	JZB01	0.36	

（续）

年份	月份	站位	表层叶绿素 a（μg/L）	底层叶绿素 a（μg/L）
2010	11	JZB02	0.18	
2010	11	JZB03	0.30	0.36
2010	11	JZB04	0.26	
2010	11	JZB05	0.69	0.38
2010	11	JZB06	0.32	
2010	11	JZB07	0.53	1.20
2010	11	JZB08	0.59	
2010	11	JZB09	0.59	0.77
2010	11	JZB10	0.28	0.70
2010	11	JZB12	0.82	0.89
2010	11	JZB13	0.74	0.83
2011	2	JZB01	3.49	
2011	2	JZB02	6.73	
2011	2	JZB03	11.81	23.90
2011	2	JZB04	3.92	
2011	2	JZB05	2.86	4.86
2011	2	JZB06	4.88	
2011	2	JZB07	4.45	0.77
2011	2	JZB08	4.06	5.69
2011	2	JZB09	2.00	3.42
2011	2	JZB10	0.55	1.64
2011	2	JZB12	0.92	1.08
2011	2	JZB13	1.34	3.37
2011	5	JZB01	0.97	
2011	5	JZB02	0.95	
2011	5	JZB03	1.20	1.34
2011	5	JZB04	0.26	
2011	5	JZB05	0.97	0.94
2011	5	JZB06	1.66	
2011	5	JZB07	0.55	0.40
2011	5	JZB08	0.66	0.35
2011	5	JZB09	0.43	0.29
2011	5	JZB10	0.52	0.38

（续）

年份	月份	站位	表层叶绿素 a（μg/L）	底层叶绿素 a（μg/L）
2011	5	JZB12	0.89	0.67
2011	5	JZB13	0.72	0.34
2011	8	JZB01	3.51	
2011	8	JZB02	4.87	
2011	8	JZB03	8.50	3.68
2011	8	JZB04	3.74	
2011	8	JZB05	6.11	3.26
2011	8	JZB06	1.99	
2011	8	JZB07	1.25	1.03
2011	8	JZB08	1.48	0.71
2011	8	JZB09	3.15	0.59
2011	8	JZB10	2.59	0.96
2011	8	JZB12	1.01	1.07
2011	8	JZB13	3.43	1.86
2011	11	JZB01	0.26	
2011	11	JZB02	0.67	
2011	11	JZB03	0.36	0.39
2011	11	JZB04	0.71	
2011	11	JZB05	0.32	0.37
2011	11	JZB06	0.26	
2011	11	JZB07	0.27	0.16
2011	11	JZB08	0.30	0.30
2011	11	JZB09	0.30	0.21
2011	11	JZB10	0.13	0.15
2011	11	JZB12	0.15	0.24
2011	11	JZB13	0.16	0.15
2012	2	JZB01	0.49	
2012	2	JZB02	0.44	
2012	2	JZB03	1.42	1.08
2012	2	JZB04	0.95	
2012	2	JZB05	0.50	0.45
2012	2	JZB06	0.71	
2012	2	JZB07	0.28	0.63

（续）

年份	月份	站位	表层叶绿素 a（μg/L）	底层叶绿素 a（μg/L）
2012	2	JZB08	0.46	0.39
2012	2	JZB09	0.55	0.43
2012	2	JZB10	0.18	0.35
2012	2	JZB12	0.27	0.37
2012	2	JZB13	0.41	0.37
2012	5	JZB01	0.84	
2012	5	JZB02	1.44	
2012	5	JZB03	0.47	0.65
2012	5	JZB04	1.46	
2012	5	JZB05	1.22	0.49
2012	5	JZB06	0.75	
2012	5	JZB07	0.59	0.83
2012	5	JZB08	0.75	0.69
2012	5	JZB09	0.59	0.59
2012	5	JZB10	0.63	0.30
2012	5	JZB12	0.52	0.49
2012	5	JZB13	0.48	0.42
2012	8	JZB01	3.96	
2012	8	JZB02	1.94	
2012	8	JZB03	3.66	1.66
2012	8	JZB04	7.64	
2012	8	JZB05	1.74	0.35
2012	8	JZB06	0.79	
2012	8	JZB07	2.06	0.93
2012	8	JZB08	1.37	1.03
2012	8	JZB09	1.20	0.44
2012	8	JZB10	0.77	0.63
2012	8	JZB12	0.41	0.40
2012	8	JZB13	0.40	0.22
2012	11	JZB01	0.33	
2012	11	JZB02	0.22	
2012	11	JZB03	0.19	0.13
2012	11	JZB04	0.53	

（续）

年份	月份	站位	表层叶绿素 a（μg/L）	底层叶绿素 a（μg/L）
2012	11	JZB05	0.19	0.16
2012	11	JZB06	0.15	
2012	11	JZB07	0.21	0.20
2012	11	JZB08	0.21	
2012	11	JZB09	0.23	0.19
2012	11	JZB10	0.25	0.30
2012	11	JZB12	0.28	0.24
2012	11	JZB13	0.23	0.20
2013	2	JZB01	8.01	
2013	2	JZB02	3.75	
2013	2	JZB03	1.73	4.84
2013	2	JZB04	7.58	
2013	2	JZB05	3.13	1.46
2013	2	JZB06	2.54	5.84
2013	2	JZB07	8.45	8.11
2013	2	JZB08	1.72	
2013	2	JZB09	2.09	1.79
2013	2	JZB10	1.23	1.92
2013	2	JZB12	0.91	1.15
2013	2	JZB13	1.68	2.01
2013	5	JZB01	2.35	
2013	5	JZB02	1.55	
2013	5	JZB03	4.30	1.95
2013	5	JZB04	3.03	
2013	5	JZB05	1.82	0.41
2013	5	JZB06	2.77	
2013	5	JZB07	1.06	1.16
2013	5	JZB08	1.33	1.29
2013	5	JZB09	1.91	1.09
2013	5	JZB10	1.32	0.68
2013	5	JZB12	1.09	0.58
2013	5	JZB13	1.69	0.92
2013	8	JZB01	3.37	

（续）

年份	月份	站位	表层叶绿素 a（μg/L）	底层叶绿素 a（μg/L）
2013	8	JZB02	6.52	
2013	8	JZB03	5.22	1.96
2013	8	JZB04	2.59	
2013	8	JZB05	0.71	1.06
2013	8	JZB06	2.67	
2013	8	JZB07	1.50	1.10
2013	8	JZB08	0.85	0.33
2013	8	JZB09	1.01	1.02
2013	8	JZB10	1.39	1.42
2013	8	JZB12	1.89	2.13
2013	8	JZB13	1.76	1.02
2013	11	JZB01	1.33	
2013	11	JZB02	1.18	
2013	11	JZB03	0.88	1.15
2013	11	JZB04	1.06	
2013	11	JZB05	0.54	0.67
2013	11	JZB06	0.70	
2013	11	JZB07	0.42	0.72
2013	11	JZB08	0.72	0.83
2013	11	JZB09	0.47	0.70
2013	11	JZB10	0.73	0.57
2013	11	JZB12	0.79	0.55
2013	11	JZB13	0.73	0.85
2014	2	JZB01	0.34	
2014	2	JZB02	0.35	
2014	2	JZB03	0.47	
2014	2	JZB04	0.12	
2014	2	JZB05	0.66	0.86
2014	2	JZB06	0.18	
2014	2	JZB07	0.21	0.45
2014	2	JZB08	0.15	0.66
2014	2	JZB09	0.24	0.67
2014	2	JZB10	0.51	0.64

（续）

年份	月份	站位	表层叶绿素 a（μg/L）	底层叶绿素 a（μg/L）
2014	2	JZB12	0.74	0.39
2014	2	JZB13	1.41	0.05
2014	5	JZB01	1.28	
2014	5	JZB02	0.98	
2014	5	JZB03	1.20	1.07
2014	5	JZB04	2.61	
2014	5	JZB05	4.21	0.96
2014	5	JZB06	0.23	
2014	5	JZB07	1.03	0.94
2014	5	JZB08	0.18	
2014	5	JZB09	0.33	2.38
2014	5	JZB10	1.39	0.82
2014	5	JZB12	0.61	2.53
2014	5	JZB13	1.99	2.33
2014	8	JZB01	2.29	
2014	8	JZB02	0.54	
2014	8	JZB03	0.41	0.35
2014	8	JZB04	0.63	
2014	8	JZB05	0.74	0.34
2014	8	JZB06	0.88	0.40
2014	8	JZB07	0.73	0.38
2014	8	JZB08	0.79	0.14
2014	8	JZB09	0.40	0.26
2014	8	JZB10	0.65	0.43
2014	8	JZB12	0.18	0.24
2014	8	JZB13	0.29	0.38
2014	11	JZB01	0.14	
2014	11	JZB02	0.03	
2014	11	JZB03	0.07	0.10
2014	11	JZB04	0.04	
2014	11	JZB05	0.07	0.03
2014	11	JZB06	0.05	
2014	11	JZB07	0.15	0.38

（续）

年份	月份	站位	表层叶绿素 a（μg/L）	底层叶绿素 a（μg/L）
2014	11	JZB08	0.07	
2014	11	JZB09	0.12	0.13
2014	11	JZB10	0.11	0.06
2014	11	JZB12	0.08	0.14
2014	11	JZB13	0.05	0.22
2015	2	JZB01	0.12	
2015	2	JZB02	0.39	
2015	2	JZB03	0.29	0.15
2015	2	JZB04	0.07	
2015	2	JZB05	0.15	0.08
2015	2	JZB06	0.24	
2015	2	JZB07	0.21	0.39
2015	2	JZB08	0.71	
2015	2	JZB09	0.56	0.59
2015	2	JZB10	0.64	0.73
2015	2	JZB12	0.54	0.41
2015	2	JZB13	0.45	0.09
2015	5	JZB01	1.03	
2015	5	JZB02	1.07	
2015	5	JZB03	1.08	0.78
2015	5	JZB04	0.84	
2015	5	JZB05	1.07	0.69
2015	5	JZB06	1.23	1.13
2015	5	JZB07	0.52	0.63
2015	5	JZB08	0.72	0.80
2015	5	JZB09	0.79	0.82
2015	5	JZB10	1.18	0.88
2015	5	JZB12	1.55	1.12
2015	5	JZB13	0.67	0.89
2015	8	JZB01	4.56	
2015	8	JZB02	2.97	
2015	8	JZB03	2.15	0.98
2015	8	JZB04	4.36	

（续）

年份	月份	站位	表层叶绿素 a（μg/L）	底层叶绿素 a（μg/L）
2015	8	JZB05	1.27	0.01
2015	8	JZB06	1.46	
2015	8	JZB07	2.25	1.53
2015	8	JZB08	1.09	1.31
2015	8	JZB09	1.20	0.61
2015	8	JZB10	0.73	0.05
2015	8	JZB12	0.31	0.43
2015	8	JZB13	0.34	0.35
2015	11	JZB01	0.25	
2015	11	JZB02	0.74	
2015	11	JZB03	0.52	0.06
2015	11	JZB04	0.45	
2015	11	JZB05	—	0.18
2015	11	JZB06	0.01	
2015	11	JZB07	0.11	0.08
2015	11	JZB08	—	
2015	11	JZB09	0.05	—
2015	11	JZB10	0.12	—
2015	11	JZB12	—	0.03
2015	11	JZB13	—	0.07

表 6-3　定位站年际叶绿素 a 数据集

年份	站位	表层叶绿素 a（μg/L）	底层叶绿素 a（μg/L）
2007	JZB01	1.44	
2007	JZB02	2.69	
2007	JZB03	1.46	1.73
2007	JZB04	6.39	
2007	JZB05	1.37	1.01
2007	JZB06	2.28	
2007	JZB07	1.49	1.13
2007	JZB08	0.97	
2007	JZB09	1.17	0.91

（续）

年份	站位	表层叶绿素 a (μg/L)	底层叶绿素 a (μg/L)
2007	JZB10	0.67	1.02
2007	JZB12	0.66	0.79
2007	JZB13	1.06	1.01
2008	JZB01	3.96	
2008	JZB02	6.83	
2008	JZB03	9.06	6.16
2008	JZB04	3.29	
2008	JZB05	4.55	1.83
2008	JZB06	6.49	
2008	JZB07	4.37	3.50
2008	JZB08	2.82	
2008	JZB09	2.77	1.60
2008	JZB10	2.03	1.09
2008	JZB12	1.92	1.03
2008	JZB13		
2009	JZB01	0.89	
2009	JZB02	3.21	
2009	JZB03	0.79	0.92
2009	JZB04	1.16	
2009	JZB05	0.62	0.49
2009	JZB06	0.52	
2009	JZB07	1.61	0.47
2009	JZB08	0.59	
2009	JZB09	0.86	0.45
2009	JZB10	0.94	0.46
2009	JZB12	0.73	0.39
2009	JZB13	1.08	0.65
2010	JZB01	1.81	
2010	JZB02	0.67	
2010	JZB03	2.23	1.03
2010	JZB04	1.87	
2010	JZB05	1.08	0.32
2010	JZB06	0.69	

（续）

年份	站位	表层叶绿素 a （μg/L）	底层叶绿素 a （μg/L）
2010	JZB07	0.40	0.53
2010	JZB08	0.33	
2010	JZB09	0.59	0.45
2010	JZB10	0.27	0.33
2010	JZB12	0.36	0.38
2010	JZB13	0.42	0.68
2011	JZB01	2.06	
2011	JZB02	3.31	
2011	JZB03	5.47	7.33
2011	JZB04	2.16	
2011	JZB05	2.57	2.36
2011	JZB06	2.20	
2011	JZB07	1.63	0.59
2011	JZB08	1.63	1.76
2011	JZB09	1.47	1.13
2011	JZB10	0.95	0.78
2011	JZB12	0.74	0.77
2011	JZB13	1.41	1.43
2012	JZB01	1.41	
2012	JZB02	1.01	
2012	JZB03	1.44	0.88
2012	JZB04	2.65	
2012	JZB05	0.91	0.36
2012	JZB06	0.60	
2012	JZB07	0.79	0.65
2012	JZB08	0.70	
2012	JZB09	0.64	0.41
2012	JZB10	0.46	0.40
2012	JZB12	0.37	0.38
2012	JZB13	0.38	0.30
2013	JZB01	3.77	
2013	JZB02	3.25	
2013	JZB03	3.03	2.48

（续）

年份	站位	表层叶绿素 a (μg/L)	底层叶绿素 a (μg/L)
2013	JZB04	3.57	
2013	JZB05	1.55	0.90
2013	JZB06	2.17	
2013	JZB07	2.86	2.77
2013	JZB08	1.16	
2013	JZB09	1.37	1.15
2013	JZB10	1.17	1.15
2013	JZB12	1.17	1.10
2013	JZB13	1.47	1.20
2014	JZB01	1.01	
2014	JZB02	0.48	
2014	JZB03	0.54	
2014	JZB04	0.85	
2014	JZB05	1.42	0.55
2014	JZB06	0.34	
2014	JZB07	0.53	0.54
2014	JZB08	0.30	
2014	JZB09	0.27	0.86
2014	JZB10	0.67	0.49
2014	JZB12	0.40	0.83
2014	JZB13	0.94	0.75
2015	JZB01	1.49	
2015	JZB02	1.29	
2015	JZB03	1.01	0.49
2015	JZB04	1.43	
2015	JZB05	0.62	0.24
2015	JZB06	0.74	
2015	JZB07	0.77	0.66
2015	JZB08	0.63	
2015	JZB09	0.65	0.51
2015	JZB10	0.67	0.42
2015	JZB12	0.60	0.50
2015	JZB13	0.37	0.35

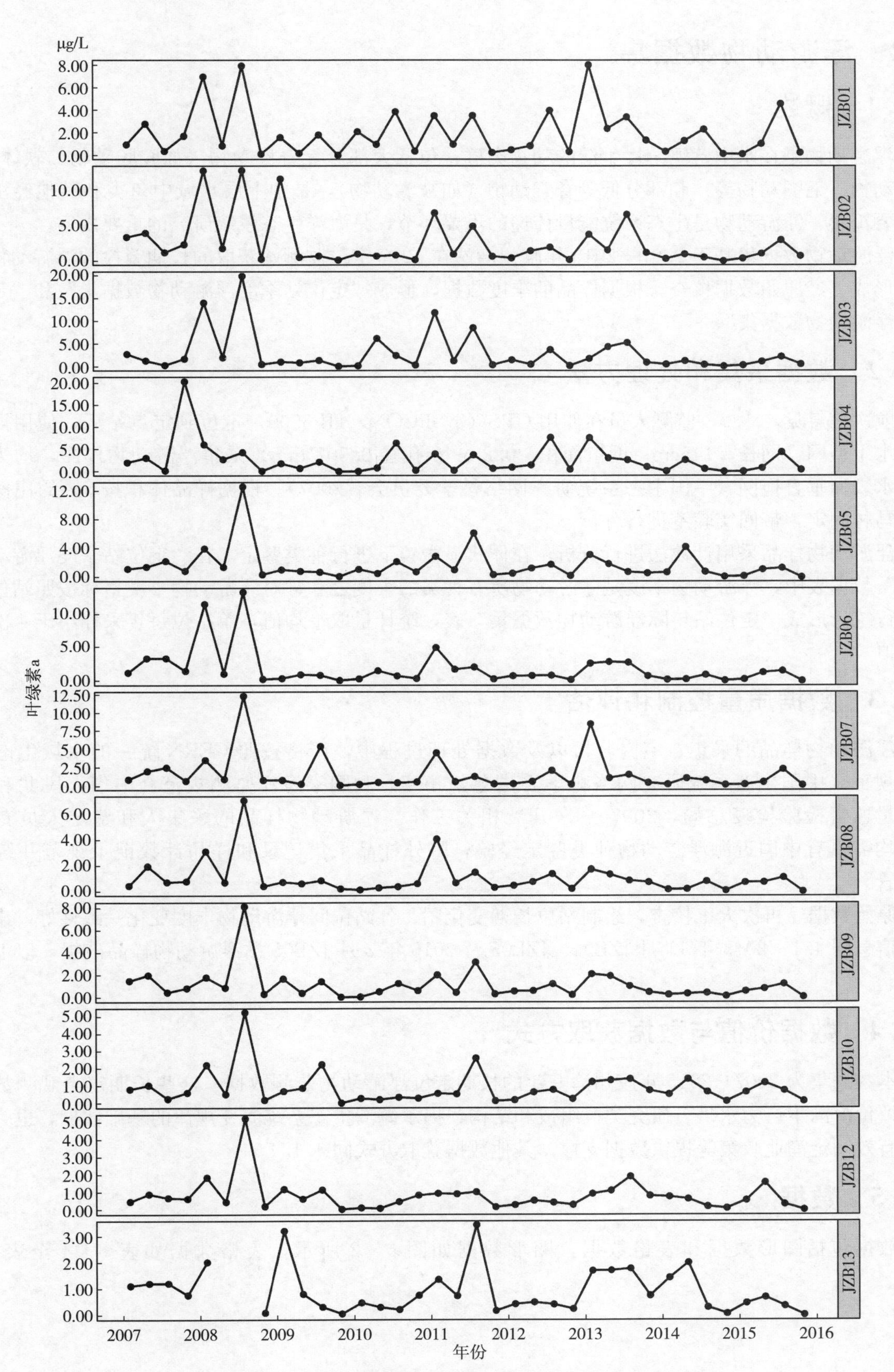

图 6-1　胶州湾定位站季度表层叶绿素 a 变化

6.2 浮游动物数据集

6.2.1 概述

浮游动物是在水中营浮游性生活的动物类群，包括大部分无脊椎动物（如腔肠动物、软体动物、甲壳动物、毛颚动物等）和部分低等脊索动物（如被囊动物），是中上层水域中鱼类和其他经济动物的重要饵料。浮游动物是生态系统能量传递的重要环节，是海洋生态系统研究的重要内容。

浮游动物数据集基于2007—2015年胶州湾站在12个定位监测站获取的长期镜检的浮游动物数据整理形成。经原始数据核查，根据样品的丰度数据，形成“定位站季度浮游动物数据集”和“定位站年际浮游动物数据集”。

6.2.2 数据采集和处理方法

航次信息见4.1.2。监测人员在使用GPS（TOPCON，HP5500）定位到定点站后，使用浮游生物浅水Ⅰ型网（网长，145cm；网口面积，0.2 m^2；孔径0.507 mm）采集浮游动物样品，均为从海底至水表面垂直拖网（中国生态系统研究网络科学委员会，2007）。根据样品体积按5%的比例加入福尔马林固定，带回实验室进行分析。

浮游动物样品采用计数法进行分析，在体式显微镜下进行种类鉴定。在“定位站季度浮游动物数据集”数据表中，浮游动物丰度是浮游动物所有种类的丰度之和，对浮游动物丰度指标按照站位和年际进行统计形成“定位站年际浮游动物数据集”表，统计量取平均值，单站位每年采样小于4次的为缺失值。

6.2.3 数据质量控制和评估

浮游动物样品的采集、室内分析以及数据处理过程中，严格按照CERN统一的水域生态系统观测规范（中国生态系统研究网络科学委员会，2007）和国家海洋监测规范（中华人民共和国国家质量监督检验检疫总局，2007e）来开展相关工作。浮游动物样品的采集人和鉴定人员专门设岗，均需具有中国近海浮游动物种类鉴定经验，野外样品采集记录和样品计数记录规范并统一归档保管。

原始数据经再次人工核查，绘制站位长期变化图，各站位间浮游动物丰度变化一致性好。未采样站位信息同4.1，2013年11月JZB04、JZB05及2015年2月JZB05站浮游动物样品破损，以上数据缺失。

6.2.4 数据价值与数据获取方式

本数据集为2007—2015年胶州湾9年的长期定位浮游动物监测数据，这些长期定点观测数据是进行评价海湾生产力水平、研究类群组成和结构、揭示海湾生态系统演变规律的基础数据，也为政府部门有效制定渔业政策等提供数据支撑。其他数据获取方式同4.1.4。

6.2.5 数据

数据包括图形数据和表格数据，图形数据如图6-2所示，表格数据如表6-4至表6-5所示。

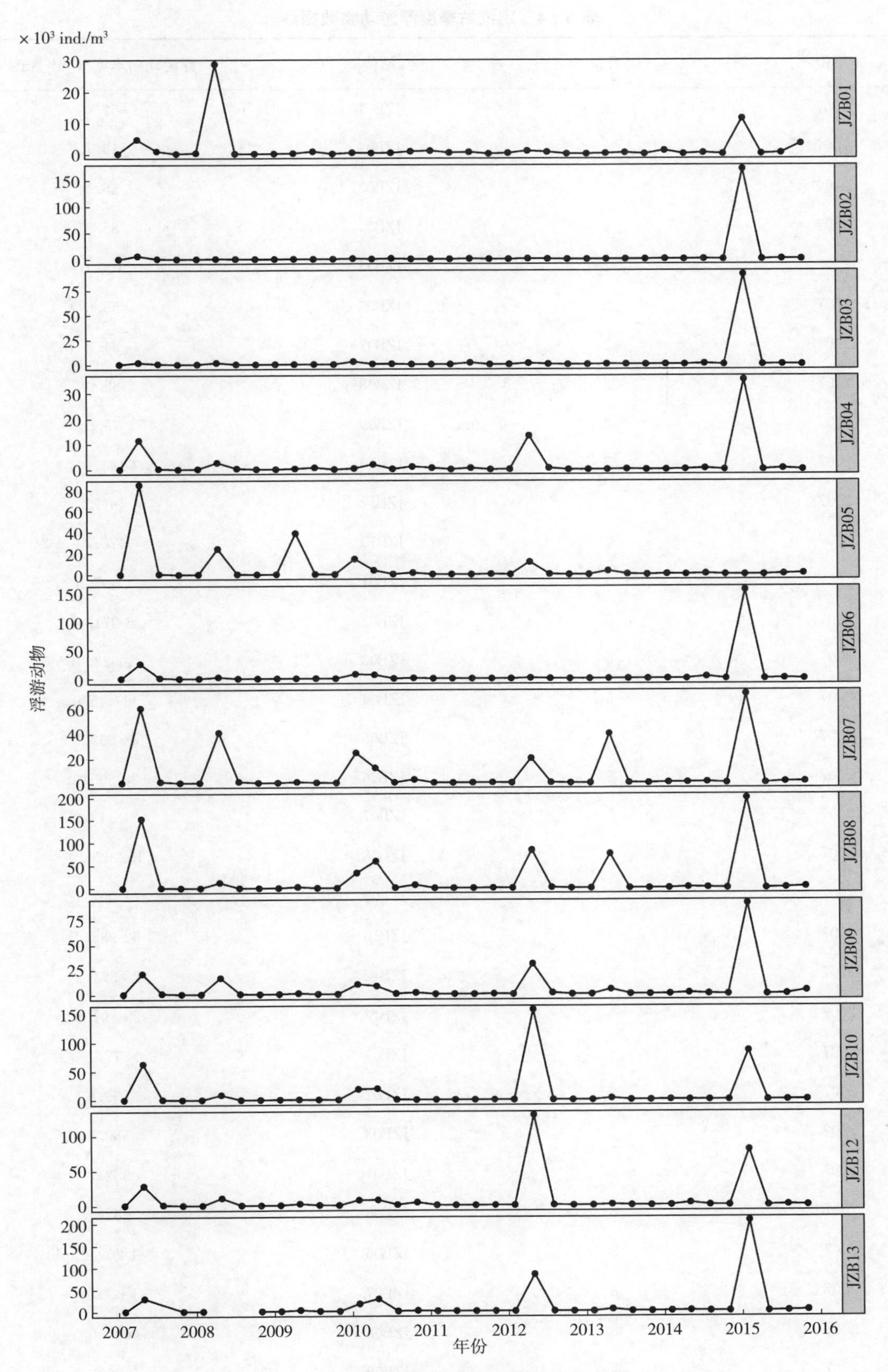

图 6-2　胶州湾定位站浮游动物丰度变化

表 6-4 定位站季度浮游动物数据集

年份	月份	站位	浮游动物丰度（ind./m³）
2007	2	JZB01	52.0
2007	2	JZB02	19.7
2007	2	JZB03	46.4
2007	2	JZB04	83.8
2007	2	JZB05	100.0
2007	2	JZB06	58.6
2007	2	JZB07	84.7
2007	2	JZB08	82.0
2007	2	JZB09	75.0
2007	2	JZB10	141.9
2007	2	JZB12	144.2
2007	2	JZB13	170.4
2007	5	JZB01	4 637.5
2007	5	JZB02	6 271.4
2007	5	JZB03	1 922.0
2007	5	JZB04	11 445.0
2007	5	JZB05	84 669.0
2007	5	JZB06	25 905.0
2007	5	JZB07	61 343.2
2007	5	JZB08	152 670.0
2007	5	JZB09	21 002.7
2007	5	JZB10	62 982.4
2007	5	JZB12	28 371.2
2007	5	JZB13	29 191.8
2007	8	JZB01	877.1
2007	8	JZB02	598.8
2007	8	JZB03	580.8
2007	8	JZB04	332.2
2007	8	JZB05	582.1
2007	8	JZB06	1 202.0
2007	8	JZB07	1 050.0
2007	8	JZB08	635.0
2007	8	JZB09	696.0

（续）

年份	月份	站位	浮游动物丰度（ind./m³）
2007	8	JZB10	675.8
2007	8	JZB12	990.0
2007	8	JZB13	
2007	11	JZB01	48.0
2007	11	JZB02	50.0
2007	11	JZB03	4.3
2007	11	JZB04	64.3
2007	11	JZB05	24.6
2007	11	JZB06	16.7
2007	11	JZB07	102.1
2007	11	JZB08	261.3
2007	11	JZB09	45.8
2007	11	JZB10	130.7
2007	11	JZB12	66.5
2007	11	JZB13	122.7
2008	2	JZB01	292.0
2008	2	JZB02	143.8
2008	2	JZB03	132.9
2008	2	JZB04	185.0
2008	2	JZB05	111.7
2008	2	JZB06	122.2
2008	2	JZB07	115.0
2008	2	JZB08	77.5
2008	2	JZB09	103.8
2008	2	JZB10	148.9
2008	2	JZB12	47.3
2008	2	JZB13	174.4
2008	5	JZB01	28 800.0
2008	5	JZB02	595.0
2008	5	JZB03	1 777.9
2008	5	JZB04	2 698.3
2008	5	JZB05	24 141.9
2008	5	JZB06	2 500.0

（续）

年份	月份	站位	浮游动物丰度（ind./m³）
2008	5	JZB07	41 028.3
2008	5	JZB08	12 191.0
2008	5	JZB09	16 648.5
2008	5	JZB10	8 778.3
2008	5	JZB12	10 723.0
2008	5	JZB13	
2008	8	JZB01	70.0
2008	8	JZB02	358.8
2008	8	JZB03	156.4
2008	8	JZB04	415.0
2008	8	JZB05	318.5
2008	8	JZB06	56.3
2008	8	JZB07	1 009.4
2008	8	JZB08	41.3
2008	8	JZB09	261.1
2008	8	JZB10	51.3
2008	8	JZB12	167.8
2008	8	JZB13	
2008	11	JZB01	45.0
2008	11	JZB02	21.7
2008	11	JZB03	5.0
2008	11	JZB04	106.7
2008	11	JZB05	69.1
2008	11	JZB06	53.8
2008	11	JZB07	50.0
2008	11	JZB08	6.3
2008	11	JZB09	48.4
2008	11	JZB10	51.9
2008	11	JZB12	45.2
2008	11	JZB13	65.7
2009	2	JZB01	58.0
2009	2	JZB02	25.0
2009	2	JZB03	103.1

（续）

年份	月份	站位	浮游动物丰度（ind./m³）
2009	2	JZB04	80.0
2009	2	JZB05	161.7
2009	2	JZB06	130.0
2009	2	JZB07	96.0
2009	2	JZB08	130.0
2009	2	JZB09	160.4
2009	2	JZB10	315.6
2009	2	JZB12	178.8
2009	2	JZB13	171.7
2009	5	JZB01	155.0
2009	5	JZB02	185.0
2009	5	JZB03	141.4
2009	5	JZB04	338.0
2009	5	JZB05	38 568.5
2009	5	JZB06	190.0
2009	5	JZB07	711.3
2009	5	JZB08	2 412.5
2009	5	JZB09	895.0
2009	5	JZB10	594.6
2009	5	JZB12	2 209.8
2009	5	JZB13	2 480.3
2009	8	JZB01	752.4
2009	8	JZB02	119.0
2009	8	JZB03	206.3
2009	8	JZB04	756.4
2009	8	JZB05	279.5
2009	8	JZB06	360.4
2009	8	JZB07	212.0
2009	8	JZB08	220.7
2009	8	JZB09	160.2
2009	8	JZB10	372.6
2009	8	JZB12	331.2
2009	8	JZB13	340.5

（续）

年份	月份	站位	浮游动物丰度（ind./m³）
2009	11	JZB01	20.0
2009	11	JZB02	87.5
2009	11	JZB03	8.2
2009	11	JZB04	36.0
2009	11	JZB05	108.2
2009	11	JZB06	44.3
2009	11	JZB07	33.6
2009	11	JZB08	32.5
2009	11	JZB09	48.9
2009	11	JZB10	46.9
2009	11	JZB12	72.1
2009	11	JZB13	38.7
2010	2	JZB01	370.0
2010	2	JZB02	1 070.0
2010	2	JZB03	2 908.3
2010	2	JZB04	428.3
2010	2	JZB05	14 403.8
2010	2	JZB06	7 480.0
2010	2	JZB07	24 544.5
2010	2	JZB08	33 243.0
2010	2	JZB09	9 780.6
2010	2	JZB10	18 422.0
2010	2	JZB12	7 443.2
2010	2	JZB13	16 465.0
2010	5	JZB01	276.7
2010	5	JZB02	195.0
2010	5	JZB03	436.7
2010	5	JZB04	1 970.0
2010	5	JZB05	3 881.5
2010	5	JZB06	6 433.3
2010	5	JZB07	12 260.0
2010	5	JZB08	58 916.7
2010	5	JZB09	8 170.6

（续）

年份	月份	站位	浮游动物丰度（ind./m³）
2010	5	JZB10	19 316.9
2010	5	JZB12	7 785.0
2010	5	JZB13	27 597.5
2010	8	JZB01	316.7
2010	8	JZB02	1 116.7
2010	8	JZB03	547.9
2010	8	JZB04	206.0
2010	8	JZB05	300.9
2010	8	JZB06	68.3
2010	8	JZB07	291.3
2010	8	JZB08	641.4
2010	8	JZB09	508.9
2010	8	JZB10	489.2
2010	8	JZB12	779.3
2010	8	JZB13	119.1
2010	11	JZB01	786.7
2010	11	JZB02	93.3
2010	11	JZB03	145.8
2010	11	JZB04	1 115.0
2010	11	JZB05	1 614.6
2010	11	JZB06	871.3
2010	11	JZB07	2 702.2
2010	11	JZB08	7 101.7
2010	11	JZB09	1 488.5
2010	11	JZB10	70.4
2010	11	JZB12	4 215.0
2010	11	JZB13	1 245.0
2011	2	JZB01	985.0
2011	2	JZB02	67.5
2011	2	JZB03	54.0
2011	2	JZB04	636.0
2011	2	JZB05	156.4
2011	2	JZB06	77.1

（续）

年份	月份	站位	浮游动物丰度（ind./m³）
2011	2	JZB07	180.0
2011	2	JZB08	86.7
2011	2	JZB09	84.3
2011	2	JZB10	110.7
2011	2	JZB12	177.4
2011	2	JZB13	125.0
2011	5	JZB01	375.0
2011	5	JZB02	81.7
2011	5	JZB03	75.0
2011	5	JZB04	70.0
2011	5	JZB05	168.3
2011	5	JZB06	77.5
2011	5	JZB07	108.1
2011	5	JZB08	62.5
2011	5	JZB09	157.4
2011	5	JZB10	134.7
2011	5	JZB12	109.5
2011	5	JZB13	182.5
2011	8	JZB01	565.0
2011	8	JZB02	790.0
2011	8	JZB03	1 744.0
2011	8	JZB04	610.0
2011	8	JZB05	93.6
2011	8	JZB06	106.7
2011	8	JZB07	225.8
2011	8	JZB08	134.0
2011	8	JZB09	82.7
2011	8	JZB10	114.3
2011	8	JZB12	58.3
2011	8	JZB13	136.4
2011	11	JZB01	52.5
2011	11	JZB02	226.7
2011	11	JZB03	27.9

（续）

年份	月份	站位	浮游动物丰度（ind./m³）
2011	11	JZB04	50.0
2011	11	JZB05	427.1
2011	11	JZB06	95.0
2011	11	JZB07	375.0
2011	11	JZB08	555.9
2011	11	JZB09	367.2
2011	11	JZB10	201.4
2011	11	JZB12	238.4
2011	11	JZB13	103.6
2012	2	JZB01	252.5
2012	2	JZB02	55.0
2012	2	JZB03	46.7
2012	2	JZB04	115.0
2012	2	JZB05	65.4
2012	2	JZB06	40.0
2012	2	JZB07	71.3
2012	2	JZB08	88.0
2012	2	JZB09	72.7
2012	2	JZB10	65.0
2012	2	JZB12	91.2
2012	2	JZB13	57.7
2012	5	JZB01	972.5
2012	5	JZB02	924.0
2012	5	JZB03	1 240.0
2012	5	JZB04	13 270.0
2012	5	JZB05	11 658.6
2012	5	JZB06	1 088.3
2012	5	JZB07	20 170.0
2012	5	JZB08	83 380.0
2012	5	JZB09	30 948.5
2012	5	JZB10	157 368.6
2012	5	JZB12	130 540.0
2012	5	JZB13	83 466.7

（续）

年份	月份	站位	浮游动物丰度（ind./m^3）
2012	8	JZB01	605.0
2012	8	JZB02	335.0
2012	8	JZB03	322.9
2012	8	JZB04	590.0
2012	8	JZB05	361.4
2012	8	JZB06	281.4
2012	8	JZB07	338.2
2012	8	JZB08	1 468.0
2012	8	JZB09	1 280.0
2012	8	JZB10	99.2
2012	8	JZB12	521.8
2012	8	JZB13	280.9
2012	11	JZB01	40.0
2012	11	JZB02	5.0
2012	11	JZB03	2.7
2012	11	JZB04	3.3
2012	11	JZB05	11.8
2012	11	JZB06	0.5
2012	11	JZB07	20.0
2012	11	JZB08	6.7
2012	11	JZB09	16.5
2012	11	JZB10	17.1
2012	11	JZB12	10.5
2012	11	JZB13	21.5
2013	2	JZB01	25.0
2013	2	JZB02	6.5
2013	2	JZB03	57.1
2013	2	JZB04	28.0
2013	2	JZB05	22.7
2013	2	JZB06	35.8
2013	2	JZB07	20.5
2013	2	JZB08	44.0
2013	2	JZB09	59.4

（续）

年份	月份	站位	浮游动物丰度（ind./m³）
2013	2	JZB10	30.4
2013	2	JZB12	81.5
2013	2	JZB13	30.8
2013	5	JZB01	170.0
2013	5	JZB02	111.3
2013	5	JZB03	388.0
2013	5	JZB04	35.0
2013	5	JZB05	3 338.6
2013	5	JZB06	97.8
2013	5	JZB07	40 176.0
2013	5	JZB08	75 108.3
2013	5	JZB09	4 810.0
2013	5	JZB10	2 789.3
2013	5	JZB12	1 249.3
2013	5	JZB13	4 121.6
2013	8	JZB01	355.0
2013	8	JZB02	20.0
2013	8	JZB03	198.3
2013	8	JZB04	180.0
2013	8	JZB05	380.0
2013	8	JZB06	41.7
2013	8	JZB07	200.9
2013	8	JZB08	88.3
2013	8	JZB09	175.9
2013	8	JZB10	51.9
2013	8	JZB12	120.0
2013	8	JZB13	96.1
2013	11	JZB01	0.6
2013	11	JZB02	0.2
2013	11	JZB03	0.2
2013	11	JZB04	
2013	11	JZB05	
2013	11	JZB06	0.1

（续）

年份	月份	站位	浮游动物丰度（ind. /m³）
2013	11	JZB07	0.6
2013	11	JZB08	0.4
2013	11	JZB09	0.2
2013	11	JZB10	0.5
2013	11	JZB12	0.5
2013	11	JZB13	0.2
2014	2	JZB01	1 075.0
2014	2	JZB02	420.0
2014	2	JZB03	157.5
2014	2	JZB04	32.5
2014	2	JZB05	485.0
2014	2	JZB06	235.0
2014	2	JZB07	485.6
2014	2	JZB08	310.0
2014	2	JZB09	280.6
2014	2	JZB10	549.6
2014	2	JZB12	317.3
2014	2	JZB13	595.6
2014	5	JZB01	25.0
2014	5	JZB02	20.0
2014	5	JZB03	24.2
2014	5	JZB04	151.7
2014	5	JZB05	223.9
2014	5	JZB06	176.3
2014	5	JZB07	556.7
2014	5	JZB08	2 006.3
2014	5	JZB09	1 257.7
2014	5	JZB10	292.1
2014	5	JZB12	3 569.0
2014	5	JZB13	1 235.0
2014	8	JZB01	346.7
2014	8	JZB02	506.7
2014	8	JZB03	787.7

（续）

年份	月份	站位	浮游动物丰度（ind./m³）
2014	8	JZB04	480.0
2014	8	JZB05	774.3
2014	8	JZB06	3 584.0
2014	8	JZB07	870.0
2014	8	JZB08	1 386.7
2014	8	JZB09	353.1
2014	8	JZB10	152.0
2014	8	JZB12	400.0
2014	8	JZB13	312.0
2014	11	JZB01	15.0
2014	11	JZB02	2.5
2014	11	JZB03	3.3
2014	11	JZB04	22.5
2014	11	JZB05	131.7
2014	11	JZB06	28.8
2014	11	JZB07	72.3
2014	11	JZB08	153.3
2014	11	JZB09	33.8
2014	11	JZB10	91.8
2014	11	JZB12	105.9
2014	11	JZB13	200.0
2015	2	JZB01	11 390.9
2015	2	JZB02	171 642.9
2015	2	JZB03	91 574.3
2015	2	JZB04	35 137.1
2015	2	JZB05	
2015	2	JZB06	155 815.6
2015	2	JZB07	72 836.4
2015	2	JZB08	200 252.5
2015	2	JZB09	92 389.2
2015	2	JZB10	85 573.3
2015	2	JZB12	80 164.0
2015	2	JZB13	205 860.0

（续）

年份	月份	站位	浮游动物丰度（ind./m³）
2015	5	JZB01	95.0
2015	5	JZB02	140.0
2015	5	JZB03	41.7
2015	5	JZB04	57.5
2015	5	JZB05	60.0
2015	5	JZB06	99.0
2015	5	JZB07	150.4
2015	5	JZB08	132.3
2015	5	JZB09	5.5
2015	5	JZB10	56.3
2015	5	JZB12	22.5
2015	5	JZB13	102.0
2015	8	JZB01	332.5
2015	8	JZB02	840.0
2015	8	JZB03	263.5
2015	8	JZB04	461.5
2015	8	JZB05	607.1
2015	8	JZB06	748.1
2015	8	JZB07	1 166.0
2015	8	JZB08	1 218.8
2015	8	JZB09	333.1
2015	8	JZB10	203.5
2015	8	JZB12	908.6
2015	8	JZB13	703.3
2015	11	JZB01	3 306.5
2015	11	JZB02	383.3
2015	11	JZB03	33.3
2015	11	JZB04	27.5
2015	11	JZB05	1 144.1
2015	11	JZB06	118.8
2015	11	JZB07	1 263.8
2015	11	JZB08	3 252.0
2015	11	JZB09	3 527.6

（续）

年份	月份	站位	浮游动物丰度（ind./m^3）
2015	11	JZB10	361.4
2015	11	JZB12	151.6
2015	11	JZB13	2 279.9

表 6-5　定位站年际浮游动物数据集

年份	站位	浮游动物丰度（$\times10^3$ind./m^3）
2007	JZB01	1.4
2007	JZB02	1.7
2007	JZB03	0.6
2007	JZB04	3.0
2007	JZB05	21.3
2007	JZB06	6.8
2007	JZB07	15.6
2007	JZB08	38.4
2007	JZB09	5.5
2007	JZB10	16.0
2007	JZB12	7.4
2007	JZB13	
2008	JZB01	7.3
2008	JZB02	0.3
2008	JZB03	0.5
2008	JZB04	0.9
2008	JZB05	6.2
2008	JZB06	0.7
2008	JZB07	10.6
2008	JZB08	3.1
2008	JZB09	4.3
2008	JZB10	2.3
2008	JZB12	2.7
2008	JZB13	
2009	JZB01	0.2
2009	JZB02	0.1

（续）

年份	站位	浮游动物丰度（$\times 10^3$ind. /m^3）
2009	JZB03	0.1
2009	JZB04	0.3
2009	JZB05	9.8
2009	JZB06	0.2
2009	JZB07	0.3
2009	JZB08	0.7
2009	JZB09	0.3
2009	JZB10	0.3
2009	JZB12	0.7
2009	JZB13	0.8
2010	JZB01	0.4
2010	JZB02	0.6
2010	JZB03	1.0
2010	JZB04	0.9
2010	JZB05	5.1
2010	JZB06	3.7
2010	JZB07	9.9
2010	JZB08	25.0
2010	JZB09	5.0
2010	JZB10	9.6
2010	JZB12	5.1
2010	JZB13	11.4
2011	JZB01	0.5
2011	JZB02	0.3
2011	JZB03	0.5
2011	JZB04	0.3
2011	JZB05	0.2
2011	JZB06	0.1

（续）

年份	站位	浮游动物丰度（$\times 10^3$ ind./m^3）
2011	JZB07	0.2
2011	JZB08	0.2
2011	JZB09	0.2
2011	JZB10	0.1
2011	JZB12	0.1
2011	JZB13	0.1
2012	JZB01	0.5
2012	JZB02	0.3
2012	JZB03	0.4
2012	JZB04	3.5
2012	JZB05	3.0
2012	JZB06	0.4
2012	JZB07	5.1
2012	JZB08	21.2
2012	JZB09	8.1
2012	JZB10	39.4
2012	JZB12	32.8
2012	JZB13	21.0
2013	JZB01	0.1
2013	JZB02	
2013	JZB03	0.2
2013	JZB04	
2013	JZB05	
2013	JZB06	
2013	JZB07	10.1
2013	JZB08	18.8
2013	JZB09	1.3
2013	JZB10	0.7

（续）

年份	站位	浮游动物丰度（$\times 10^3$ ind. /m^3）
2013	JZB12	0.4
2013	JZB13	1.1
2014	JZB01	0.4
2014	JZB02	0.2
2014	JZB03	0.2
2014	JZB04	0.2
2014	JZB05	0.4
2014	JZB06	1.0
2014	JZB07	0.5
2014	JZB08	1.0
2014	JZB09	0.5
2014	JZB10	0.3
2014	JZB12	1.1
2014	JZB13	0.6
2015	JZB01	3.8
2015	JZB02	43.3
2015	JZB03	23.0
2015	JZB04	8.9
2015	JZB05	
2015	JZB06	39.2
2015	JZB07	18.9
2015	JZB08	51.2
2015	JZB09	24.1
2015	JZB10	21.5
2015	JZB12	20.3
2015	JZB13	52.2

6.3 大型底栖生物数据集

6.3.1 概述

大型底栖动物是海洋环境中的一个重要的生态类群，它在海洋生态系统的能流和物流中占有十分重要的地位。大型底栖生物的栖息丰度和生物量数据是科研人员进行底栖生物群落自身变化、底栖动物功能变化以及物流、能流过程研究的必要基础，也对海洋生物资源的持续利用以及评价海洋环境压力具有重要意义。

大型底栖生物数据集基于2007—2015年胶州湾站在12个定位监测站获取的长期大型底栖生物监测数据整理形成。经原始数据核查，统计出每个样品的丰度和生物量数据，整理形成“定位站季度大型底栖生物数据集”，按照年份进行计算形成“定位站年际大型底栖生物数据集”。

6.3.2 数据采集和处理方法

航次信息见4.1.2。监测人员在使用GPS（TOPCON，HP5500）定位到定点站后，使用0.1 m^2大洋50型采泥器，每站成功取样2次作为1个泥样，将泥样经0.5 mm孔径过滤筛冲洗掉泥沙，将过滤出的底栖生物样品保存于标本瓶中，加入75 %酒精固定（中华人民共和国国家质量监督检验检疫总局，2007a），带回实验室进行鉴定。

对样品进行种类鉴定，按种类进行计数和称重（千分之一天平），计算出相应的丰度和生物量，样品所有种类的丰度之和为站位的底栖生物总密度，生物量之和为站位的底栖生物总生物量。2次采空站位以0计。结合站的底栖生物种类数形成数据表“定位站季度大型底栖生物数据集”。对底栖生物总密度、底栖生物总生物量的每个站位按照年际进行统计形成“定位站年际大型底栖生物数据集”，统计量取平均值，单站位每年采样小于4次的为缺失值。

6.3.3 数据质量控制和评估

大型底栖生物样品的采集、室内分析以及数据处理过程中，严格按照CERN统一的水域生态系统观测规范（中国生态系统研究网络科学委员会，2007）和国家海洋调查规范（中华人民共和国国家质量监督检验检疫总局，2007 d）开展相关工作。大型底栖生物样品的采集人员和鉴定人员是专业研究团队，样品统一存放于中国科学院海洋研究所标本馆中，野外样品采集记录和样品计数记录规范并归档保管。

原始数据经再次人工核查，其中2007年8月、2008年5月、2008年8月JZB13号站，2010年8月JZB06站，由于国际帆船赛禁航和绞车缆绳断开未采集样品，其他样品全。调查期间有11次样品采空情况，JZB09站9次，JZB04站2次。

6.3.4 数据价值与数据获取方式

本数据集为2007—2015年胶州湾9年的长期定位大型底栖生物监测数据，这些长期定点观测数据是进行底栖生物群落及功能演化、生态系统演变、物质能量生态循环和海湾生态健康研究的基础数据。本数据集仅包含2007—2015年数据，其他数据获取方式同4.1.4。

6.3.5 数据

数据包括图形数据和表格数据，图形数据如图6-3、图6-4所示，表格数据如表6-6、表6-7所示。

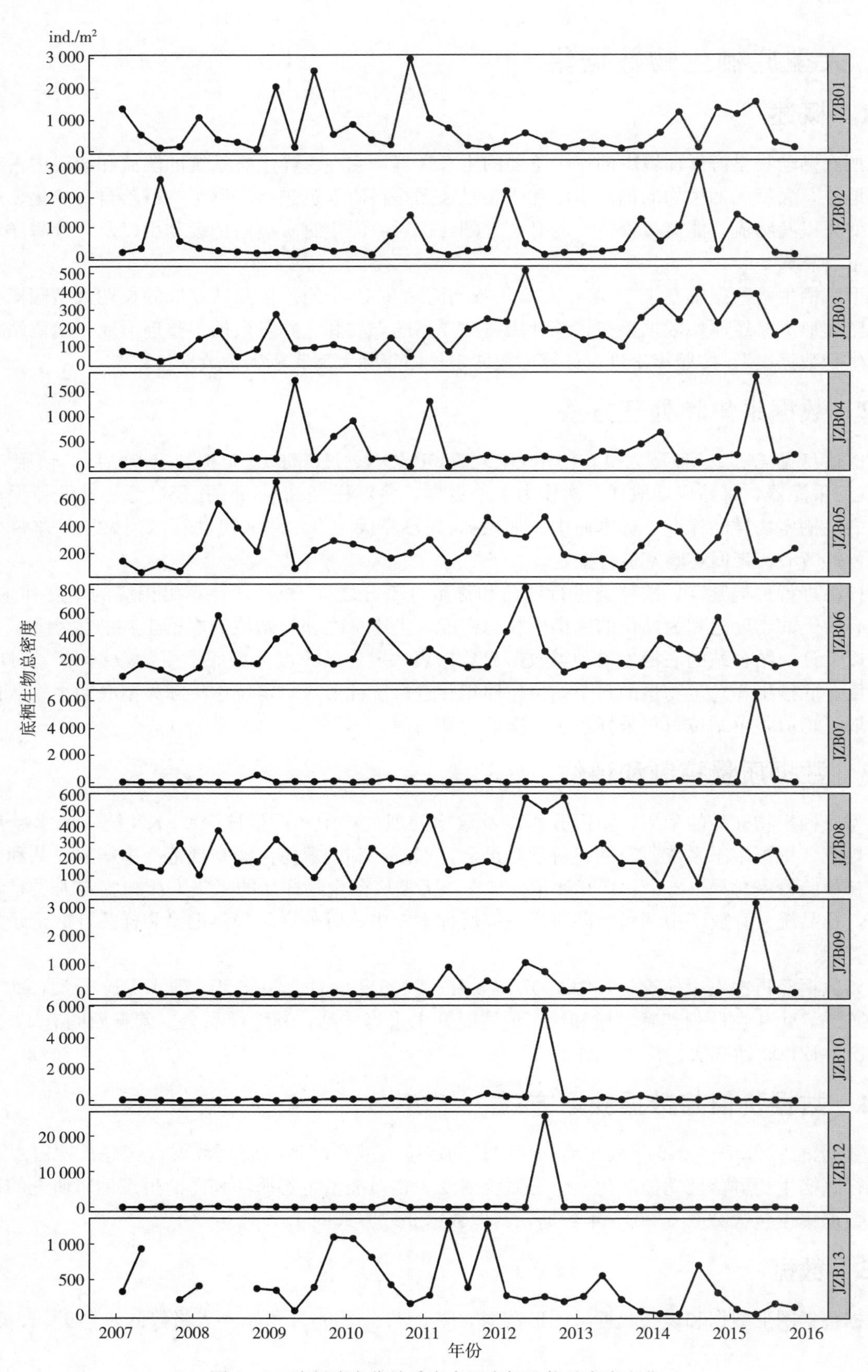

图 6-3　胶州湾定位站季度大型底栖生物总密度变化

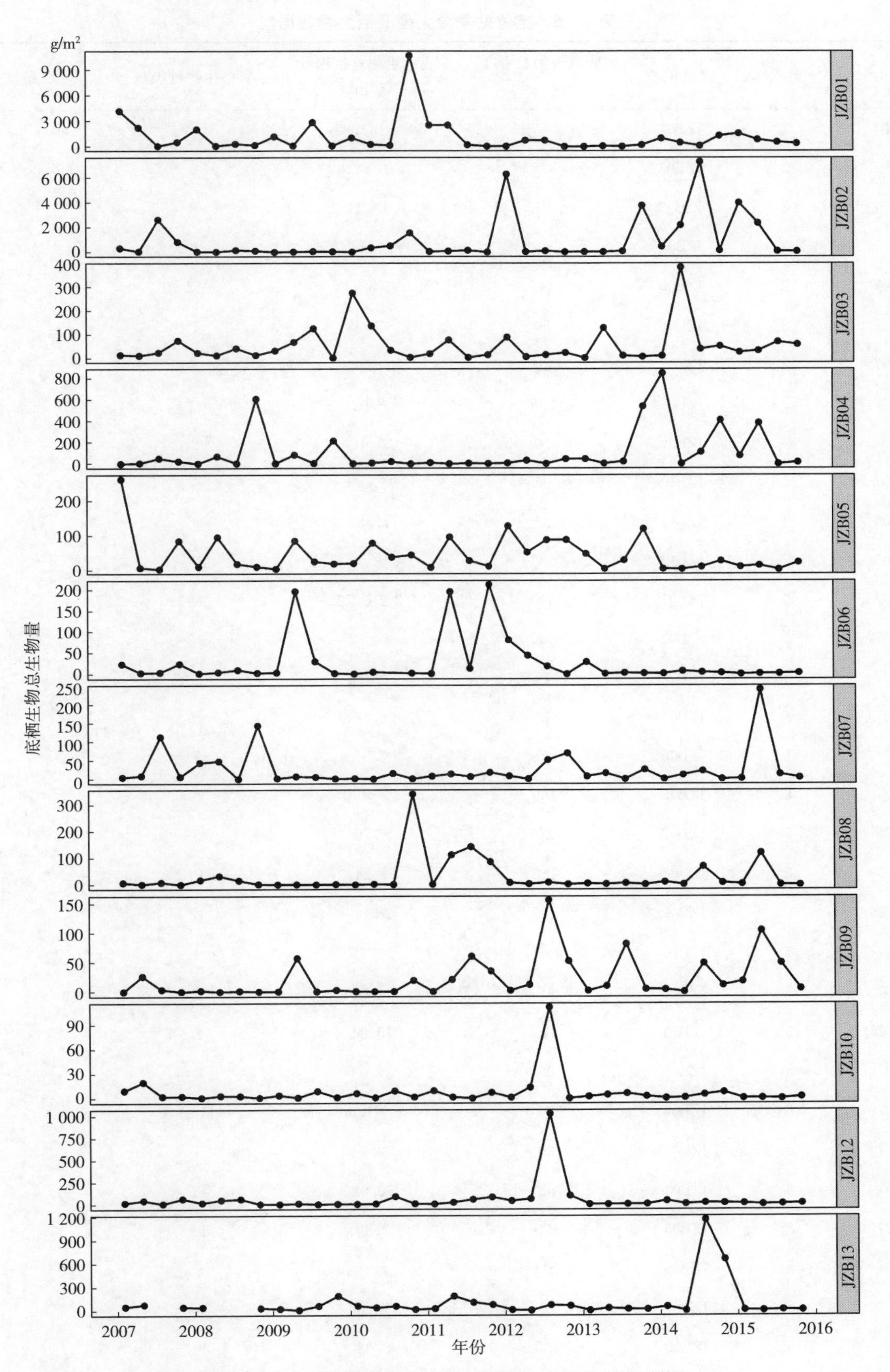

图 6－4　胶州湾定位站季度大型底栖生物总生物量变化

表 6-6　定位站季度大型底栖生物数据集

年份	月份	站位	底栖生物总密度（个/m²）	底栖生物总生物量（g/m²）	底栖生物种类数	备注
2007	2	JZB01	1 370	4 163.83	6	
2007	2	JZB02	170	319.49	6	
2007	2	JZB03	75	13.41	8	
2007	2	JZB04	45	1.17	8	
2007	2	JZB05	145	263.71	12	
2007	2	JZB06	50	24.03	7	
2007	2	JZB07	40	4.97	5	
2007	2	JZB08	235	8.02	11	
2007	2	JZB09	10	0.01	2	
2007	2	JZB10	55	9.37	6	
2007	2	JZB12	35	17.84	6	
2007	2	JZB13	335	48.98	2	
2007	5	JZB01	520	2 216.72	10	
2007	5	JZB02	300	50.77	12	
2007	5	JZB03	55	10.53	7	
2007	5	JZB04	75	6.46	8	
2007	5	JZB05	60	7.05	7	
2007	5	JZB06	155	3.35	9	
2007	5	JZB07	20	8.70	3	
2007	5	JZB08	150	2.24	10	
2007	5	JZB09	285	26.28	12	
2007	5	JZB10	55	19.79	9	
2007	5	JZB12	45	46.06	6	
2007	5	JZB13	940	75.24	2	
2007	8	JZB01	95	56.03	5	
2007	8	JZB02	2 600	2 621.50	14	
2007	8	JZB03	20	22.94	5	
2007	8	JZB04	65	50.02	11	
2007	8	JZB05	120	2.88	11	
2007	8	JZB06	105	4.24	8	
2007	8	JZB07	25	113.03	3	
2007	8	JZB08	130	8.98	14	
2007	8	JZB09	5	3.57	3	

（续）

年份	月份	站位	底栖生物总密度（个/m^2）	底栖生物总生物量（g/m^2）	底栖生物种类数	备注
2007	8	JZB10	20	2.26	5	
2007	8	JZB12	160	8.26	16	
2007	8	JZB13				国际帆船赛禁航未采样
2007	11	JZB01	140	516.22	13	
2007	11	JZB02	540	820.99	11	
2007	11	JZB03	50	73.99	9	
2007	11	JZB04	40	22.65	7	
2007	11	JZB05	70	85.09	11	
2007	11	JZB06	30	24.40	6	
2007	11	JZB07	10	5.97	3	
2007	11	JZB09	0	0.00	0	2次采空
2007	11	JZB08	295	0.95	24	
2007	11	JZB10	10	2.53	3	
2007	11	JZB12	140	65.04	7	
2007	11	JZB13	220	43.84	7	
2008	2	JZB01	1 080	2 015.14	24	
2008	2	JZB02	305	39.23	30	
2008	2	JZB03	140	21.71	21	
2008	2	JZB04	65	1.82	12	
2008	2	JZB05	235	10.01	21	
2008	2	JZB06	125	1.94	10	
2008	2	JZB07	50	43.62	8	
2008	2	JZB08	105	18.15	15	
2008	2	JZB09	70	1.66	10	
2008	2	JZB10	25	0.69	6	
2008	2	JZB12	220	17.74	21	
2008	2	JZB13	415	40.99	2	
2008	5	JZB01	365	61.86	18	
2008	5	JZB02	225	23.12	17	
2008	5	JZB03	185	10.95	17	
2008	5	JZB04	290	68.31	20	
2008	5	JZB05	570	96.16	41	

（续）

年份	月份	站位	底栖生物总密度（个/m²）	底栖生物总生物量（g/m²）	底栖生物种类数	备注
2008	5	JZB06	575	4.66	26	
2008	5	JZB07	15	47.63	2	
2008	5	JZB08	375	32.64	24	
2008	5	JZB09	0	0.00	0	2次采空
2008	5	JZB10	30	3.11	7	
2008	5	JZB12	300	51.40	20	
2008	5	JZB13				国际帆船赛禁航未采样
2008	8	JZB01	280	307.24	18	
2008	8	JZB02	180	158.64	15	
2008	8	JZB03	45	40.82	7	
2008	8	JZB04	155	3.25	14	
2008	8	JZB05	390	18.08	21	
2008	8	JZB06	165	9.95	17	
2008	8	JZB07	15	0.04	4	
2008	8	JZB08	175	15.80	16	
2008	8	JZB09	25	1.06	5	
2008	8	JZB10	60	2.74	10	
2008	8	JZB12	120	60.56	15	
2008	8	JZB13				国际帆船赛禁航未采样
2008	11	JZB01	60	155.63	8	
2008	11	JZB02	145	110.23	20	
2008	11	JZB03	85	11.97	11	
2008	11	JZB04	170	609.89	15	
2008	11	JZB05	215	10.07	18	
2008	11	JZB06	160	3.01	19	
2008	11	JZB07	550	143.31	6	
2008	11	JZB08	185	1.84	13	
2008	11	JZB09	0	0.00	0	2次采空
2008	11	JZB10	115	0.59	12	
2008	11	JZB12	235	3.44	15	
2008	11	JZB13	380	29.04	6	
2009	2	JZB01	2 080	1 153.93	18	

（续）

年份	月份	站位	底栖生物总密度（个/m²）	底栖生物总生物量（g/m²）	底栖生物种类数	备注
2009	2	JZB02	165	0.75	15	
2009	2	JZB03	275	30.79	15	
2009	2	JZB04	165	3.11	16	
2009	2	JZB05	730	3.62	26	
2009	2	JZB06	375	3.70	22	
2009	2	JZB07	40	1.66	7	
2009	2	JZB08	320	0.74	12	
2009	2	JZB09	0	0.00	0	2 次采空
2009	2	JZB10	15	3.53	2	
2009	2	JZB12	185	2.00	17	
2009	2	JZB13	355	19.77	2	
2009	5	JZB01	120	80.51	11	
2009	5	JZB02	115	26.38	13	
2009	5	JZB03	90	67.47	14	
2009	5	JZB04	1 725	83.03	33	
2009	5	JZB05	90	85.34	12	
2009	5	JZB06	485	196.95	28	
2009	5	JZB07	80	6.91	9	
2009	5	JZB08	210	1.11	18	
2009	5	JZB09	10	56.91	1	
2009	5	JZB10	30	0.77	6	
2009	5	JZB12	115	10.84	13	
2009	5	JZB13	65	4.33	4	
2009	8	JZB01	2 590	2 830.34	19	
2009	8	JZB02	345	56.22	17	
2009	8	JZB03	95	125.06	13	
2009	8	JZB04	150	4.91	14	
2009	8	JZB05	225	24.96	19	
2009	8	JZB06	210	29.88	21	
2009	8	JZB07	70	5.25	3	
2009	8	JZB08	90	0.55	10	
2009	8	JZB09	0	0.00	0	2 次采空

（续）

年份	月份	站位	底栖生物总密度（个/m²）	底栖生物总生物量（g/m²）	底栖生物种类数	备注
2009	8	JZB10	80	8.50	13	
2009	8	JZB12	60	0.67	9	
2009	8	JZB13	400	56.57	2	
2009	11	JZB01	530	68.53	20	
2009	11	JZB02	205	38.53	14	
2009	11	JZB03	110	0.53	7	
2009	11	JZB04	605	214.97	16	
2009	11	JZB05	295	18.54	13	
2009	11	JZB06	155	1.88	13	
2009	11	JZB07	115	0.78	13	
2009	11	JZB08	250	1.40	15	
2009	11	JZB09	60	2.48	4	
2009	11	JZB10	120	0.98	12	
2009	11	JZB12	175	4.01	16	
2009	11	JZB13	1 110	183.39	4	
2010	2	JZB01	855	1 008.36	15	
2010	2	JZB02	285	5.04	14	
2010	2	JZB03	80	273.53	7	
2010	2	JZB04	915	1.93	16	
2010	2	JZB05	270	19.64	25	
2010	2	JZB06	200	0.71	18	
2010	2	JZB07	20	1.37	3	
2010	2	JZB08	35	0.16	6	
2010	2	JZB09	15	0.24	2	
2010	2	JZB10	115	5.93	10	
2010	2	JZB12	205	3.62	20	
2010	2	JZB13	1 090	57.02	3	
2010	5	JZB01	355	253.46	22	
2010	5	JZB02	75	351.80	6	
2010	5	JZB03	40	135.93	6	
2010	5	JZB04	155	8.04	19	
2010	5	JZB05	230	79.00	26	

（续）

年份	月份	站位	底栖生物总密度（个/m^2）	底栖生物总生物量（g/m^2）	底栖生物种类数	备注
2010	5	JZB06	525	5.03	28	
2010	5	JZB07	65	0.07	13	
2010	5	JZB08	265	2.36	22	
2010	5	JZB09	0	0.00	0	2 次采空
2010	5	JZB10	90	0.61	8	
2010	5	JZB12	105	7.20	15	
2010	5	JZB13	825	33.39	4	
2010	8	JZB01	195	131.89	15	
2010	8	JZB02	710	498.94	20	
2010	8	JZB03	145	32.85	21	
2010	8	JZB04	170	19.65	15	
2010	8	JZB05	165	37.90	15	
2010	8	JZB06				绞车损害，未采样
2010	8	JZB07	300	14.96	21	
2010	8	JZB08	165	0.84	12	
2010	8	JZB09	0	0.00	0	2 次采空
2010	8	JZB10	170	8.88	12	
2010	8	JZB12	1 780	89.91	26	
2010	8	JZB13	435	54.36	5	
2010	11	JZB01	2 970	10 688.93	19	
2010	11	JZB02	1 410	1 548.36	17	
2010	11	JZB03	45	2.86	7	
2010	11	JZB04	0	0.00	0	2 次采空
2010	11	JZB05	205	44.37	17	
2010	11	JZB06	170	2.38	10	
2010	11	JZB07	90	0.73	8	
2010	11	JZB08	215	340.77	17	
2010	11	JZB09	290	19.03	11	
2010	11	JZB10	75	1.42	9	
2010	11	JZB12	75	8.08	12	
2010	11	JZB13	165	12.38	3	
2011	2	JZB01	1 045	2 502.75	15	

（续）

年份	月份	站位	底栖生物总密度（个/m^2）	底栖生物总生物量（g/m^2）	底栖生物种类数	备注
2011	2	JZB02	240	47.41	19	
2011	2	JZB03	185	18.13	18	
2011	2	JZB04	1 300	10.63	16	
2011	2	JZB05	300	8.07	17	
2011	2	JZB06	285	1.51	17	
2011	2	JZB07	75	7.62	3	
2011	2	JZB08	460	1.87	21	
2011	2	JZB09	0	0.00	0	2次采空
2011	2	JZB10	175	9.21	16	
2011	2	JZB12	235	5.41	19	
2011	2	JZB13	285	22.61	2	
2011	5	JZB01	735	2 502.48	3	
2011	5	JZB02	85	81.60	9	
2011	5	JZB03	70	76.72	7	
2011	5	JZB04	0	0.00	0	2次采空
2011	5	JZB05	130	96.53	10	
2011	5	JZB06	180	196.11	18	
2011	5	JZB07	5	13.43	1	
2011	5	JZB08	135	112.28	10	
2011	5	JZB09	945	20.41	14	
2011	5	JZB10	95	1.39	8	
2011	5	JZB12	115	23.89	19	
2011	5	JZB13	1 310	182.38	9	
2011	8	JZB01	170	200.90	9	
2011	8	JZB02	215	144.44	16	
2011	8	JZB03	195	2.58	15	
2011	8	JZB04	140	4.72	12	
2011	8	JZB05	215	27.76	13	
2011	8	JZB06	125	13.56	16	
2011	8	JZB07	35	6.44	4	
2011	8	JZB08	155	142.49	14	
2011	8	JZB09	90	60.06	4	

（续）

年份	月份	站位	底栖生物总密度（个/m²）	底栖生物总生物量（g/m²）	底栖生物种类数	备注
2011	8	JZB10	30	0.10	5	
2011	8	JZB12	185	57.73	16	
2011	8	JZB13	395	101.63	5	
2011	11	JZB01	105	37.01	9	
2011	11	JZB02	280	3.14	15	
2011	11	JZB03	250	13.87	17	
2011	11	JZB04	225	2.06	11	
2011	11	JZB05	465	11.50	15	
2011	11	JZB06	130	212.95	14	
2011	11	JZB07	110	17.66	4	
2011	11	JZB08	185	86.14	13	
2011	11	JZB09	470	35.11	25	
2011	11	JZB10	470	6.95	12	
2011	11	JZB12	265	84.17	20	
2011	11	JZB13	1 290	72.15	3	
2012	2	JZB01	290	36.55	20	
2012	2	JZB02	2 215	6 268.32	15	
2012	2	JZB03	235	87.98	19	
2012	2	JZB04	140	6.46	13	
2012	2	JZB05	335	128.48	24	
2012	2	JZB06	435	80.58	20	
2012	2	JZB07	10	8.01	2	
2012	2	JZB08	145	7.97	14	
2012	2	JZB09	155	1.82	13	
2012	2	JZB10	275	1.04	15	
2012	2	JZB12	340	42.32	19	
2012	2	JZB13	280	7.37	4	
2012	5	JZB01	570	722.17	11	
2012	5	JZB02	450	30.57	18	
2012	5	JZB03	515	5.38	21	
2012	5	JZB04	175	31.77	21	
2012	5	JZB05	320	52.30	21	

（续）

年份	月份	站位	底栖生物总密度（个/m^2）	底栖生物总生物量（g/m^2）	底栖生物种类数	备注
2012	5	JZB06	815	44.00	31	
2012	5	JZB07	70	0.54	6	
2012	5	JZB08	575	3.21	29	
2012	5	JZB09	1 110	11.70	23	
2012	5	JZB10	240	13.33	20	
2012	5	JZB12	130	64.99	17	
2012	5	JZB13	215	2.11	16	
2012	8	JZB01	310	718.62	19	
2012	8	JZB02	90	98.66	9	
2012	8	JZB03	185	13.87	18	
2012	8	JZB04	205	1.74	16	
2012	8	JZB05	470	88.17	26	
2012	8	JZB06	265	18.72	26	
2012	8	JZB07	30	51.36	3	
2012	8	JZB08	495	8.85	28	
2012	8	JZB09	790	156.70	33	
2012	8	JZB10	5 770	111.95	18	
2012	8	JZB12	25 885	1 033.53	23	
2012	8	JZB13	265	69.30	22	
2012	11	JZB01	115	4.37	15	
2012	11	JZB02	155	15.82	9	
2012	11	JZB03	190	22.67	14	
2012	11	JZB04	155	44.88	16	
2012	11	JZB05	190	88.50	19	
2012	11	JZB06	85	0.41	9	
2012	11	JZB07	90	69.24	11	
2012	11	JZB08	575	2.30	16	
2012	11	JZB09	130	52.29	17	
2012	11	JZB10	85	0.15	9	
2012	11	JZB12	205	102.44	19	
2012	11	JZB13	195	59.78	3	
2013	2	JZB01	260	1.69	13	

（续）

年份	月份	站位	底栖生物总密度（个/m^2）	底栖生物总生物量（g/m^2）	底栖生物种类数	备注
2013	2	JZB02	160	31.13	12	
2013	2	JZB03	135	1.07	14	
2013	2	JZB04	85	45.29	9	
2013	2	JZB05	155	48.09	21	
2013	2	JZB06	145	28.99	15	
2013	2	JZB07	10	7.46	2	
2013	2	JZB08	220	5.18	22	
2013	2	JZB09	130	1.75	13	
2013	2	JZB10	130	2.30	15	
2013	2	JZB12	205	4.17	18	
2013	2	JZB13	270	1.32	10	
2013	5	JZB01	230	59.92	16	
2013	5	JZB02	195	28.05	19	
2013	5	JZB03	160	127.79	18	
2013	5	JZB04	305	3.63	21	
2013	5	JZB05	160	4.29	21	
2013	5	JZB06	185	1.28	15	
2013	5	JZB07	30	15.86	3	
2013	5	JZB08	295	2.98	20	
2013	5	JZB09	210	9.59	20	
2013	5	JZB10	225	4.37	18	
2013	5	JZB12	30	2.49	4	
2013	5	JZB13	565	28.94	8	
2013	8	JZB01	75	12.43	10	
2013	8	JZB02	270	83.28	17	
2013	8	JZB03	100	10.44	14	
2013	8	JZB04	270	21.49	15	
2013	8	JZB05	85	29.09	12	
2013	8	JZB06	160	3.03	13	
2013	8	JZB07	75	0.30	12	
2013	8	JZB08	175	5.93	15	
2013	8	JZB09	210	81.28	15	

（续）

年份	月份	站位	底栖生物总密度（个/m^2）	底栖生物总生物量（g/m^2）	底栖生物种类数	备注
2013	8	JZB10	85	5.98	10	
2013	8	JZB12	270	4.51	20	
2013	8	JZB13	225	17.25	10	
2013	11	JZB01	160	190.19	13	
2013	11	JZB02	1 270	3 744.55	25	
2013	11	JZB03	255	5.84	20	
2013	11	JZB04	450	539.41	25	
2013	11	JZB05	255	120.29	18	
2013	11	JZB06	140	1.98	12	
2013	11	JZB07	20	25.47	4	
2013	11	JZB08	175	1.36	21	
2013	11	JZB09	40	4.20	6	
2013	11	JZB10	335	2.59	26	
2013	11	JZB12	90	6.47	11	
2013	11	JZB13	55	14.61	4	
2014	2	JZB01	580	957.51	16	
2014	2	JZB02	530	453.36	17	
2014	2	JZB03	345	10.09	24	
2014	2	JZB04	685	850.23	32	
2014	2	JZB05	420	4.25	26	
2014	2	JZB06	375	1.80	20	
2014	2	JZB07	30	0.84	6	
2014	2	JZB08	40	10.38	8	
2014	2	JZB09	80	3.79	8	
2014	2	JZB10	90	0.30	10	
2014	2	JZB12	115	43.31	15	
2014	2	JZB13	25	48.89	2	
2014	5	JZB01	1 245	462.28	18	
2014	5	JZB02	1 030	2 170.80	11	
2014	5	JZB03	245	382.39	21	
2014	5	JZB04	105	1.40	11	
2014	5	JZB05	360	3.51	21	

（续）

年份	月份	站位	底栖生物总密度（个/m²）	底栖生物总生物量（g/m²）	底栖生物种类数	备注
2014	5	JZB06	285	7.41	17	
2014	5	JZB07	140	11.55	5	
2014	5	JZB09	0	0.00	0	2 次采空
2014	5	JZB08	280	1.88	14	
2014	5	JZB10	90	1.03	11	
2014	5	JZB12	65	8.60	10	
2014	5	JZB13	20	0.01	1	
2014	8	JZB01	110	100.72	12	
2014	8	JZB02	3 110	7 258.45	19	
2014	8	JZB03	410	38.91	6	
2014	8	JZB04	80	110.83	8	
2014	8	JZB05	165	10.13	18	
2014	8	JZB06	200	4.90	22	
2014	8	JZB07	85	22.10	9	
2014	8	JZB08	50	69.20	6	
2014	8	JZB09	75	48.48	9	
2014	8	JZB10	75	4.77	11	
2014	8	JZB12	160	21.37	6	
2014	8	JZB13	710	1 161.57	7	
2014	11	JZB01	1 385	1 269.40	12	
2014	11	JZB02	245	149.53	17	
2014	11	JZB03	225	51.27	16	
2014	11	JZB04	185	412.13	20	
2014	11	JZB05	315	27.57	20	
2014	11	JZB06	555	3.36	23	
2014	11	JZB07	50	0.83	5	
2014	11	JZB08	450	8.25	23	
2014	11	JZB09	60	11.03	7	
2014	11	JZB10	290	7.61	19	
2014	11	JZB12	205	18.20	14	
2014	11	JZB13	320	653.23	2	
2015	2	JZB01	1 185	1 538.75	32	

（续）

年份	月份	站位	底栖生物总密度（个/m²）	底栖生物总生物量（g/m²）	底栖生物种类数	备注
2015	2	JZB02	1 420	3 980.06	17	
2015	2	JZB03	385	25.60	21	
2015	2	JZB04	230	75.61	22	
2015	2	JZB05	670	10.65	38	
2015	2	JZB06	165	0.54	16	
2015	2	JZB07	35	1.77	4	
2015	2	JZB08	300	3.56	22	
2015	2	JZB09	75	17.57	11	
2015	2	JZB10	55	0.38	9	
2015	2	JZB12	205	15.25	17	
2015	2	JZB13	85	7.02	4	
2015	5	JZB01	1 585	816.36	14	
2015	5	JZB02	1 000	2 342.45	14	
2015	5	JZB03	385	31.97	22	
2015	5	JZB04	1 800	385.31	19	
2015	5	JZB05	140	14.38	17	
2015	5	JZB06	200	1.69	14	
2015	5	JZB07	6 485	240.68	12	
2015	5	JZB08	195	120.27	17	
2015	5	JZB09	3 155	104.58	15	
2015	5	JZB10	100	0.46	10	
2015	5	JZB12	150	4.01	20	
2015	5	JZB13	15	1.53	3	
2015	8	JZB01	260	528.61	13	
2015	8	JZB02	145	91.34	15	
2015	8	JZB03	160	69.14	13	
2015	8	JZB04	115	0.21	11	
2015	8	JZB05	155	2.67	19	
2015	8	JZB06	130	1.70	16	
2015	8	JZB07	220	13.56	24	
2015	8	JZB08	250	1.55	24	
2015	8	JZB09	130	49.07	11	

（续）

年份	月份	站位	底栖生物总密度（个/m^2）	底栖生物总生物量（g/m^2）	底栖生物种类数	备注
2015	8	JZB10	65	0.06	8	
2015	8	JZB12	245	10.04	16	
2015	8	JZB13	165	10.53	5	
2015	11	JZB01	110	375.20	8	
2015	11	JZB02	95	76.07	12	
2015	11	JZB03	230	58.09	22	
2015	11	JZB04	235	15.00	21	
2015	11	JZB05	235	23.39	16	
2015	11	JZB06	165	3.34	15	
2015	11	JZB07	30	4.39	6	
2015	11	JZB08	25	0.17	4	
2015	11	JZB09	60	5.28	7	
2015	11	JZB10	15	1.93	3	
2015	11	JZB12	55	16.54	10	
2015	11	JZB13	115	6.58	7	

表 6-7　定位站年际大型底栖生物数据集

年份	站位	底栖生物年平均栖息丰度（个/m^2）	底栖生物年平均生物量（g/m^2）
2007	JZB01	531	1 738.20
2007	JZB02	903	953.19
2007	JZB03	50	30.21
2007	JZB04	56	20.07
2007	JZB05	99	89.68
2007	JZB06	85	14.00
2007	JZB07	24	33.17
2007	JZB08	203	5.05
2007	JZB09	75	7.46
2007	JZB10	35	8.49
2007	JZB12	95	34.30
2007	JZB13		
2008	JZB01	446	634.97

（续）

年份	站位	底栖生物年平均栖息丰度（个/m^2）	底栖生物年平均生物量（g/m^2）
2008	JZB02	214	82.80
2008	JZB03	114	21.36
2008	JZB04	170	170.81
2008	JZB05	353	33.58
2008	JZB06	256	4.89
2008	JZB07	158	58.65
2008	JZB08	210	17.11
2008	JZB09	24	0.68
2008	JZB10	58	1.78
2008	JZB12	219	33.28
2008	JZB13		
2009	JZB01	1 330	1 033.33
2009	JZB02	208	30.47
2009	JZB03	143	55.96
2009	JZB04	661	76.51
2009	JZB05	335	33.11
2009	JZB06	306	58.10
2009	JZB07	76	3.65
2009	JZB08	218	0.95
2009	JZB09	18	14.85
2009	JZB10	61	3.44
2009	JZB12	134	4.38
2009	JZB13	483	66.01
2010	JZB01	1 094	3 020.66
2010	JZB02	620	601.03
2010	JZB03	78	111.29
2010	JZB04	310	7.40
2010	JZB05	218	45.23
2010	JZB06		
2010	JZB07	119	4.28
2010	JZB08	170	86.03
2010	JZB09	76	4.82

（续）

年份	站位	底栖生物年平均栖息丰度（个/m^2）	底栖生物年平均生物量（g/m^2）
2010	JZB10	113	4.21
2010	JZB12	541	27.20
2010	JZB13	629	39.28
2011	JZB01	514	1 310.78
2011	JZB02	205	69.15
2011	JZB03	175	27.82
2011	JZB04	416	4.35
2011	JZB05	278	35.96
2011	JZB06	180	106.03
2011	JZB07	56	11.29
2011	JZB08	234	85.69
2011	JZB09	376	28.90
2011	JZB10	193	4.41
2011	JZB12	200	42.80
2011	JZB13	820	94.69
2012	JZB01	321	370.42
2012	JZB02	728	1 603.34
2012	JZB03	281	32.47
2012	JZB04	169	21.21
2012	JZB05	329	89.36
2012	JZB06	400	35.93
2012	JZB07	50	32.29
2012	JZB08	448	5.58
2012	JZB09	546	55.63
2012	JZB10	1 593	31.61
2012	JZB12	6 640	310.82
2012	JZB13	239	34.64
2013	JZB01	181	66.06
2013	JZB02	474	971.75
2013	JZB03	163	36.28
2013	JZB04	278	152.45
2013	JZB05	164	50.44

（续）

年份	站位	底栖生物年平均栖息丰度（个/m²）	底栖生物年平均生物量（g/m²）
2013	JZB06	158	8.82
2013	JZB07	34	12.27
2013	JZB08	216	3.86
2013	JZB09	148	24.20
2013	JZB10	194	3.81
2013	JZB12	149	4.41
2013	JZB13	279	15.53
2014	JZB01	830	697.47
2014	JZB02	1 229	2 508.03
2014	JZB03	306	120.66
2014	JZB04	264	343.64
2014	JZB05	315	11.37
2014	JZB06	354	4.37
2014	JZB07	76	8.83
2014	JZB08	205	22.43
2014	JZB09	54	15.82
2014	JZB10	136	3.42
2014	JZB12	136	22.87
2014	JZB13	269	465.92
2015	JZB01	785	814.73
2015	JZB02	665	1 622.48
2015	JZB03	290	46.20
2015	JZB04	595	119.03
2015	JZB05	300	12.77
2015	JZB06	165	1.82
2015	JZB07	1 693	65.10
2015	JZB08	193	31.39
2015	JZB09	855	44.12
2015	JZB10	59	0.71
2015	JZB12	164	11.46
2015	JZB13	95	6.41

6.4 微型生物数据集

6.4.1 概述

海洋微型生物泛指尺寸为 100～150 μm 的生物，在海洋生态系统物质循环和能量流动中起着特殊的作用。蓝细菌是含有叶绿素 a 的大型单细胞原核生物，能够进行光合作用，对研究生物进化、光合机制、生命起源等均有重要意义。异养菌可以从有机化合物中获取碳营养，受有机物的污染如生活污水、食品工业废水、屠宰厂废水等排放，数量会增加。大肠杆菌是指与粪便污染有关具有某些特性的一组细菌，是评价人类活动水域卫生质量的重要指标之一。

微型生物数据集基于胶州湾站 2007—2015 年在 12 个定位监测站获取的微型生物长期测定数据整理形成。数据的质量控制和前处理过程同 4.1。整理统计形成两个数据表，为“定位站季度微型生物数据集”和“定位站年度微型生物数据集”。

6.4.2 数据采集和处理方法

航次及分水层情况见 4.3.2。每层采集 4 mL 水样置于 5 mL 离心管中，立即用多聚甲醛（Paraformaldehyde，Sigma）进行固定，避光 4 ℃保存，带回实验室转入−20 ℃冰箱保存以备分。大肠杆菌采集表层水样，避光，4 ℃保存。

蓝细菌和异养菌丰度均采用流式细胞仪法，所用仪器为 BD FACS Vantage SE（Becton Dickinson，USA）（赵苑，2010）。大肠杆菌样品带回实验室后用三管发酵法（ MPN 法）检测大肠菌群数量，具体参见水域生态系统观测规范（中国生态系统研究网络科学委员会，2007）。之后的数据的质量控制和前处理过程同 4.1。

6.4.3 数据质量控制和评估

微型生物样品的采集、室内分析以及数据处理过程中，严格按照 CERN 统一的水域生态系统观测规范（中国生态系统研究网络科学委员会，2007）来开展相关工作。微型生物的测定人员专门设岗，熟知流式细胞仪法和 MPN 法，具有丰富的测定经验。样品损失无法获取的数据确定为缺失值。

原始数据经再次人工核查，数据的质量控制和前处理过程同 4.1，所有指标一致性好，未有异常值。未采样站位信息同 4.1，2007 年 2 月 JZB12 站表层样以及 2007 年 11 月全部站位样品由于损坏，相关数据缺失。

6.4.4 数据价值与数据获取方式

本数据集为 2007—2015 年胶州湾 9 年的长期微型生物监测数据，这些长期定点观测数据是进行生源要素循环、生态系统物质循环和能量流动、微食物网等研究的基础数据，也可为政府部门有效制定水域环境健康限值和防治措施提供数据支撑。其他数据获取方式同 4.1.4。

6.4.5 数据

数据包括图形数据和表格数据，图形数据如图 6-5 至图 6-7 所示，表格数据如表 6-8、表 6-9 所示。

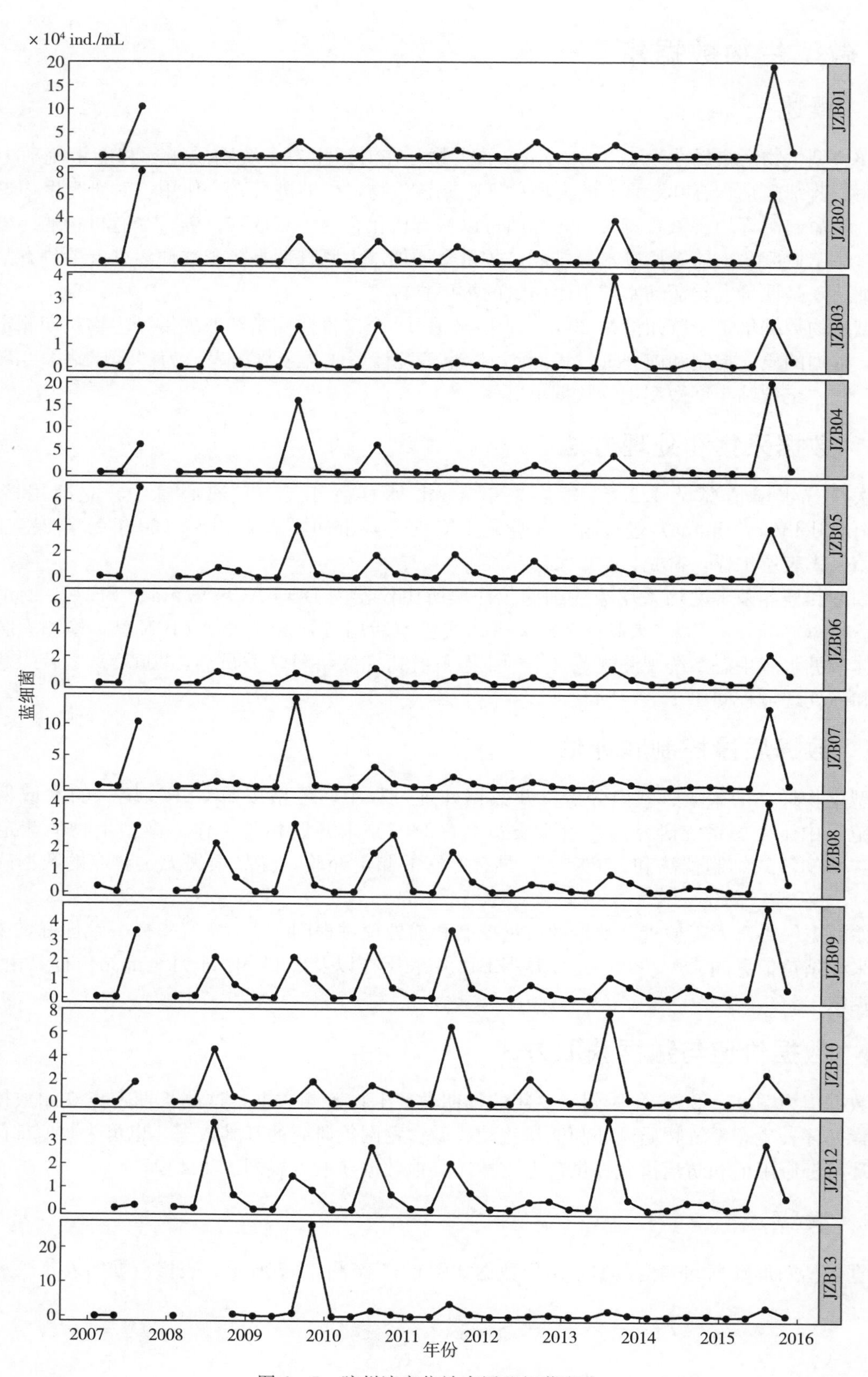

图 6-5 胶州湾定位站表层蓝细菌变化

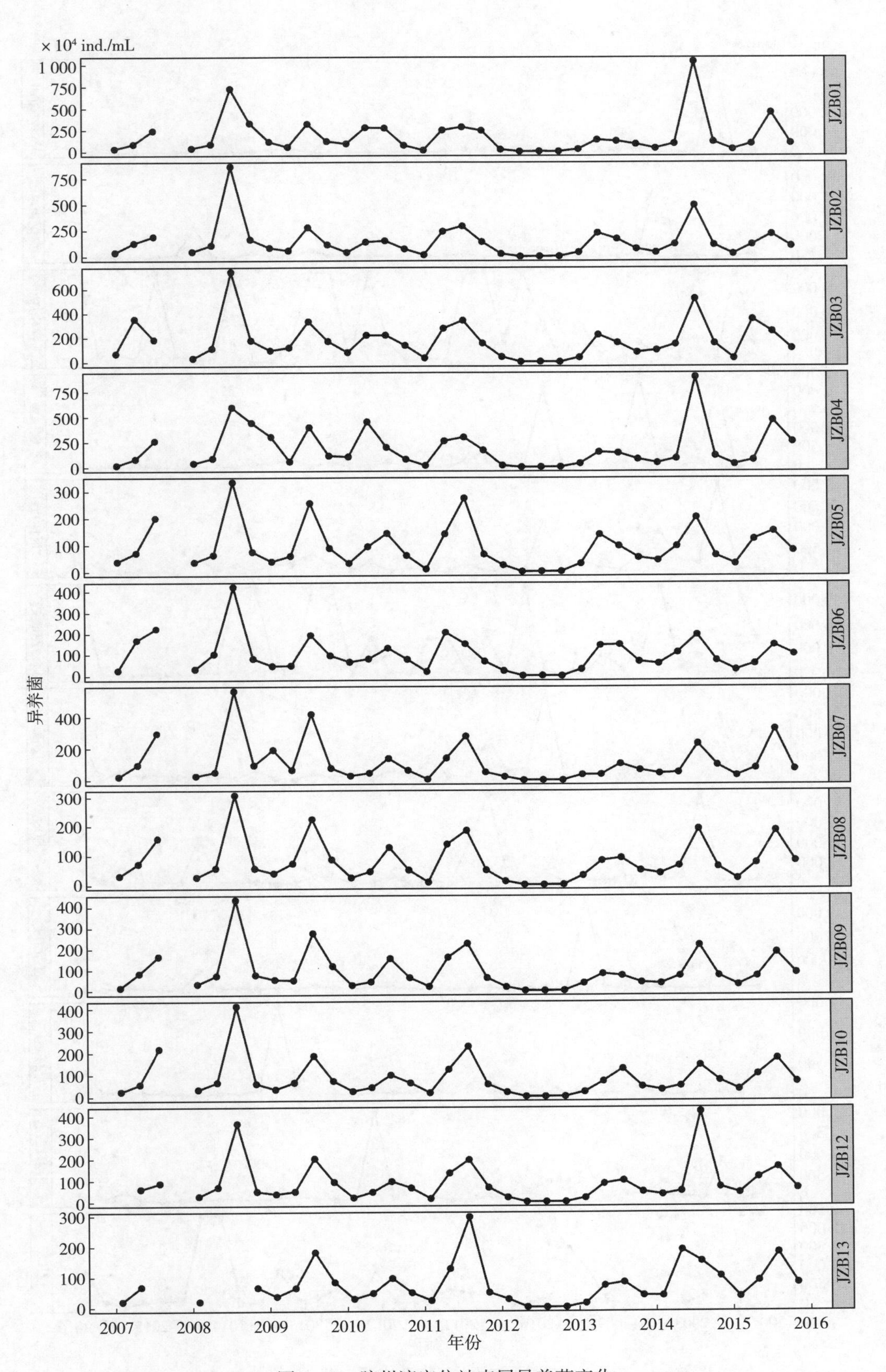

图 6-6　胶州湾定位站表层异养菌变化

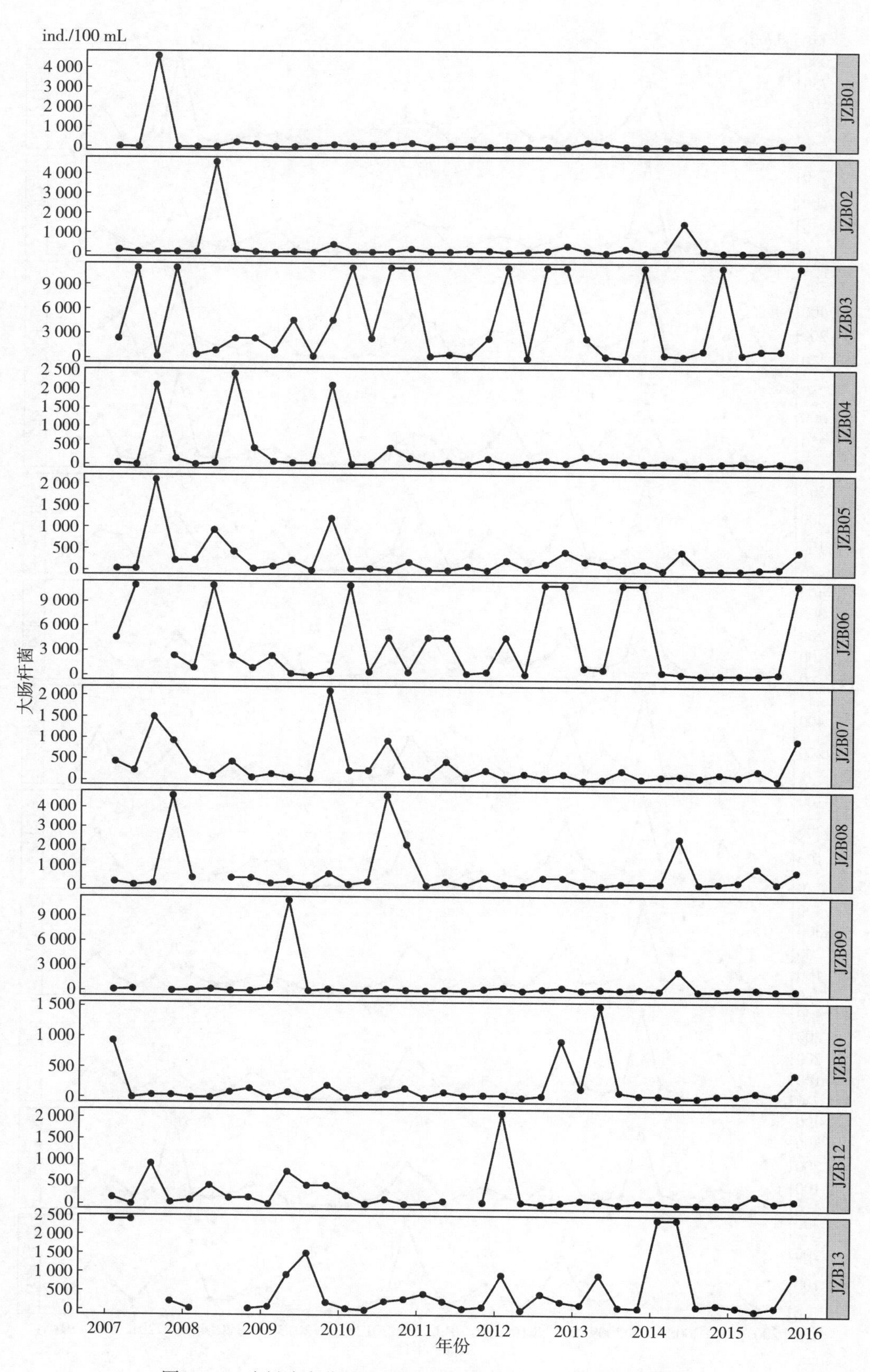

图 6-7　胶州湾定位站表层大肠杆菌变化（每 100 mL 液体中）

表 6-8　定位站季度微型生物数据集

年份	月份	站位	表层异养菌 (cells/mL)	底层异养菌 (cells/mL)	表层蓝细菌 (cells/mL)	底层蓝细菌 (cells/mL)	大肠杆菌 (cells/L)
2007	2	JZB01	324 507		558		400
2007	2	JZB02	403 910		332		1 500
2007	2	JZB03	701 949	667 166	1 011	555	24 000
2007	2	JZB04	195 820		299		400
2007	2	JZB05	384 034	378 254	1 473	1 346	400
2007	2	JZB06	271 470		504		46 000
2007	2	JZB07	247 437	328 259	2 355	2 172	4 300
2007	2	JZB08	317 611		2 687		2 300
2007	2	JZB09	161 239	205 149	696	682	1 500
2007	2	JZB10	246 321	298 039	1 068	1 296	9 300
2007	2	JZB12		212 248		1 149	1 500
2007	2	JZB13	210 118	283 335	823	1 197	24 000
2007	5	JZB01	852 972		37		0
2007	5	JZB02	1 293 845		54		400
2007	5	JZB03	3 555 634	1 640 155	59	37	110 000
2007	5	JZB04	834 465		39		0
2007	5	JZB05	711 761	665 239	586	335	400
2007	5	JZB06	1 699 606		200		110 000
2007	5	JZB07	985 437	767 408	437	437	2 300
2007	5	JZB08	725 831		420		700
2007	5	JZB09	847 394	661 944	420	527	2 300
2007	5	JZB10	573 592	638 620	772	617	0
2007	5	JZB12	617 958	523 901	749	913	0
2007	5	JZB13	692 620	776 915	631	611	24 000
2007	8	JZB01	2 413 708		105 281		46 000
2007	8	JZB02	1 918 245		81 344		300
2007	8	JZB03	1 844 822	1 331 431	17 945	18 273	2 300
2007	8	JZB04	2 630 704		62 095		21 000
2007	8	JZB05	2 007 081	1 126 703	68 986	9 595	21 000
2007	8	JZB06	2 260 541		66 356		0
2007	8	JZB07	2 937 081	936 324	103 649	12 761	15 000
2007	8	JZB08	1 583 715	1 096 933	29 482	20 209	1 500

（续）

年份	月份	站位	表层异养菌（cells/mL）	底层异养菌（cells/mL）	表层蓝细菌（cells/mL）	底层蓝细菌（cells/mL）	大肠杆菌（cells/L）
2007	8	JZB09	1 658 270	1 525 135	35 081	9 495	
2007	8	JZB10	2 181 405	858 324	17 973	10 860	400
2007	8	JZB12	882 324	895 135	1 946	6 788	9 300
2007	8	JZB13					
2007	11	JZB01					0
2007	11	JZB02					400
2007	11	JZB03					110 000
2007	11	JZB04					1 500
2007	11	JZB05					2 300
2007	11	JZB06					24 000
2007	11	JZB07					9 300
2007	11	JZB08					46 000
2007	11	JZB09					400
2007	11	JZB10					400
2007	11	JZB12					400
2007	11	JZB13					2 300
2008	2	JZB01	385 823		165		0
2008	2	JZB02	474 532		118		400
2008	2	JZB03	326 430	343 899	169	156	4 300
2008	2	JZB04	410 582		160		0
2008	2	JZB05	363 494	297 722	806	481	2 300
2008	2	JZB06	330 987		325		9 300
2008	2	JZB07	283 443	306 076	274	734	2 300
2008	2	JZB08	272 203	299 544	494	717	4 300
2008	2	JZB09	327 646	301 215	789	730	900
2008	2	JZB10	333 266	199 291	861	975	0
2008	2	JZB12	279 646	187 443	1 110	1 013	900
2008	2	JZB13	205 519	209 924	759	1 089	400
2008	5	JZB01	854 713		122		0
2008	5	JZB02	1 082 087		133		46 000
2008	5	JZB03	1 129 043	1 069 878	75	122	9 300
2008	5	JZB04	892 070		78		400

（续）

年份	月份	站位	表层异养菌 (cells/mL)	底层异养菌 (cells/mL)	表层蓝细菌 (cells/mL)	底层蓝细菌 (cells/mL)	大肠杆菌 (cells/L)
2008	5	JZB05	631 513	700 174	184	161	9 300
2008	5	JZB06	1 032 313		514		110 000
2008	5	JZB07	525 391	657 078	580	678	900
2008	5	JZB08	575 061	643 617	725	482	
2008	5	JZB09	735 235	811 304	984	839	2 300
2008	5	JZB10	654 052	793 043	973	965	0
2008	5	JZB12	697 043	617 322	765	906	4 300
2008	5	JZB13					
2008	8	JZB01	7 280 396		4 534		2 300
2008	8	JZB02	8 659 336		862		1 500
2008	8	JZB03	7 445 767	3 751 887	16 650	5 548	24 000
2008	8	JZB04	5 955 138		2 919		24 000
2008	8	JZB05	3 353 979	3 494 290	7 696	16 700	4 300
2008	8	JZB06	4 221 922		8 618		24 000
2008	8	JZB07	5 634 954	3 724 919	8 173	20 085	4 300
2008	8	JZB08	3 082 134	3 619 590	21 781	21 198	4 300
2008	8	JZB09	4 345 314	3 248 523	21 138	29 671	400
2008	8	JZB10	4 112 650	1 910 671	45 735	18 258	900
2008	8	JZB12	3 654 445	2 075 406	37 837	17 166	1 400
2008	8	JZB13					
2008	11	JZB01	3 283 689		243		1 400
2008	11	JZB02	1 644 350		793		400
2008	11	JZB03	1 777 981	1 577 592	1 369	1 307	24 000
2008	11	JZB04	4 429 631		184		4 300
2008	11	JZB05	749 709	680 388	5 285	4 832	400
2008	11	JZB06	811 806		5 162		9 300
2008	11	JZB07	960 117	807 845	5 272	4 502	700
2008	11	JZB08	566 796		6 547		4 300
2008	11	JZB09	769 398	748 427	6 887	8 133	300
2008	11	JZB10	596 971	843 379	5 757	6 437	1 500
2008	11	JZB12	498 990	589 282	6 430	6 058	1 500
2008	11	JZB13	662 563	676 777	5 783	5 236	400

（续）

年份	月份	站位	表层异养菌 (cells/mL)	底层异养菌 (cells/mL)	表层蓝细菌 (cells/mL)	底层蓝细菌 (cells/mL)	大肠杆菌 (cells/L)
2009	2	JZB01	1 136 871		190		0
2009	2	JZB02	833 104		230		0
2009	2	JZB03	958 056	731 484	230	218	9 300
2009	2	JZB04	3 033 752		448		700
2009	2	JZB05	386 704	335 028	192	167	900
2009	2	JZB06	472 739		243		24 000
2009	2	JZB07	1 915 473	821 803	170	299	1 500
2009	2	JZB08	399 828		309		1 500
2009	2	JZB09	542 256	476 571	351	659	4 300
2009	2	JZB10	340 872	446 977	386	822	0
2009	2	JZB12	378 406	320 211	301	564	0
2009	2	JZB13	364 602	345 293	822	434	900
2009	5	JZB01	529 750		69		0
2009	5	JZB02	574 250		131		400
2009	5	JZB03	1 196 125	962 125	180	235	46 000
2009	5	JZB04	574 875		66		400
2009	5	JZB05	592 375	520 875	83	329	2 300
2009	5	JZB06	490 875	775 875	170	204	2 300
2009	5	JZB07	657 375	660 750	97	163	700
2009	5	JZB08	735 000		204		2 300
2009	5	JZB09	507 000	706 875	166	315	110 000
2009	5	JZB10	646 000	623 500	322	260	900
2009	5	JZB12	491 875	564 125	176	311	7 500
2009	5	JZB13	645 750	666 125	329	311	9 300
2009	8	JZB01	3 212 235		30 418		400
2009	8	JZB02	2 801 294		22 428		0
2009	8	JZB03	3 345 176	2 187 647	17 758	8 716	2 300
2009	8	JZB04	3 987 452		160 505		400
2009	8	JZB05	2 573 458	1 691 759	39 977	10 525	0
2009	8	JZB06	1 947 647		7 699		0
2009	8	JZB07	4 184 308	2 204 308	139 712	37 074	400
2009	8	JZB08	2 237 779		30 478		400

（续）

年份	月份	站位	表层异养菌（cells/mL）	底层异养菌（cells/mL）	表层蓝细菌（cells/mL）	底层蓝细菌（cells/mL）	大肠杆菌（cells/L）
2009	8	JZB09	2 754 060	2 537 940	21 197	9 943	400
2009	8	JZB10	1 858 353	1 680 706	2 114	9 141	0
2009	8	JZB12	2 020 000	2 000 824	14 624	10 461	4 300
2009	8	JZB13	1 816 235	1 812 706	9 451	8 124	15 000
2009	11	JZB01	1 194 058		785		1 100
2009	11	JZB02	1 139 365		1 709		4 200
2009	11	JZB03	1 711 038	1 513 038	1 233	1 233	46 000
2009	11	JZB04	1 145 769		2 390		21 000
2009	11	JZB05	881 654	853 442	2 988	1 494	12 000
2009	11	JZB06	959 712		2 744		5 300
2009	11	JZB07	774 519	534 462	2 599	6 919	21 000
2009	11	JZB08	866 250		3 233		6 400
2009	11	JZB09	1 192 154	914 019	10 221	3 610	2 300
2009	11	JZB10	715 846	732 981	18 622	25 297	2 000
2009	11	JZB12	928 385	721 904	8 541	3 866	4 300
2009	11	JZB13	833 019	760 673	263 890	138 157	2 000
2010	2	JZB01	917 253		120		300
2010	2	JZB02	409 438		55		400
2010	2	JZB03	796 977	427 853	60	83	110 000
2010	2	JZB04	1 044 166		129		0
2010	2	JZB05	324 000	262 286	46	74	400
2010	2	JZB06	655 300		111		110 000
2010	2	JZB07	285 512	275 060	41	69	2 300
2010	2	JZB08	252 829	301 770	92	41	900
2010	2	JZB09	267 097	259 631	97	69	400
2010	2	JZB10	248 516	201 567	111	92	0
2010	2	JZB12	205 880	208 203	203	65	2 000
2010	2	JZB13	284 350	325 991	97	83	400
2010	5	JZB01	2 788 818		442		400
2010	5	JZB02	1 390 336		310		300
2010	5	JZB03	2 209 927	1 592 672	332	310	24 000
2010	5	JZB04	4 527 197		606		0

（续）

年份	月份	站位	表层异养菌 (cells/mL)	底层异养菌 (cells/mL)	表层蓝细菌 (cells/mL)	底层蓝细菌 (cells/mL)	大肠杆菌 (cells/L)
2010	5	JZB05	942 307	460 380	131	212	400
2010	5	JZB06	796 467		139		4 300
2010	5	JZB07	459 066	448 029	153	131	2 300
2010	5	JZB08	456 175		314		2 300
2010	5	JZB09	432 657	474 307	365	109	400
2010	5	JZB10	419 781	277 095	88	201	400
2010	5	JZB12	465 635	372 876	168	175	0
2010	5	JZB13	471 153	431 080	179	212	0
2010	8	JZB01	2 736 000		42 351		900
2010	8	JZB02	1 510 063		18 668		400
2010	8	JZB03	2 213 112	1 434 027	18 475	11 990	110 000
2010	8	JZB04	1 978 386		61 807		4 300
2010	8	JZB05	1 428 054	1 007 516	17 460	16 455	0
2010	8	JZB06	1 312 305		11 332		46 000
2010	8	JZB07	1 378 170	1 049 973	32 144	27 787	9 300
2010	8	JZB08	1 278 726		17 450		46 000
2010	8	JZB09	1 551 713	1 180 413	26 807	24 391	2 300
2010	8	JZB10	984 753	549 525	15 644	18 094	600
2010	8	JZB12	954 242	758 583	27 218	27 584	1 100
2010	8	JZB13	962 798	978 780	17 025	17 411	2 300
2010	11	JZB01	733 412		1 503		1 900
2010	11	JZB02	729 882		1 969		1 900
2010	11	JZB03	1 371 529	844 800	4 142	1 992	110 000
2010	11	JZB04	799 765		2 170		1 600
2010	11	JZB05	610 588	567 388	3 268	2 047	1 900
2010	11	JZB06	774 635		2 405		3 900
2010	11	JZB07	632 612	590 118	5 860	5 933	900
2010	11	JZB08	507 529		25 788		21 000
2010	11	JZB09	632 471	628 659	5 486	5 603	900
2010	11	JZB10	624 000	594 353	8 453	6 355	1 500
2010	11	JZB12	655 765	700 800	6 754	7 078	0
2010	11	JZB13	488 188	573 035	6 045	4 123	2 900

（续）

年份	月份	站位	表层异养菌 (cells/mL)	底层异养菌 (cells/mL)	表层蓝细菌 (cells/mL)	底层蓝细菌 (cells/mL)	大肠杆菌 (cells/L)
2011	2	JZB01	156 667		403		0
2011	2	JZB02	165 060		835		400
2011	2	JZB03	343 574	124 819	806	787	2 300
2011	2	JZB04	176 265		1 062		0
2011	2	JZB05	104 297	201 888	1 162	1 654	0
2011	2	JZB06	208 594		366		46 000
2011	2	JZB07	64 779	69 438	785	693	700
2011	2	JZB08	98 956	112 731	632	281	400
2011	2	JZB09	206 345	84 378	551	229	400
2011	2	JZB10	176 546	61 084	426	515	0
2011	2	JZB12	163 414	134 819	582	383	0
2011	2	JZB13	227 309	202 289	636	419	4 300
2011	5	JZB01	2 493 750		164		400
2011	5	JZB02	2 415 214		232		400
2011	5	JZB03	2 768 893	2 898 750	247	310	4 300
2011	5	JZB04	2 612 679		214		400
2011	5	JZB05	1 406 679	1 349 357	98	125	0
2011	5	JZB06	2 080 607		310		46 000
2011	5	JZB07	1 396 286	1 365 536	176	116	4 300
2011	5	JZB08	1 385 893	1 535 893	131	122	2 300
2011	5	JZB09	1 607 143	1 196 250	271	259	900
2011	5	JZB10	1 243 714	1 146 214	277	313	900
2011	5	JZB12	1 336 393	1 242 321	256	497	700
2011	5	JZB13	1 279 714	1 365 429	289	449	2 300
2011	8	JZB01	2 858 082		12 881		400
2011	8	JZB02	2 928 857		14 031		900
2011	8	JZB03	3 427 714	1 892 082	2 204	2 204	1 500
2011	8	JZB04	2 986 408		10 347		0
2011	8	JZB05	2 754 122	2 464 163	18 262	15 014	900
2011	8	JZB06	1 513 837		4 935		2 300
2011	8	JZB07	2 753 633	2 464 041	16 728	18 082	700
2011	8	JZB08	1 848 612	2 357 020	17 993	16 864	400

（续）

年份	月份	站位	表层异养菌（cells/mL）	底层异养菌（cells/mL）	表层蓝细菌（cells/mL）	底层蓝细菌（cells/mL）	大肠杆菌（cells/L）
2011	8	JZB09	2 265 061	2 120 204	35 476	41 806	400
2011	8	JZB10	2 283 184	2 496 612	65 163	28 912	300
2011	8	JZB12	1 959 061	2 019 306	20 204	19 986	
2011	8	JZB13	2 967 673	2 542 653	37 636	27 612	400
2011	11	JZB01	2 454 906		1 012		0
2011	11	JZB02	1 411 494		3 314		900
2011	11	JZB03	1 551 673	1 610 008	1 180	1 106	24 000
2011	11	JZB04	1 700 963		2 180		1 500
2011	11	JZB05	656 816	886 335	4 592	4 963	0
2011	11	JZB06	682 971		5 882		4 300
2011	11	JZB07	515 461	629 780	6 188	5 576	2 300
2011	11	JZB08	506 939	678 857	4 894	4 878	4 300
2011	11	JZB09	620 963	584 229	5 339	6 727	2 300
2011	11	JZB10	561 306	611 265	6 371	6 331	400
2011	11	JZB12	678 122	539 118	7 469	7 371	400
2011	11	JZB13	494 449	639 184	7 249	7 327	900
2012	2	JZB01	250 297		101		0
2012	2	JZB02	272 189		61		0
2012	2	JZB03	434 676	374 108	223	176	110 000
2012	2	JZB04	182 919		142		0
2012	2	JZB05	249 324	143 757	149	169	2 300
2012	2	JZB06	246 405		135		46 000
2012	2	JZB07	228 405	225 730	453	628	400
2012	2	JZB08	132 245	203 327	235	515	900
2012	2	JZB09	186 429	172 102	561	510	4 300
2012	2	JZB10	206 027	192 673	34	633	400
2012	2	JZB12	220 622	151 163	378	821	21 000
2012	2	JZB13	275 351	191 919	399	338	9 300
2012	5	JZB01	19 477		35		0
2012	5	JZB02	11 366		12		400
2012	5	JZB03	30 924	35 930	6	6	0
2012	5	JZB04	13 762		47		300

（续）

年份	月份	站位	表层异养菌（cells/mL）	底层异养菌（cells/mL）	表层蓝细菌（cells/mL）	底层蓝细菌（cells/mL）	大肠杆菌（cells/L）
2012	5	JZB05	9 523	15 895	110	221	300
2012	5	JZB06	17 849		267		1 500
2012	5	JZB07	10 924	14 006	209	163	1 500
2012	5	JZB08	15 547	13 506	186	169	400
2012	5	JZB09	13 558	15 558	198	203	400
2012	5	JZB10	13 988	12 471	151	192	0
2012	5	JZB12	11 756	17 035	105	174	400
2012	5	JZB13	17 070	11 994	238	1 453	0
2012	8	JZB01	33 460		30 824		0
2012	8	JZB02	25 068		7 807		900
2012	8	JZB03	39 506	30 188	2 864	3 125	110 000
2012	8	JZB04	30 097		17 460		1 100
2012	8	JZB05	20 136	13 023	13 494	1 909	1 500
2012	8	JZB06	22 795		5 199		110 000
2012	8	JZB07	18 994	22 898	9 114	5 392	600
2012	8	JZB08	12 716	21 398	3 818	5 222	4 300
2012	8	JZB09	7 960	9 057	7 216	4 551	2 300
2012	8	JZB10	12 898	17 216	21 375	16 261	300
2012	8	JZB12	15 142	5 301	3 597	3 125	0
2012	8	JZB13	13 364	11 494	2 784	2 534	4 300
2012	11	JZB01	22 133		786		0
2012	11	JZB02	30 925		382		3 500
2012	11	JZB03	27 665	25 803	584	1 173	110 000
2012	11	JZB04	39 376		775		400
2012	11	JZB05	21 087	23 110	879	913	4 300
2012	11	JZB06	13 809		786		110 000
2012	11	JZB07	15 584	16 942	2 671	3 590	1 500
2012	11	JZB08	21 410		2 965		4 300
2012	11	JZB09	18 249	12 092	2 283	2 491	4 300
2012	11	JZB10	18 439	8 694	3 439	2 347	9 300
2012	11	JZB12	17 803	17 035	4 040	4 064	400
2012	11	JZB13	19 341	17 462	5 237	3 653	2 300

（续）

年份	月份	站位	表层异养菌（cells/mL）	底层异养菌（cells/mL）	表层蓝细菌（cells/mL）	底层蓝细菌（cells/mL）	大肠杆菌（cells/L）
2013	2	JZB01	281 762		123		2 300
2013	2	JZB02	416 404		271		900
2013	2	JZB03	388 332		260		24 000
2013	2	JZB04	383 264		206		2 100
2013	2	JZB05	311 134	241 993	361	184	2 100
2013	2	JZB06	318 412	321 661	329	726	9 300
2013	2	JZB07	364 029	406 137	307	303	0
2013	2	JZB08	328 419		801		900
2013	2	JZB09	375 986	341 545	473	516	900
2013	2	JZB10	226 007	246 542	978	451	1 500
2013	2	JZB12	201 834	257 199	682	762	900
2013	2	JZB13	146 339	95 264	1 209	740	1 500
2013	5	JZB01	1 361 722		121		1 500
2013	5	JZB02	2 274 534		263		0
2013	5	JZB03	2 244 555	1 908 384	238	327	2 300
2013	5	JZB04	1 506 875		139		1 100
2013	5	JZB05	1 390 164	850 676	285	352	1 500
2013	5	JZB06	1 450 505		263		7 500
2013	5	JZB07	376 527	657 993	64	238	300
2013	5	JZB08	830 819	691 815	327	463	400
2013	5	JZB09	822 619	747 416	352	420	2 300
2013	5	JZB10	705 779	757 922	384	377	15 000
2013	5	JZB12	852 214	710 648	367	406	700
2013	5	JZB13	725 381	902 819	352	374	9 300
2013	8	JZB01	1 210 464		24 912		300
2013	8	JZB02	1 685 232	880 704	37 340	23 424	2 100
2013	8	JZB03	1 593 360		39 176		0
2013	8	JZB04	1 408 176		38 956		900
2013	8	JZB05	964 080	802 656	9 008	8 836	300
2013	8	JZB06	1 481 904		11 404		110 000
2013	8	JZB07	1 039 248	838 656	13 116	7 424	2 300
2013	8	JZB08	920 016	985 248	8 312	9 580	1 500

（续）

年份	月份	站位	表层异养菌（cells/mL）	底层异养菌（cells/mL）	表层蓝细菌（cells/mL）	底层蓝细菌（cells/mL）	大肠杆菌（cells/L）
2013	8	JZB09	730 800	1 031 904	11 188	12 404	1 500
2013	8	JZB10	1 270 368	1 076 544	76 668	43 304	900
2013	8	JZB12	994 752	1 014 336	39 612	17 728	0
2013	8	JZB13	828 000	775 440	17 004	21 924	900
2013	11	JZB01	862 936		1 778		0
2013	11	JZB02	735 251		936		0
2013	11	JZB03	806 719	676 020	3 946	1 163	110 000
2013	11	JZB04	804 768		1 700		300
2013	11	JZB05	532 552	543 015	3 768	3 153	1 500
2013	11	JZB06	675 310		3 576		110 000
2013	11	JZB07	654 562	452 926	4 399	3 498	400
2013	11	JZB08	498 148	453 635	4 739	4 744	1 500
2013	11	JZB09	404 158	395 113	6 251	4 419	2 300
2013	11	JZB10	462 325	438 207	3 803	5 177	400
2013	11	JZB12	479 882	353 970	4 448	4 113	400
2013	11	JZB13	398 660	457 714	5 340	4 872	700
2014	2	JZB01	382 336		51		0
2014	2	JZB02	403 883		168		300
2014	2	JZB03	980 934		102		4 300
2014	2	JZB04	435 153		36		400
2014	2	JZB05	433 051	432 263	416	664	0
2014	2	JZB06	579 679		358		4 300
2014	2	JZB07	441 723	426 482	496	635	900
2014	2	JZB08	395 737	337 139	547	737	1 500
2014	2	JZB09	354 745	289 051	1 153	825	700
2014	2	JZB10	308 496	292 730	190	139	400
2014	2	JZB12	347 387	339 766	0	540	400
2014	2	JZB13	390 219	287 737	387	489	24 000
2014	5	JZB01	931 914		22		400
2014	5	JZB02	1 189 946	1 558 703	178	108	15 000
2014	5	JZB03	1 462 573		65		2 300
2014	5	JZB04	872 173		3 973		0

（续）

年份	月份	站位	表层异养菌（cells/mL）	底层异养菌（cells/mL）	表层蓝细菌（cells/mL）	底层蓝细菌（cells/mL）	大肠杆菌（cells/L）
2014	5	JZB05	957 795	993 405	362	784	4 300
2014	5	JZB06	1 104 130		286		2 000
2014	5	JZB07	499 408	525 306	102	107	1 100
2014	5	JZB08	656 816		587		24 000
2014	5	JZB09	715 776	631 837	439	566	24 000
2014	5	JZB10	489 673	537 796	663	551	0
2014	5	JZB12	504 551	580 959	520	898	0
2014	5	JZB13	1 893 600	1 009 557	892	1 341	24 000
2014	8	JZB01	10 416 159		536		0
2014	8	JZB02	4 930 331		3 285		900
2014	8	JZB03	5 225 007	4 233 457	2 556	18 993	9 300
2014	8	JZB04	9 005 245		2 629		0
2014	8	JZB05	2 030 291	1 378 854	1 688	2 749	0
2014	8	JZB06	1 965 457	1 888 212	4 086	7 993	400
2014	8	JZB07	2 281 749	1 688 201	2 397	4 176	700
2014	8	JZB08	1 902 030	1 350 995	2 623	3 025	1 100
2014	8	JZB09	2 182 172	1 696 291	6 325	6 185	0
2014	8	JZB10	1 430 231	1 330 372	5 035	7 930	0
2014	8	JZB12	4 199 156	1 379 578	3 447	6 769	0
2014	8	JZB13	1 520 141	1 487 940	3 744	6 085	1 100
2014	11	JZB01	1 152 750		1 005		0
2014	11	JZB02	1 117 875		964		0
2014	11	JZB03	1 546 875	1 289 063	2 063	2 130	110 000
2014	11	JZB04	1 137 000		1 531		300
2014	11	JZB05	614 063	671 063	1 464	2 406	0
2014	11	JZB06	724 313		2 281		900
2014	11	JZB07	964 875	965 250	2 453	2 536	1 500
2014	11	JZB08	622 313		2 396		1 500
2014	11	JZB09	727 313	711 750	2 521	2 839	400
2014	11	JZB10	736 688	573 000	3 510	2 641	400
2014	11	JZB12	692 813	668 250	3 073	1 880	0
2014	11	JZB13	1 031 063	751 688	3 547	3 198	1 500

（续）

年份	月份	站位	表层异养菌 (cells/mL)	底层异养菌 (cells/mL)	表层蓝细菌 (cells/mL)	底层蓝细菌 (cells/mL)	大肠杆菌 (cells/L)
2015	2	JZB01	277 674		226		0
2015	2	JZB02	260 147		350		0
2015	2	JZB03	320 400	319 737	495	379	4 300
2015	2	JZB04	296 621		324		400
2015	2	JZB05	300 126	289 326	382	395	0
2015	2	JZB06	286 863		432		900
2015	2	JZB07	298 705	320 116	600	818	900
2015	2	JZB08	220 168		521		2 300
2015	2	JZB09	282 316	331 768	347	474	2 300
2015	2	JZB10	328 832	380 937	529	647	400
2015	2	JZB12	426 695	387 568	647	716	0
2015	2	JZB13	351 663	326 558	471	382	900
2015	5	JZB01	923 800		389		0
2015	5	JZB02	1 147 000		322		0
2015	5	JZB03	3 527 800	3 268 200	839	1 075	9 300
2015	5	JZB04	718 800		458		0
2015	5	JZB05	1 216 487	768 757	367	365	300
2015	5	JZB06	568 409	552 600	289	500	900
2015	5	JZB07	774 548	816 887	463	550	2 300
2015	5	JZB08	750 678	751 617	407	404	9 300
2015	5	JZB09	701 452	691 591	624	567	2 300
2015	5	JZB10	1 022 500	653 100	881	883	900
2015	5	JZB12	1 149 300	1 023 100	1 444	1 575	2 100
2015	5	JZB13	881 800	718 600	725	969	0
2015	8	JZB01	4 537 906		191 426		1 100
2015	8	JZB02	2 143 482		61 794		400
2015	8	JZB03	2 512 588	2 025 741	20 137	21 978	9 300
2015	8	JZB04	4 663 165		200 344		400
2015	8	JZB05	1 510 835	1 697 400	37 856	39 296	400
2015	8	JZB06	1 460 224		22 096		2 300
2015	8	JZB07	3 213 529	2 335 765	125 154	88 576	0
2015	8	JZB08	1 843 835	1 555 412	39 978	40 785	1 400

（续）

年份	月份	站位	表层异养菌 (cells/mL)	底层异养菌 (cells/mL)	表层蓝细菌 (cells/mL)	底层蓝细菌 (cells/mL)	大肠杆菌 (cells/L)
2015	8	JZB09	1 839 812	1 627 094	47 498	44 887	700
2015	8	JZB10	1 735 412	1 381 341	25 235	25 297	400
2015	8	JZB12	1 609 729	1 412 365	28 653	29 553	400
2015	8	JZB13	1 805 082	1 731 071	27 735	27 212	900
2015	11	JZB01	980 640		9 453		900
2015	11	JZB02	997 320		6 430		400
2015	11	JZB03	1 120 560	1 000 560	2 870	2 990	110 000
2015	11	JZB04	2 536 320		6 430		0
2015	11	JZB05	792 360	908 520	4 063	4 060	4 300
2015	11	JZB06	1 021 320		6 560		110 000
2015	11	JZB07	709 800	681 000	3 810	3 847	9 300
2015	11	JZB08	819 120		4 150		7 500
2015	11	JZB09	857 760	683 640	4 783	4 600	900
2015	11	JZB10	672 000	566 280	4 083	4 543	3 900
2015	11	JZB12	633 120	665 640	5 400	5 383	900
2015	11	JZB13	806 880	717 000	4 490	4 427	930

表 6-9 定位站年度微型生物数据集

年份	站位	表层异养菌 (cells/mL)	底层异养菌 (cells/mL)	表层蓝细菌 (cells/mL)	底层蓝细菌 (cells/mL)
2007	JZB01	1 197 062		35 292	
2007	JZB02	1 205 333		27 243	
2007	JZB03	2 034 135	1 212 917	6 338	6 288
2007	JZB04	1 220 329		20 811	
2007	JZB05	1 034 292	723 399	23 682	3 759
2007	JZB06	1 410 539		22 353	
2007	JZB07	1 389 985	677 331	35 480	5 123
2007	JZB08	875 719		10 863	
2007	JZB09	888 968	797 409	12 066	3 568
2007	JZB10	1 000 439	598 328	6 604	4 258
2007	JZB12	750 141			
2007	JZB13	451 369			

（续）

年份	站位	表层异养菌（cells/mL）	底层异养菌（cells/mL）	表层蓝细菌（cells/mL）	底层蓝细菌（cells/mL）
2008	JZB01	2 951 155		1 266	
2008	JZB02	2 965 076		477	
2008	JZB03	2 669 805	1 685 814	4 566	1 783
2008	JZB04	2 921 855		835	
2008	JZB05	1 274 674	1 293 143	3 493	5 543
2008	JZB06	1 599 257		3 655	
2008	JZB07	1 850 976	1 373 979	3 575	6 500
2008	JZB08	1 124 048		7 387	
2008	JZB09	1 544 398	1 277 367	7 449	9 843
2008	JZB10	1 424 235	936 596	13 331	6 659
2008	JZB12	1 282 531	867 363	11 536	6 286
2008	JZB13				
2009	JZB01	1 518 228		7 866	
2009	JZB02	1 337 003		6 125	
2009	JZB03	1 802 599	1 348 574	4 850	2 600
2009	JZB04	2 185 462		40 852	
2009	JZB05	1 108 548	850 276	10 810	3 129
2009	JZB06	967 743		2 714	
2009	JZB07	1 882 919	1 055 330	35 644	11 113
2009	JZB08	1 059 714		8 556	
2009	JZB09	1 248 867	1 158 851	7 984	3 632
2009	JZB10	890 268	871 041	5 361	8 880
2009	JZB12	954 666	901 766	5 911	3 801
2009	JZB13	914 902	896 199	68 623	36 757
2010	JZB01	1 793 871		11 104	
2010	JZB02	1 009 930		5 251	
2010	JZB03	1 647 886	1 074 838	5 752	3 594
2010	JZB04	2 087 378		16 178	
2010	JZB05	826 237	574 392	5 227	4 697
2010	JZB06	884 677		3 496	
2010	JZB07	688 840	590 795	9 550	8 480
2010	JZB08	623 815		10 911	

（续）

年份	站位	表层异养菌（cells/mL）	底层异养菌（cells/mL）	表层蓝细菌（cells/mL）	底层蓝细菌（cells/mL）
2010	JZB09	720 984	635 752	8 189	7 543
2010	JZB10	569 263	405 635	6 074	6 185
2010	JZB12	570 381	510 115	8 586	8 726
2010	JZB13	551 622	577 222	5 836	5 457
2011	JZB01	1 990 851		3 615	
2011	JZB02	1 730 156		4 603	
2011	JZB03	2 022 964	1 631 415	1 109	1 102
2011	JZB04	1 869 079		3 451	
2011	JZB05	1 230 479	1 225 436	6 029	5 439
2011	JZB06	1 121 502		2 873	
2011	JZB07	1 182 540	1 132 198	5 969	6 117
2011	JZB08	960 100	1 171 125	5 912	5 536
2011	JZB09	1 174 878	996 265	10 409	12 255
2011	JZB10	1 066 188	1 078 794	18 059	9 017
2011	JZB12	1 034 248	983 891	7 128	7 059
2011	JZB13	1 242 286	1 187 389	11 452	8 952
2012	JZB01	81 342		7 937	
2012	JZB02	84 887		2 065	
2012	JZB03	133 193	116 507	919	1 120
2012	JZB04	66 538		4 606	
2012	JZB05	75 018	48 946	3 658	803
2012	JZB06	75 215		1 597	
2012	JZB07	68 477	69 894	3 112	2 443
2012	JZB08	45 479		1 801	
2012	JZB09	56 549	52 202	2 565	1 939
2012	JZB10	62 838	57 763	6 250	4 858
2012	JZB12	66 331	47 633	2 030	2 046
2012	JZB13	81 281	58 217	2 165	1 995
2013	JZB01	929 221		6 734	
2013	JZB02	1 277 855		9 703	
2013	JZB03	1 258 242		10 905	
2013	JZB04	1 025 771		10 250	

（续）

年份	站位	表层异养菌 (cells/mL)	底层异养菌 (cells/mL)	表层蓝细菌 (cells/mL)	底层蓝细菌 (cells/mL)
2013	JZB05	799 482	609 585	3 356	3 131
2013	JZB06	981 533		3 893	
2013	JZB07	608 591	588 928	4 471	2 866
2013	JZB08	644 350		3 545	
2013	JZB09	583 391	628 995	4 566	4 440
2013	JZB10	666 120	629 804	20 458	12 327
2013	JZB12	632 170	584 038	11 277	5 752
2013	JZB13	524 595	557 809	5 976	6 977
2014	JZB01	3 220 790		404	
2014	JZB02	1 910 509		1 149	
2014	JZB03	2 303 847		1 196	
2014	JZB04	2 862 393		2 042	
2014	JZB05	1 008 800	868 896	983	1 651
2014	JZB06	1 093 395		1 753	
2014	JZB07	1 046 939	901 310	1 362	1 864
2014	JZB08	894 224		1 538	
2014	JZB09	995 001	832 232	2 609	2 604
2014	JZB10	741 272	683 474	2 350	2 815
2014	JZB12	1 435 977	742 138	1 760	2 522
2014	JZB13	1 208 756	884 230	2 142	2 778
2015	JZB01	1 680 005		50 374	
2015	JZB02	1 136 987		17 224	
2015	JZB03	1 870 337	1 653 560	6 085	6 605
2015	JZB04	2 053 726		51 889	
2015	JZB05	954 952	916 001	10 667	11 029
2015	JZB06	834 204		7 344	
2015	JZB07	1 249 146	1 038 442	32 507	23 448
2015	JZB08	908 450		11 264	
2015	JZB09	920 335	833 523	13 313	12 632
2015	JZB10	939 686	745 415	7 682	7 843
2015	JZB12	954 711	872 168	9 036	9 307
2015	JZB13	961 356	873 307	8 355	8 247

第7章

海湾沉积环境长期监测数据

7.1 沉积物粒度数据集

7.1.1 概述

沉积物受搬运介质、搬运方式、沉积环境及气候等多种因素的控制，通过沉积物粒度分析可以判别沉积物的成因。沉积物粒度数据是进行物质来源、水动力环境等研究的基础数据，也是区域调查地质指标之一。

沉积物粒度数据集基于2007—2015年胶州湾站在9个定位监测站获取的长期粒度数据整理形成。整理过程采用CERN统一规范的数据处理方法和质量控制体系对原始数据进行质量控制和整理、加工，统计形成“定位站粒度数据集”，包含黏土、粉沙和沙三种组分的百分比数据。

7.1.2 数据采集和处理方法

沉积物每年的2月、8月进行采样，其航次信息见4.1.2。使用0.1 m^2 大洋50型采泥器采集表层沉积物样品，记录装袋后带回实验室进行分析。

样品先后经过量的30%过氧化氢与0.25 mol/L盐酸去除有机质和碳酸盐，然后加蒸馏水离心2次，去除上层液体，加入数滴0.5 mol/L六偏磷酸钠，超声波振荡使样品充分分散后，上机测量。沉积物粒度分析在中国科学院海洋研究所完成，采用法国Clilas940L激光粒度仪进行测量，仪器测量范围为0.3～2 000 μm，重复测量的相对误差小于2%。对粒度数据按照黏土（<7.8 μm）、粉沙（7.8～63 μm）、沙（>63 μm且<2 000 μm）进行统计，形成各组分的百分含量，整理形成本数据集。

7.1.3 数据质量控制和评估

沉积物样品的采集、室内分析以及数据处理过程中均遵守仪器操作规范，每次样品分析测试前都要对样品测试人员进行技术培训，以保证分析数据的质量。

本数据集仅包含9个定位站的数据，JZB07、JZB09、JZB13获取的多数沉积物粒径大于2 mm，不包含在本数据集之内。数据集中有部分样品破损或者样品粒径大于2 mm，相应的数据为缺失值，具体见数据表中备注。

7.1.4 数据价值与数据获取方式

本数据集为2007—2015年胶州湾9年的长期定位粒度监测数据，这些长期定点观测数据是进行海湾物质来源、沉积环境等研究的基础数据，也是区域调查的基本数据。其他数据获取方式同4.1.4。

7.1.5 数据

数据包括图形数据和表格数据，图形数据如图7-1至图7-3所示，表格数据如表7-1所示。

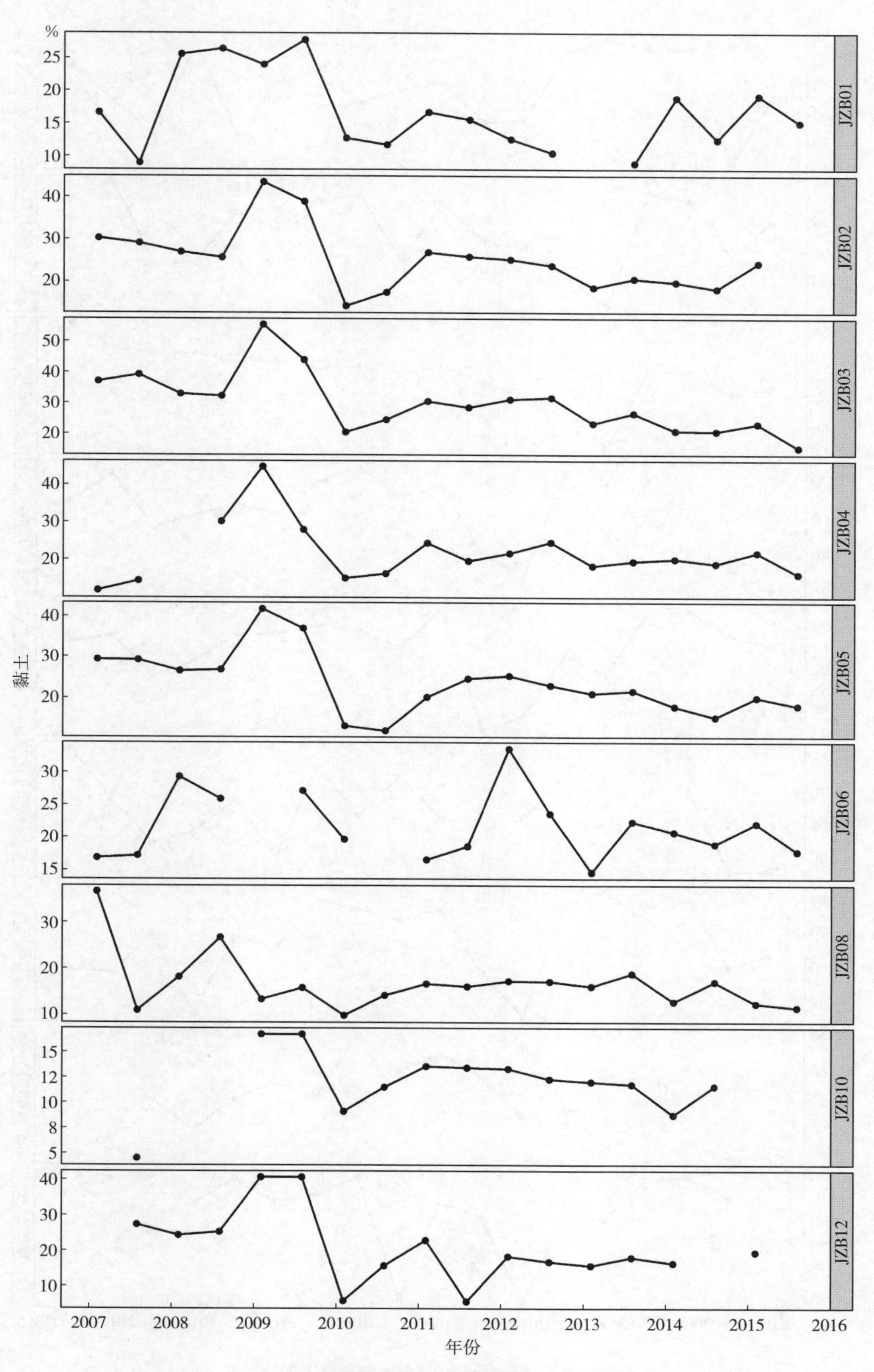

图 7－1　胶州湾定位站沉积物黏土含量变化

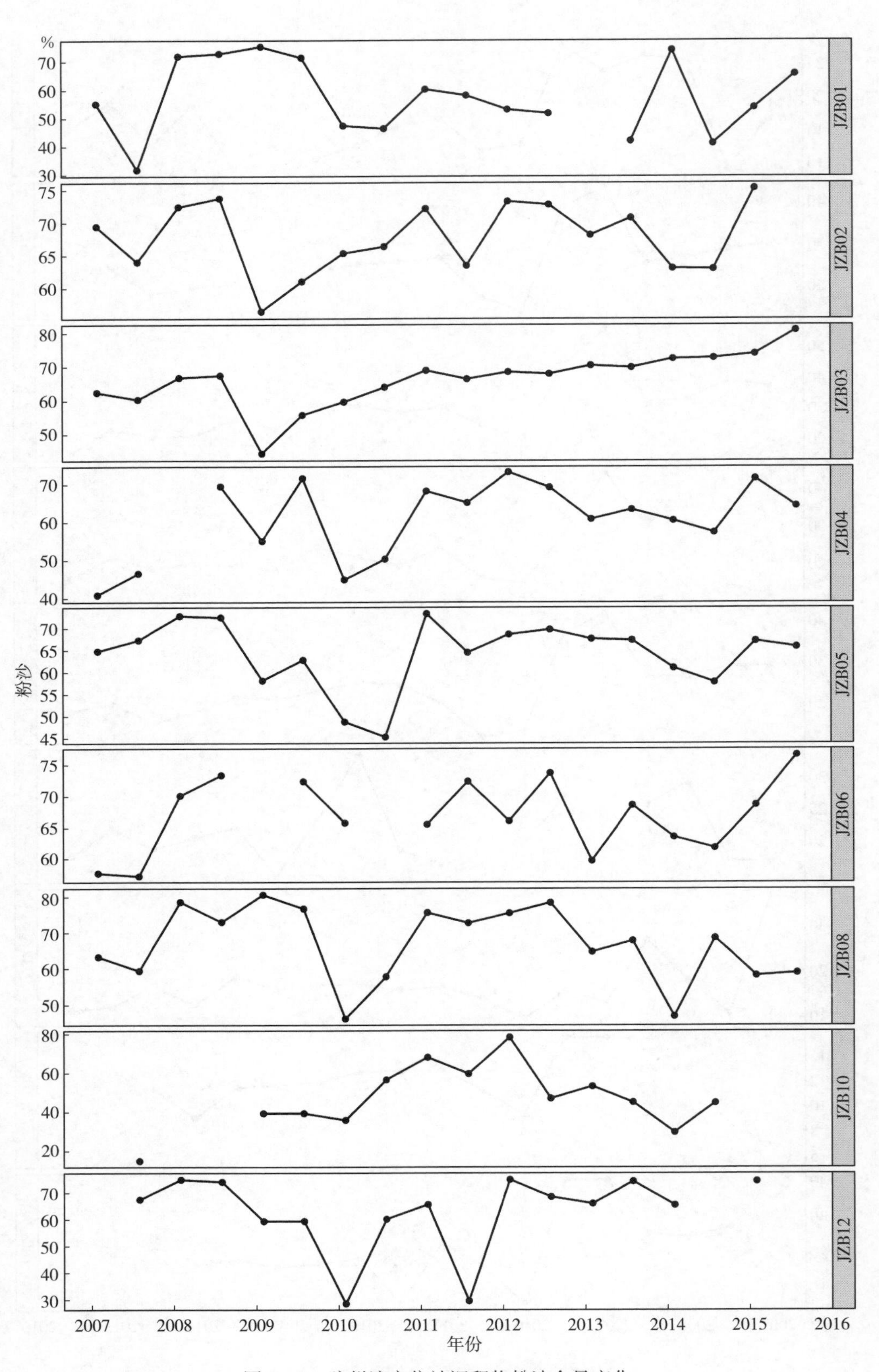

图 7-2　胶州湾定位站沉积物粉沙含量变化

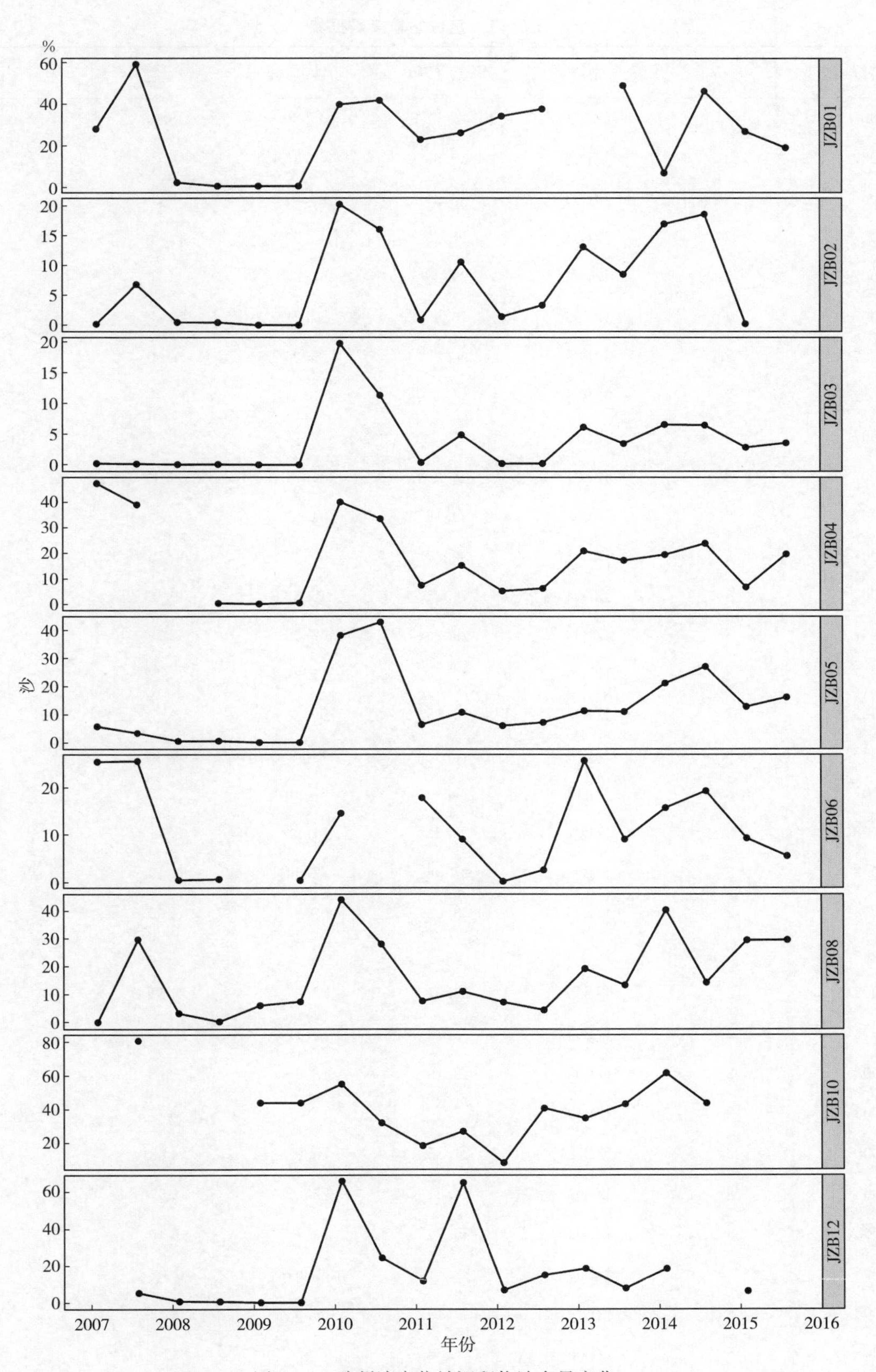

图 7－3　胶州湾定位站沉积物沙含量变化

表 7-1　定位站粒度数据集

年份	月份	站位	黏土（%）	粉沙（%）	沙（%）	备注
2007	2	JZB01	16.72	55.20	28.08	
2007	2	JZB02	30.35	69.46	0.19	
2007	2	JZB03	37.20	62.57	0.23	
2007	2	JZB04	11.76	40.93	47.31	
2007	2	JZB05	29.38	64.86	5.76	
2007	2	JZB06	16.89	57.72	25.39	
2007	2	JZB08	36.74	63.26	0.00	
2007	2	JZB10				粗砾底
2007	2	JZB12				粗砾底
2007	8	JZB01	9.09	31.74	59.17	
2007	8	JZB02	29.16	64.02	6.82	
2007	8	JZB03	39.38	60.47	0.15	
2007	8	JZB04	14.35	46.62	39.03	
2007	8	JZB05	29.25	67.36	3.39	
2007	8	JZB06	17.24	57.23	25.53	
2007	8	JZB08	10.95	59.38	29.67	
2007	8	JZB10	4.49	14.96	80.55	
2007	8	JZB12	27.36	67.49	5.15	
2008	2	JZB01	25.67	71.92	2.41	
2008	2	JZB02	27.06	72.44	0.49	
2008	2	JZB03	33.08	66.86	0.06	
2008	2	JZB04				样品破损
2008	2	JZB05	26.61	72.87	0.51	
2008	2	JZB06	29.35	70.12	0.53	
2008	2	JZB08	18.19	78.65	3.18	
2008	2	JZB10				粗砾底
2008	2	JZB12	24.35	75.02	0.63	
2008	8	JZB01	26.51	72.82	0.69	
2008	8	JZB02	25.79	73.77	0.45	
2008	8	JZB03	32.41	67.51	0.07	
2008	8	JZB04	30.19	69.55	0.25	
2008	8	JZB05	26.88	72.56	0.56	
2008	8	JZB06	25.94	73.34	0.71	

（续）

年份	月份	站位	黏土（%）	粉沙（%）	沙（%）	备注
2008	8	JZB08	26.72	73.07	0.21	
2008	8	JZB10				粗砾底
2008	8	JZB12	25.27	74.19	0.53	
2009	2	JZB01	24.06	75.26	0.68	
2009	2	JZB02	43.55	56.44	0.00	
2009	2	JZB03	55.58	44.43	0.00	
2009	2	JZB04	44.92	55.08	0.00	
2009	2	JZB05	41.87	58.14	0.00	
2009	2	JZB06				样品破损
2009	2	JZB08	13.34	80.67	6.00	
2009	2	JZB10	16.80	39.38	43.83	
2009	2	JZB12	40.64	59.36	0.00	
2009	8	JZB01	27.87	71.39	0.73	
2009	8	JZB02	38.96	61.05	0.00	
2009	8	JZB03	44.12	55.87	0.00	
2009	8	JZB04	27.99	71.64	0.37	
2009	8	JZB05	37.15	62.85	0.00	
2009	8	JZB06	27.18	72.36	0.46	
2009	8	JZB08	15.85	76.78	7.37	
2009	8	JZB10	16.80	39.38	43.83	
2009	8	JZB12	40.64	59.36	0.00	
2010	2	JZB01	12.84	47.35	39.81	
2010	2	JZB02	14.37	65.36	20.26	
2010	2	JZB03	20.62	59.75	19.64	
2010	2	JZB04	15.01	44.95	40.04	
2010	2	JZB05	13.25	48.71	38.03	
2010	2	JZB06	19.69	65.80	14.50	
2010	2	JZB08	9.83	46.13	44.04	
2010	2	JZB10	9.11	35.90	55.00	
2010	2	JZB12	5.80	28.54	65.68	

（续）

年份	月份	站位	黏土（%）	粉沙（%）	沙（%）	备注
2010	8	JZB01	11.82	46.36	41.81	
2010	8	JZB02	17.60	66.38	16.03	
2010	8	JZB03	24.67	64.07	11.26	
2010	8	JZB04	16.22	50.35	33.43	
2010	8	JZB05	12.03	45.23	42.74	
2010	8	JZB06				未采样
2010	8	JZB08	14.18	57.81	28.01	
2010	8	JZB10	11.51	56.57	31.92	
2010	8	JZB12	15.71	60.13	24.16	
2011	2	JZB01	16.77	60.24	22.99	
2011	2	JZB02	26.95	72.17	0.87	
2011	2	JZB03	30.68	68.95	0.37	
2011	2	JZB04	24.44	68.26	7.30	
2011	2	JZB05	20.21	73.38	6.41	
2011	2	JZB06	16.60	65.57	17.82	
2011	2	JZB08	16.69	75.69	7.60	
2011	2	JZB10	13.59	68.10	18.31	
2011	2	JZB12	22.89	65.60	11.50	
2011	8	JZB01	15.65	58.12	26.23	
2011	8	JZB02	25.97	63.48	10.55	
2011	8	JZB03	28.68	66.45	4.87	
2011	8	JZB04	19.64	65.18	15.17	
2011	8	JZB05	24.73	64.53	10.74	
2011	8	JZB06	18.61	72.37	9.03	
2011	8	JZB08	16.10	72.79	11.10	
2011	8	JZB10	13.45	59.69	26.85	
2011	8	JZB12	5.58	29.62	64.80	
2012	2	JZB01	12.68	53.07	34.25	
2012	2	JZB02	25.30	73.28	1.42	
2012	2	JZB03	31.30	68.50	0.20	

（续）

年份	月份	站位	黏土（%）	粉沙（%）	沙（%）	备注
2012	2	JZB04	21.72	73.25	5.04	
2012	2	JZB05	25.40	68.63	5.99	
2012	2	JZB06	33.68	66.09	0.23	
2012	2	JZB08	17.26	75.55	7.19	
2012	2	JZB10	13.34	78.34	8.32	
2012	2	JZB12	18.32	75.05	6.63	
2012	8	JZB01	10.58	51.72	37.71	
2012	8	JZB02	23.88	72.78	3.35	
2012	8	JZB03	31.84	67.94	0.22	
2012	8	JZB04	24.65	69.25	6.09	
2012	8	JZB05	23.08	69.75	7.17	
2012	8	JZB06	23.66	73.68	2.65	
2012	8	JZB08	17.17	78.45	4.37	
2012	8	JZB10	12.30	47.09	40.61	
2012	8	JZB12	16.81	68.51	14.70	
2013	2	JZB01				未采样
2013	2	JZB02	18.74	68.14	13.13	
2013	2	JZB03	23.46	70.41	6.13	
2013	2	JZB04	18.33	60.86	20.81	
2013	2	JZB05	21.11	67.63	11.26	
2013	2	JZB06	14.68	59.68	25.64	
2013	2	JZB08	16.12	64.67	19.21	
2013	2	JZB10	12.03	53.29	34.69	
2013	2	JZB12	15.72	65.99	18.30	
2013	8	JZB01	9.00	41.95	49.05	
2013	8	JZB02	20.77	70.74	8.50	
2013	8	JZB03	26.72	69.84	3.44	
2013	8	JZB04	19.49	63.40	17.10	
2013	8	JZB05	21.69	67.35	10.96	
2013	8	JZB06	22.40	68.60	9.00	

（续）

年份	月份	站位	黏土（%）	粉沙（%）	沙（%）	备注
2013	8	JZB08	18.87	67.81	13.33	
2013	8	JZB10	11.77	45.17	43.05	
2013	8	JZB12	18.00	74.43	7.58	
2014	2	JZB01	18.97	74.00	7.03	
2014	2	JZB02	19.95	63.08	16.96	
2014	2	JZB03	21.04	72.42	6.55	
2014	2	JZB04	20.12	60.53	19.34	
2014	2	JZB05	17.96	61.04	21.00	
2014	2	JZB06	20.77	63.57	15.66	
2014	2	JZB08	12.79	46.88	40.33	
2014	2	JZB10	8.75	29.81	61.44	
2014	2	JZB12	16.41	65.45	18.14	
2014	8	JZB01	12.57	41.10	46.34	
2014	8	JZB02	18.40	62.98	18.61	
2014	8	JZB03	20.87	72.68	6.45	
2014	8	JZB04	18.88	57.38	23.74	
2014	8	JZB05	15.39	57.77	26.85	
2014	8	JZB06	18.93	61.79	19.27	
2014	8	JZB08	17.12	68.61	14.28	
2014	8	JZB10	11.58	44.91	43.52	
2014	8	JZB12				粗砾底
2015	2	JZB01	19.27	53.79	26.94	
2015	2	JZB02	24.46	75.31	0.23	
2015	2	JZB03	23.32	73.86	2.82	
2015	2	JZB04	21.84	71.60	6.56	
2015	2	JZB05	20.11	67.18	12.71	
2015	2	JZB06	22.12	68.66	9.22	
2015	2	JZB08	12.39	58.18	29.43	
2015	2	JZB10				粗砾底
2015	2	JZB12	19.46	74.51	6.03	
2015	8	JZB01	15.18	65.63	19.19	

（续）

年份	月份	站位	黏土（%）	粉沙（%）	沙（%）	备注
2015	8	JZB02				未采样
2015	8	JZB03	15.56	80.89	3.55	
2015	8	JZB04	16.05	64.37	19.58	
2015	8	JZB05	18.13	65.84	16.03	
2015	8	JZB06	17.81	76.62	5.57	
2015	8	JZB08	11.53	58.93	29.54	
2015	8	JZB10				粗砾底
2015	8	JZB12				粗砾底

7.2　沉积物理化数据集

7.2.1　概述

沉积物理化数据集包含沉积物含水率、全磷和有机质3个指标。这三项指标能够表征沉积环境，是研究营养元素、微量元素等在水体与沉积物界面交换、评价沉积环境的基础数据。

沉积物理化数据集基于2007—2015年胶州湾站在9个定位监测站获取的长期沉积物理化数据整理形成。整理和质控同7.1.2，统计形成“定位站沉积物理化数据集”。

7.2.2　数据采集和处理方法

航次及采样信息同7.1.2。样品冷冻（−20 ℃）保存，分析时分为两份，一份用于含水率测定，另一份用于测定总磷和有机质。前者采用质量法测定，取一定样品称重，再于105 ℃条件下烘至恒重，用两次质量之差计算沉积物含水率（中国生态系统研究网络科学委员会，2007）。后者的样品先用蒸馏水过80目的筛绢冲洗，去掉贝壳等杂质，并脱盐，然后置于恒温干燥箱中烘干（60 ℃，4 d）。用研钵将干燥的沉积物样品研碎，过80目筛绢待测。称取0.2g左右干样于30 mm×50 mm称量瓶中，加2 mL硝酸镁溶液（0.1 mol/L），于95 ℃烘干后进行灰化（500 ℃，3 h），对灰化后的残渣用0.2 mol/L盐酸（10 mL）于80 ℃浸提0.5 h，对浸提液离心，并将上清液转移到100 mL容量瓶中，定容至刻度，取50 mL用磷钼蓝分光光度法进行磷测定，即得到样品中的总磷含量（Zhou et al.，2002），有机质含量通过灰化前后的重量差计算得到。

7.2.3　数据质量控制和评估

样品的采集、存储、分析等同7.1.3。本数据集仅包含9个定位站的数据，JZB07、JZB09、JZB13获取的多数沉积物粒径大于2 mm，无法进行本数据集参数测定。数据集中有部分样品破损或者样品粒径大于2 mm，相应的数据为缺失值，具体见数据表中备注。

7.2.4　数据价值与数据获取方式

本数据集为2007—2015年胶州湾9年的长期定位沉积物理化参数监测数据，这些长期定点观测数据是进行沉积物中营养元素、微量元素分布和迁移等研究的基础数据，也是区域调查的基本数据。其他数据获取方式同4.1.4。

7.2.5 数据

数据包括图形数据和表格数据，图形数据如图 7-4 至图 7-6 所示，表格数据如表 7-2 所示。

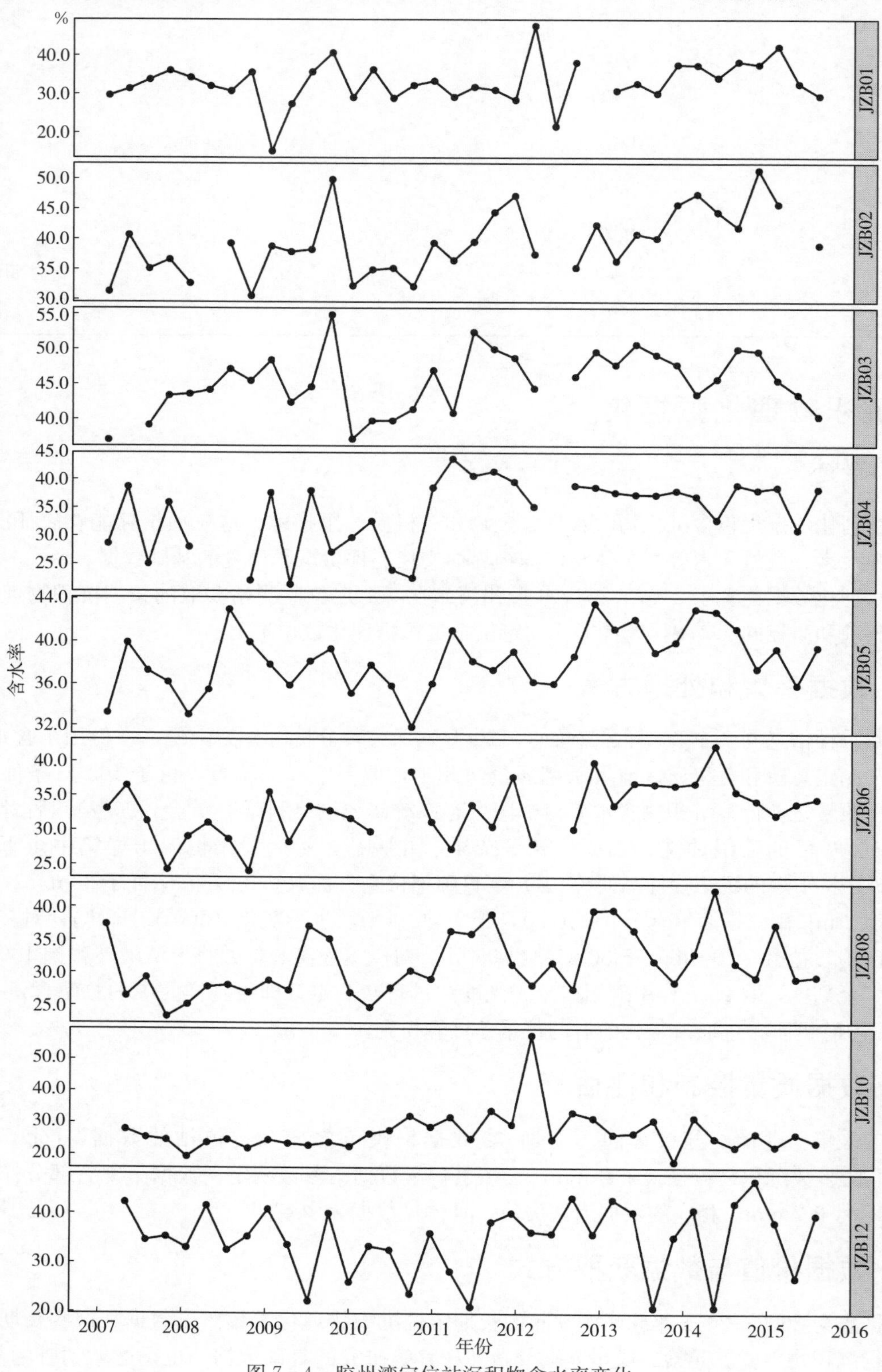

图 7-4 胶州湾定位站沉积物含水率变化

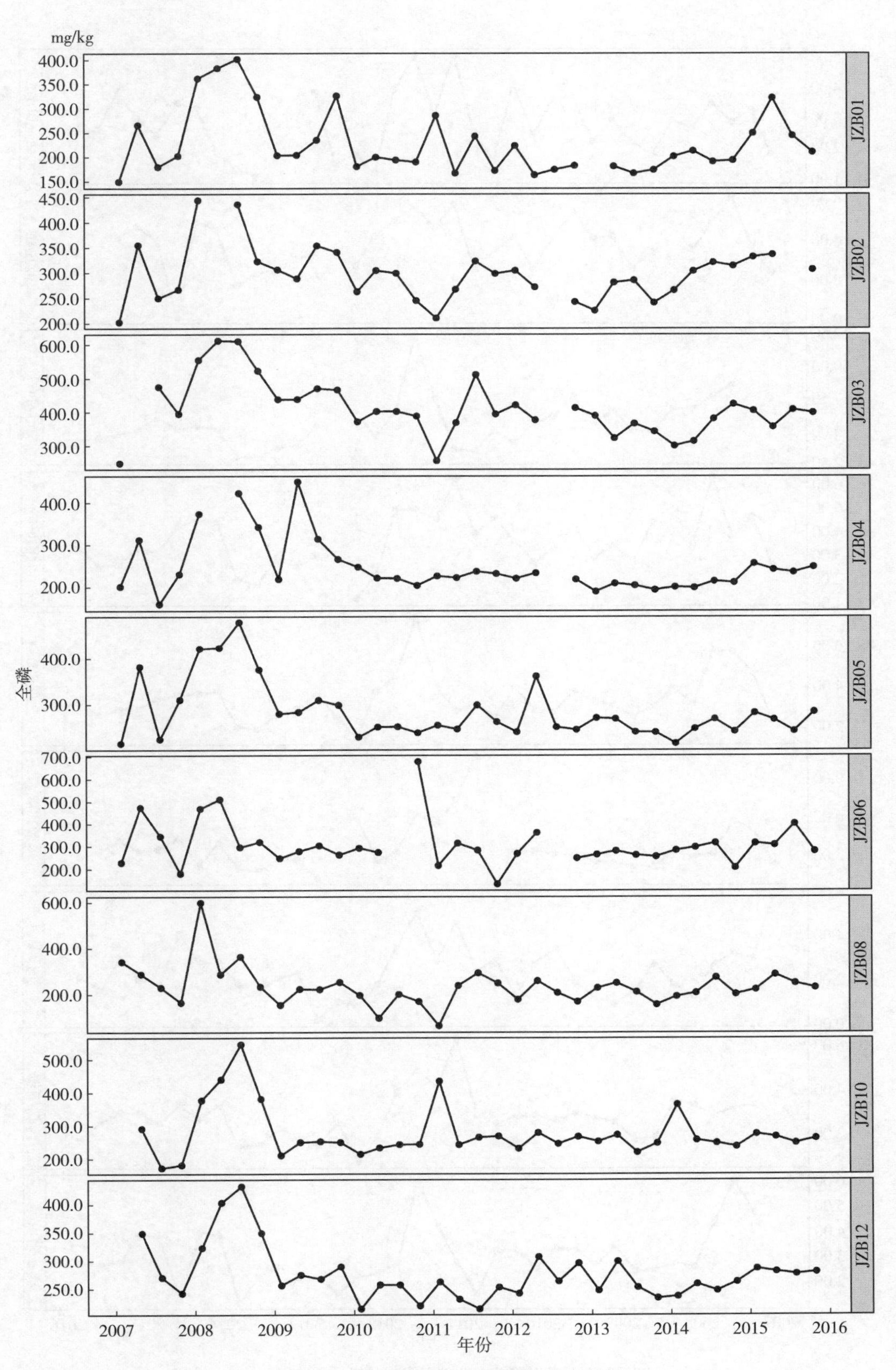

图7-5　胶州湾定位站沉积物全磷变化

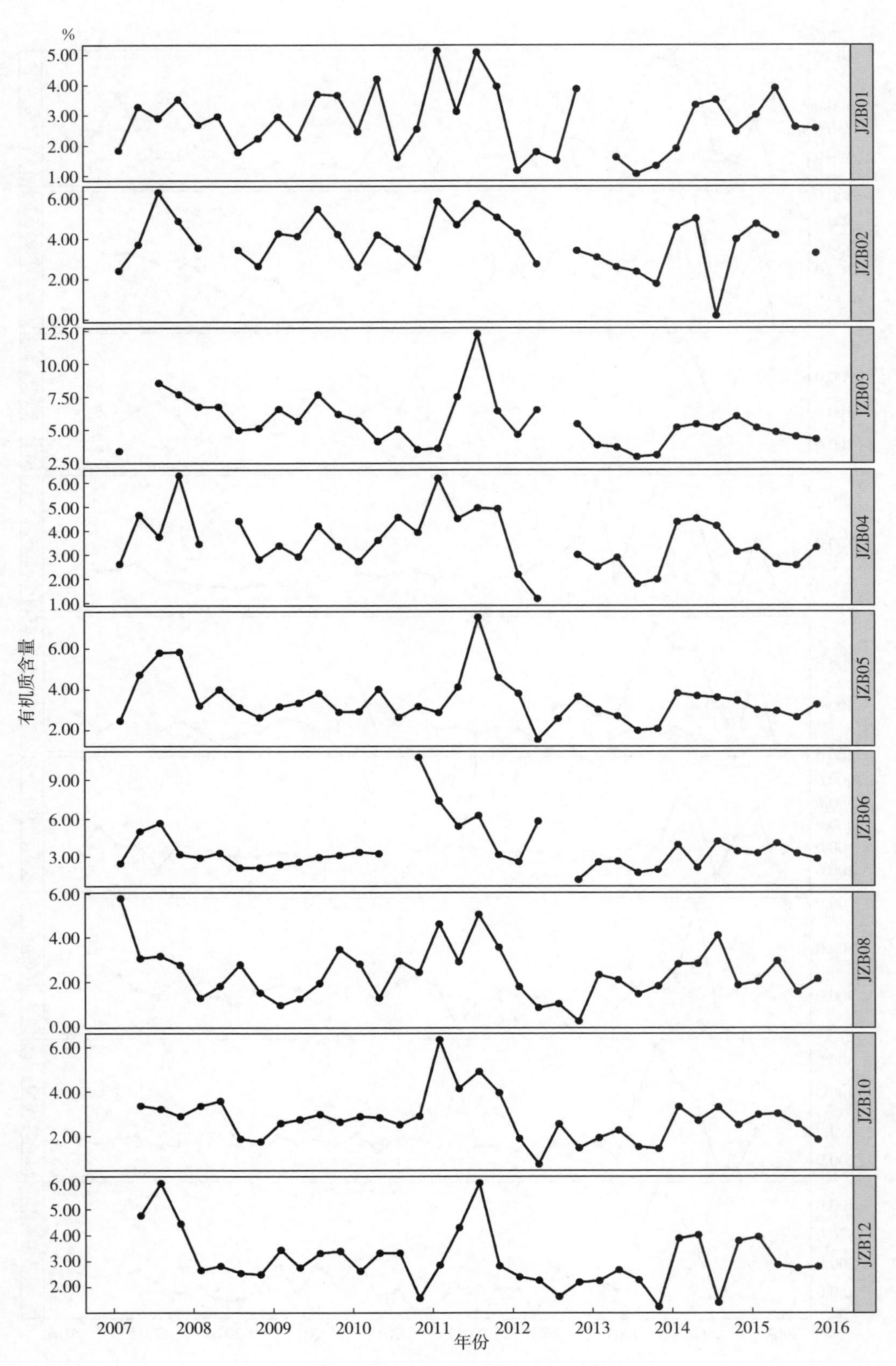

图 7-6 胶州湾定位站沉积物有机质含量变化

表 7-2　定位站粒度数据集

年份	月份	站位	含水率（%）	全磷（mg/kg）	有机质含量（%）	备注
2007	2	JZB01	29.7	149.3	1.84	
2007	2	JZB02	31.3	201.6	2.40	
2007	2	JZB03	37.1	248.8	3.38	
2007	2	JZB04	28.8	201.5	2.61	
2007	2	JZB05	33.2	216.0	2.46	
2007	2	JZB06	33.1	229.6	2.46	
2007	2	JZB08	37.4	341.8	5.79	
2007	2	JZB10				粗砾底
2007	2	JZB12				粗砾底
2007	8	JZB01	33.8	179.5	2.89	
2007	8	JZB02	35.1	249.2	6.27	
2007	8	JZB03	39.2	475.3	8.52	
2007	8	JZB04	25.2	160.0	3.74	
2007	8	JZB05	37.3	225.3	5.78	
2007	8	JZB06	31.3	345.0	5.66	
2007	8	JZB08	29.3	230.1	3.15	
2007	8	JZB10	25.4	173.4	3.22	
2007	8	JZB12	34.6	270.5	6.00	
2008	2	JZB01	34.3	361.9	2.68	
2008	2	JZB02	32.6	443.4	3.52	
2008	2	JZB03	43.6	554.7	6.72	
2008	2	JZB04	28.2	374.3	3.44	
2008	2	JZB05	33.0	422.1	3.20	
2008	2	JZB06	29.1	470.2	2.89	
2008	2	JZB08	25.2	599.5	1.27	
2008	2	JZB10	19.3	377.6	3.35	
2008	2	JZB12	33.1	323.8	2.66	
2008	8	JZB01	30.8	402.1	1.78	
2008	8	JZB02	39.3	435.4	3.42	
2008	8	JZB03	47.2	609.5	4.93	
2008	8	JZB04		423.2	4.39	
2008	8	JZB05	43.0	480.3	3.12	
2008	8	JZB06	28.7	296.3	2.11	

（续）

年份	月份	站位	含水率（%）	全磷 (mg/kg)	有机质含量 (%)	备注
2008	8	JZB08	28.1	363.7	2.77	
2008	8	JZB10	24.7	545.1	1.88	
2008	8	JZB12	32.6	432.3	2.55	
2009	2	JZB01	15.2	203.2	2.94	
2009	2	JZB02	38.8	305.5	4.24	
2009	2	JZB03	48.5	438.0	6.54	
2009	2	JZB04	37.8	218.8	3.36	
2009	2	JZB05	37.9	280.6	3.16	
2009	2	JZB06	35.5	248.2	2.38	
2009	2	JZB08	28.8	154.2	0.95	
2009	2	JZB10	24.5	211.7	2.59	
2009	2	JZB12	40.8	256.7	3.45	
2009	8	JZB01	35.7	235.1	3.69	
2009	8	JZB02	38.2	353.1	5.45	
2009	8	JZB03	44.6	470.5	7.64	
2009	8	JZB04	38.2	314.3	4.19	
2009	8	JZB05	38.2	309.5	3.81	
2009	8	JZB06	33.5	303.4	2.94	
2009	8	JZB08	37.1	222.1	1.93	
2009	8	JZB10	22.8	253.7	2.98	
2009	8	JZB12	22.2	267.9	3.32	
2010	2	JZB01	29.1	180.1	2.46	
2010	2	JZB02	32.2	262.0	2.57	
2010	2	JZB03	37.2	372.2	5.65	
2010	2	JZB04	29.9	247.9	2.71	
2010	2	JZB05	35.1	230.2	2.91	
2010	2	JZB06	31.7	292.4	3.35	
2010	2	JZB08	27.0	196.8	2.80	
2010	2	JZB10	22.5	215.2	2.88	
2010	2	JZB12	26.1	214.9	2.63	
2010	8	JZB01	29.0	193.6	1.61	
2010	8	JZB02	35.2	298.5	3.47	
2010	8	JZB03	39.8	402.6	5.00	

（续）

年份	月份	站位	含水率（%）	全磷（mg/kg）	有机质含量（%）	备注
2010	8	JZB04	24.1	220.9	4.55	
2010	8	JZB05	35.8	253.0	2.64	
2010	8	JZB06				未采样
2010	8	JZB08	27.7	201.0	2.93	
2010	8	JZB10	27.6	244.4	2.52	
2010	8	JZB12	32.6	257.5	3.33	
2011	2	JZB01	33.4	285.9	5.12	
2011	2	JZB02	39.4	209.6	5.82	
2011	2	JZB03	47.0	256.4	3.57	
2011	2	JZB04	38.8	226.6	6.17	
2011	2	JZB05	36.1	256.3	2.86	
2011	2	JZB06	31.2	216.6	7.37	
2011	2	JZB08	29.1	66.3	4.61	
2011	2	JZB10	28.7	435.3	6.35	
2011	2	JZB12	36.0	262.7	2.87	
2011	8	JZB01	31.9	243.1	5.07	
2011	8	JZB02	39.5	322.4	5.71	
2011	8	JZB03	52.5	511.8	12.23	
2011	8	JZB04	40.9	237.6	4.93	
2011	8	JZB05	38.2	299.5	7.50	
2011	8	JZB06	33.7	283.5	6.24	
2011	8	JZB08	36.0	293.0	5.06	
2011	8	JZB10	25.0	266.2	4.91	
2011	8	JZB12	21.1	214.8	6.02	
2012	2	JZB01	28.5	223.4	1.18	
2012	2	JZB02	47.2	304.0	4.25	
2012	2	JZB03	48.8	421.5	4.60	
2012	2	JZB04	39.8	221.0	2.17	
2012	2	JZB05	39.1	241.5	3.79	
2012	2	JZB06	37.8	269.1	2.58	
2012	2	JZB08	31.3	178.8	1.79	
2012	2	JZB10	29.4	232.6	1.90	
2012	2	JZB12	40.1	242.4	2.41	

（续）

年份	月份	站位	含水率（%）	全磷（mg/kg）	有机质含量（%）	备注
2012	8	JZB01	21.7	174.1	1.51	
2012	8	JZB02				样品破损
2012	8	JZB03				样品破损
2012	8	JZB04				样品破损
2012	8	JZB05	36.1	252.5	2.56	
2012	8	JZB06				样品破损
2012	8	JZB08	31.6	208.6	1.02	
2012	8	JZB10	24.7	247.2	2.56	
2012	8	JZB12	36.0	264.0	1.66	
2013	2	JZB01				未采样
2013	2	JZB02	42.4	224.7	3.06	
2013	2	JZB03	49.7	390.0	3.80	
2013	2	JZB04	38.9	190.2	2.48	
2013	2	JZB05	43.6	272.2	3.01	
2013	2	JZB06	39.9	265.6	2.56	
2013	2	JZB08	39.5	229.5	2.32	
2013	2	JZB10	31.5	254.1	1.94	
2013	2	JZB12	35.9	247.7	2.26	
2013	8	JZB01	32.8	166.4	1.07	
2013	8	JZB02	40.9	284.7	2.35	
2013	8	JZB03	50.7	366.6	2.94	
2013	8	JZB04	37.6	204.6	1.78	
2013	8	JZB05	42.1	241.5	1.98	
2013	8	JZB06	36.9	262.8	1.73	
2013	8	JZB08	36.5	211.9	1.46	
2013	8	JZB10	26.8	221.1	1.53	
2013	8	JZB12	40.3	253.3	2.30	
2014	2	JZB01	37.7	201.4	1.90	
2014	2	JZB02	45.8	265.1	4.54	
2014	2	JZB03	47.9	300.7	5.14	
2014	2	JZB04	38.2	201.0	4.36	
2014	2	JZB05	40.0	216.1	3.80	
2014	2	JZB06	36.5	283.9	3.95	

（续）

年份	月份	站位	含水率（%）	全磷（mg/kg）	有机质含量（%）	备注
2014	2	JZB08	28.6	192.6	2.80	
2014	2	JZB10	17.8	365.1	3.33	
2014	2	JZB12	35.3	237.3	3.90	
2014	8	JZB01	34.3	190.5	3.51	
2014	8	JZB02	44.5	320.0	0.17	
2014	8	JZB03	45.8	381.3	5.12	
2014	8	JZB04	33.1	214.7	4.19	
2014	8	JZB05	42.8	270.1	3.60	
2014	8	JZB06	42.3	316.1	4.21	
2014	8	JZB08	42.6	274.5	4.10	
2014	8	JZB10	25.1	249.8	3.30	
2014	8	JZB12	21.0	247.6	1.43	
2015	2	JZB01	37.7	249.5	3.01	
2015	2	JZB02	51.5	331.0	4.71	
2015	2	JZB03	49.7	405.3	5.12	
2015	2	JZB04	38.3	256.6	3.29	
2015	2	JZB05	37.5	283.3	2.98	
2015	2	JZB06	34.3	315.1	3.25	
2015	2	JZB08	29.3	222.6	2.01	
2015	2	JZB10	26.7	276.8	2.96	
2015	2	JZB12	46.6	286.6	3.95	
2015	8	JZB01	32.7	244.4	2.61	
2015	8	JZB02				未采样
2015	8	JZB03	43.5	408.2	4.44	
2015	8	JZB04	31.3	235.9	2.54	
2015	8	JZB05	35.9	243.7	2.63	
2015	8	JZB06	33.9	401.8	3.24	
2015	8	JZB08	29.1	250.0	1.56	
2015	8	JZB10	26.4	249.8	2.54	
2015	8	JZB12	27.0	277.0	2.76	

参 考 文 献

胡波，刘广仁，王跃思，2012. 生态系统气象辐射监测质量控制与管理［M］. 北京：中国环境科学出版社.

李超伦，张芳，申欣，等，2005. 胶州湾叶绿素的浓度、分布特征及其周年变化［J］. 海洋与湖沼，36（6）：499-506.

李乃胜，于洪军，赵松龄，2006. 胶州湾自然环境与地质演化［M］. 北京：海洋出版社.

李鹏，普思寻，李振洪，等，2020. 2000年以来胶州湾海岸线光学与SAR多源遥感变化检测研究［J］. 武汉大学学报（信息科学版）（9）：1485-1492.

卢爱刚，2013. 全球变暖对中国区域相对湿度变化的影响［J］. 生态环境学报，8：1378-1380.

潘友联，郭玉洁，1995. 胶州湾口内海水中叶绿素浓度的周年变化和垂直分布［J］. 海洋与湖沼，26（1）：21-27.

孙晓霞，孙松，张永山，等，2011. 胶州湾叶绿素a及初级生产力的长期变化［J］. 海洋与湖沼，42（5）：654-661.

王敏珍，郑山，王式功，等，2016. 气温与湿度的交互作用对呼吸系统疾病的影响［J］. 中国环境科学，36（2）：581-588.

吴永森，辛海英，吴隆业，等，2008. 2006年胶州湾现有水域面积与岸线的卫星调查与历史演变分析［J］. 海岸工程，27（3）：15-22.

张淑平，韩立建，周伟奇，等，2016. 冬季pm 2.5的气象影响因素解析［J］. 生态学报，36（24）：7897-7907.

赵卫红，焦念志，赵增霞，1999. 海水中总氮和总磷的同时测定［J］. 海洋科学（5）：64-66.

赵苑，2010. 黄海和东海微微型浮游生物分布研究［D］. 青岛：中国海洋大学.

中国生态系统研究网络科学委员会，2007. 水域生态系统观测规范［M］. 北京：中国环境科学出版社.

中华人民共和国国家质量监督检验检疫总局，中国国家标准化管理委员会，2007a. GB 17378. 4—2007 海洋监测规范 第4部分：海水分析［S］. 北京：中国标准出版社.

中华人民共和国国家质量监督检验检疫总局，中国国家标准化管理委员会，2007b. GB/T 12763. 2—2007 海洋调查规范 第2部分：海洋水文观测［S］. 北京：中国标准出版社.

中华人民共和国国家质量监督检验检疫总局，中国国家标准化管理委员会，2007c. GB/T 12763. 4—2007 海洋调查规范 第4部分：海洋化学要素调查［S］. 北京：中国标准出版社.

中华人民共和国国家质量监督检验检疫总局，中国国家标准化管理委员会，2007 d. GB/T 12763. 6—2007 海洋调查规范 第6部分：海洋生物调查［S］. 北京：中国标准出版社.

中华人民共和国国家质量监督检验检疫总局，中国国家标准化管理委员会. 2007e. GB 17378. 7—2007 海洋监测规范 第7部分：近海污染生态调查和生物监测［S］. 北京：中国标准出版社.

周春艳，李广雪，史经昊，2010. 胶州湾近150年来海岸变迁［J］. 中国海洋大学学报（自然科学版），7：99-106.

Wang X L，2008a. Accounting for autocorrelation in detecting mean-shifts in climate data series using the penalized maximal t or F test［J］. Journal of Applied Meteorology and Climatology，47：2423-2444.

Wang X L，2008b. Penalized maximal F-test for detecting undocumented mean-shifts without trend-change［J］. Journal of atmospheric & oceanic technology，25（3）：368-384.

Zhou Y，Zhang F S，Yang H S，2002. Extraction of phosphorus in natural waters and sediments by ignition method［J］. Chinese Journal of Analytical Chemistry，30（7）：861-864.